U0256729

中国社会科学院创新工程学术出版项目

上海蓝皮书

BLUE BOOK OF SHANGHAI

总　编／王　战　于信汇

上海资源环境发展报告
（2015）

ANNUAL REPORT ON RESOURCES AND ENVIRONMENT
OF SHANGHAI (2015)

环境战略转型与环境治理创新

名誉主编／张仲礼
主　　编／周冯琦　汤庆合　任文伟

社会科学文献出版社
SOCIAL SCIENCES ACADEMIC PRESS（CHINA）

图书在版编目（CIP）数据

上海资源环境发展报告.2015，环境战略转型与环境治理
创新/周冯琦，汤庆合，任文伟主编.—北京：社会科学文献
出版社，2015.1
　（上海蓝皮书）
　ISBN 978 – 7 – 5097 – 7056 – 6

　Ⅰ.①上…　Ⅱ.①周…②汤…③任…　Ⅲ.①环境保护 –
研究报告 – 上海市 – 2015②自然资源 – 研究报告 – 上海市 –
2015　Ⅳ.①X372.51

　中国版本图书馆 CIP 数据核字（2015）第 007430 号

上海蓝皮书
上海资源环境发展报告（2015）
——环境战略转型与环境治理创新

名誉主编／张仲礼
主　　编／周冯琦　汤庆合　任文伟

出 版 人／谢寿光
项目统筹／郑庆寰
责任编辑／吴　丹　孙胜元

出　　版／社会科学文献出版社·皮书出版分社（010）59367127
　　　　　地址：北京市北三环中路甲 29 号院华龙大厦　邮编：100029
　　　　　网址：www.ssap.com.cn
发　　行／市场营销中心（010）59367081　59367090
　　　　　读者服务中心（010）59367028
印　　装／北京季蜂印刷有限公司

规　　格／开　本：787mm×1092mm　1/16
　　　　　印　张：20.25　字　数：337 千字
版　　次／2015 年 1 月第 1 版　2015 年 1 月第 1 次印刷
书　　号／ISBN 978 – 7 – 5097 – 7056 – 6
定　　价／69.00 元

皮书序列号／B – 2006 – 048

本项目研究得到世界自然基金会的支持

上海蓝皮书编委会

主要编撰者简介

张仲礼 上海市生态经济学会名誉会长。曾任上海社会科学院院长、上海社会科学联合会副主席、中国国际交流协会上海分会副会长、上海市生态经济学会会长等职。第六届至第九届全国人民代表大会代表。1952 年获美国社会科学研究理事会奖金。1982 年获美国卢斯基金会中国学者奖。2008 年获"亚洲研究杰出贡献奖"。2009 年荣获首届上海市学术贡献奖。

周冯琦 上海社会科学院生态经济与可持续发展研究中心主任，博士生导师、研究员，上海市生态经济学会副会长兼秘书长。主持国家社科基金重大项目"我国环境绩效管理体系"研究、重点项目"主要国家新能源战略及我国新能源产业发展制度研究"。

汤庆合 上海市环境科学研究院低碳经济研究中心主任，高级工程师。主要从事低碳经济与环境政策等研究，先后主持科技部、环保部、上海市科委、上海市环保局等相关课题和国际合作项目 40 余项，公开发表各类论文 30 余篇。

任文伟 世界自然基金会（WWF）上海保护项目主任。目前领导 WWF 上海项目办实施上海及长江河口地区的生态保护项目，包括水源地保护、世界河口伙伴、低碳城市、长江湿地保护网络，以及企业水管理先锋等项目。

摘　要

环境战略反映的是一个时期环境保护工作的重点和方向，环境战略是特定时期内环境发展状况、环境与经济关系、环境与社会关系等因素的共同作用结果。当前，无论是国际环境保护还是国内环境保护都处在战略转型期。

绿色经济和可持续发展已成为国际环保发展新趋势。世界环境保护不仅仅是对污染物排放进行浓度控制和总量控制，已经由早期单纯的环境污染治理转向可持续发展。环境保护已扩展到人类生存发展、社会进步这个更广阔的范围。可持续发展的内涵不断被丰富，经济增长、社会进步和环境保护被认为是可持续发展的三大支柱，绿色经济被认为是实现可持续发展的重要手段。

中国正处在一个环境与发展的战略转型期。从中国环境与经济社会发展关系的演化进程看，压缩型经济增长进程带来了复合型、结构性环境问题，传统的环境与经济发展的关系已经走到了尽头，二者的关系必须发生历史性的转型。随着公众的环境意识普遍提高，公众对环境的诉求不断提高，环境战略转型初步具备社会基础。中国环境战略开始从重经济增长轻环境保护转变为二者并重，并逐渐转向环境保护优先，强调综合运用包括法律、经济、社会、技术和必要的行政办法在内的环境战略。

在国内外环境战略转型的背景下，上海市根据城市经济社会发展不断调整环境保护策略。上海市环境保护逐渐由早期的单项污染源治理发展到行业治理，由重点污染源集中治理发展到大规模的城市环境综合整治，不断追求经济、社会、环境的协调发展。近年来，上海市滚动实施环保三年行动计划，加强环境基础设施建设，严格控制主要污染物排放总量，加大监管力度。经过环境保护工作的不懈努力，上海市环境质量不断改善，但由于城市人口增长、经济和社会发展持续保持较快速度，资源与环境的约束仍比较明显，环境污染问题仍比较突出。根据对2002～2013年上海市环境绩效的评价，上海市环境绩效近年来提升速度较快，环境绩效阶段性特征较为明显，总体上随着环境战略的发展转型而提升。近年来，上海市环境状态总体趋稳，但环境质量的改善还面临很大挑战。污染物排放、资源消耗、外来污染压力等给上海市带来的环境压力还没有得到明显的缓解。环境基础设施建设、资源利用效率、政府环境管理水平等传统的环境保护体系，在过去的一段时间里所取得的环境保护成效显著，但在当前新的环保形势下，传统环境保护战略发挥作用的难度不断提高。

上海市环境战略的转型，既是国内外环境保护一些战略性问题发展变化新趋势的必然结果，也是自身城市定位发展升级的客观要求。上海市城市发展定位的升级对城市环境保护和生态建设提出了更高的要求，要使城市生态环境状况达到全球城市水平，必须进行环境战略转型，才能满足城市发展不断提高的环境质量要求。环境战略转型的内容分为宏观和微观两个层次。宏观层面的环境战略转型体现在环境保护指导思想的转型，根据环境与经济和社会的发展关系，由经济优先转向环境优先，用环境约束来优化发展，将环境容量和环境承载力作为经济发展的刚性约束条件，根据上海市的环境容量和资源承载力来约束经济发展的速度和规模。微观层面的环境战略转型重点是突破结构、制度或执行上的障碍，由环境管理向环境治理转变，实现环境治理创新和环境治理能力现代化。微观层面的环境战略转型又包括三个方面的内容：一是创新环境管理模式，环境管理由污染控制转向质量提升，并以若干关键环节上的管理能力提升为基础，建立驱动市场的环境保护政策体系，强化环境监测的功能。环境管理还应由单一区域单方面的治理转向区域间环境的协同治理。二是创新环境保护市场机制，充分利用市场机制解决环境保护中的难题。借助市场机制的激励作用增强企业治理污染的动力，推进排污权有偿使用和交易试点工作。发挥市场配置资源的功能，提高全社会治理污染的效率，推进环境污染第三方治理发展。积极开展环境污染责任保险试点工作。三是提升环境保护转型的社会参与能力。动员行业协会、社会组织、社区、公众等社会主体为环境保护贡献力量，健全完善环境信用体系，发展绿色供应链，开展并扩大环境社会自治，优化社会参与环境保护的环境和渠道。

关键词： 上海　环境治理　环境战略转型　环境绩效

序　言

当前中国正处在一个环境与发展的战略转型期，逐渐由经济优先转变到环境优先，环境保护也经历了从末端治理到源头与过程控制，再到环境与经济、社会相融合的三个不同战略阶段。环境战略转型具有其必然性，是经济全球化背景下环境、经济、社会等各种关系发展变化的必然趋势和规律。实施环境战略转型，根本目的在于改善环境质量，不断提高环境绩效，环保发展历程也表明环境绩效总是伴随着环境战略转型而不断提升。上海市环境保护发展历程与中国环保历程基本一致，先后经历了若干次转型，并促进了环境保护水平的提升。近年来上海市经济社会快速发展带来严重的环境压力，生态承载能力的局限性日益凸显，未来城市发展的目标定位又给环境保护提出了更高的要求，因此，上海市环境战略转型需要立足更高的转型标准，实现更高的环境绩效目标。

在经济发展的不同阶段，都会面临如何协调经济发展与环境保护之间关系的问题。伴随着社会和经济的快速发展，环境问题已经成为全社会共同面对的重大挑战，环境战略也要随经济社会发展而转型。环境与发展的关系是指导和支配环境与发展关系的行动指南，是环境战略转型的指导思想。

环境管理模式转型是环境战略转型的重要方面。十八届三中全会和四中全会都强调国家治理体系和治理能力现代化，这当然包括环境治理体系和治理能力现代化。环境治理体系和治理能力现代化要以若干关键环节上的管理能力提升为基础，如作为整个环境管理体系的基础，环境监测的功能就需得到强化，以摸清环境问题的"底数"，为环境管理者的决策和行动提供科学依据。

环境治理体系和治理能力现代化还要求现有的环境管理向环境治理转变，即从政府单方面管理向政府与各利益相关方协同治理转变。当政府单方面的力量不足以应对严峻的环境挑战，各方之间形成合力就显得特别重要。政府要积极创造市场、培育市场、规范市场，让市场机制在环境保护中发挥强有力的推

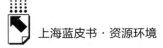
动作用。可以借其激励机制增强企业治理污染的动力，如碳交易市场；亦可借其资源配置功能提高全社会治理污染的效率，如环境污染第三方治理。政府要善于动员行业协会、民间组织、社区、媒体、民众等社会主体为环境保护贡献智慧和力量，如环保组织和企业协会在流域水环境治理中的合作。协同治理环境还包括区域间的协同。雾霾等污染问题存在区域间相互影响的效应，单一区域单方面的治理成绩往往不佳，只有区域间协同治理方能取得理想效果，这就要求破除相关障碍，建立健全协同治理的机制。

不管是基础环节的管理能力提升，还是从环境管理向环境治理转变，环境治理体系和治理能力现代化最终要以环境法治的强化为保障。十八届四中全会提出全面推进依法治国，依法治理环境是其中的应有之义。对政府，要通过立法明确地方政府负责人、相关部门、企业等的环境管理责任，以及保证环保部门不受干扰地行使环境管理权；对企业，要严格环境标准和环境执法；对民众，要通过立法保障其各项参与权利，畅通其依法理性维护环境权利的道路。

环境战略转型是一个系统工程，本年度编撰的《上海资源环境发展报告》对环境战略转型开展了一些探索性的研究，希望能为政府相关部门改善环境管理、企业挖掘环保商机、学术界展开相关研究、民众了解环境保护现状提供有益的参考。

张仲礼

原上海社会科学院院长

上海市生态经济学会名誉会长

《上海资源环境发展报告》名誉主编

2014 年岁末于上海

目　录

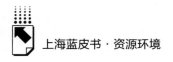
B Ⅳ 环境保护的社会参与篇

B Ⅴ 案例篇

B Ⅵ 附录

皮书数据库阅读**使用指南**

总 报 告

General Report

B.1

上海环境战略转型与环境治理创新

周冯琦　程　进*

摘　要： 近年来，上海市环境状态总体趋稳，但环境负荷并没有得到明显的缓解，甚至随着经济社会的发展还有加剧的趋势，环境质量的改善还面临很大挑战，如何根据上海市环境绩效发展情况确定环境战略转型方向值得深入研究。本报告构建了环境绩效评价体系，评价结果表明：上海市环境绩效发展具有明显的阶段性特征，总体上表现出随着环境保护的转型而提升。但在当前新的环保形势下，传统的政府主导的环境保护体系发挥更大作用所面临的挑战和困难不断增加。因此，上海市环境质量的改善以及环保目标的实现必须进行环境战略转型，从经济优先向环境优先转变，把生态建设和环境保护置于经济社会发展全局的优先位置。促进上海市环境战略

---

* 周冯琦，上海社会科学院生态经济与可持续发展研究中心主任，研究员；程进，上海社会科学院生态与可持续发展研究所，博士。

转型，应以环境容量和资源承载力约束经济发展，厘清并发挥政府、企业和公众三方的职能和作用。除了完善多元共治、区域协同、社会参与、市场化运营的环保新格局的制度保障，更重要的是提升环境保护转型的公众参与能力，促进环境污染第三方治理和排污权交易等环境保护市场的发育和完善。

关键词： 环境绩效　环境战略转型　环境治理　环境优先　上海

环境战略转型是经济全球化背景下环境、经济、社会等各种关系发展变化的必然趋势和规律。实施环境战略转型，根本目的在于改善环境质量，不断提高环境绩效，上海未来城市发展目标定位对环境保护提出了更高的要求，因此，上海市环境战略转型需要立足更高的转型标准，实现更高的环境绩效目标。

一　上海市环境绩效评价

区域经济社会的可持续发展离不开对环境的有效管理，而环境绩效评价则是其中最重要的组成部分之一。在当前区域生态环境问题日益严峻的背景下，需要将环境管理和环境绩效有机地协调起来，实施区域层面的环境绩效评价。

（一）环境绩效评价概念分析

很多研究将环境绩效看作是企业在日常管理活动中在环境质量改善方面所取得的成效。环境绩效不仅包括企业在环境治理过程中所取得的环境效益和社会效益，还包括企业因考虑环境问题而带来的工艺流程和产品的升级（Melnyket，2003；魏艳素，2006）。还有研究认为，环境绩效的界定也包括企业在关注环保问题时与各利益相关者之间建立和谐关系的能力。

环境绩效评价则是一种通过环境现状与既定环境目标之间的差距来评估各级政府环境管理水平的有效方法（曹颖，2006）。实际上，环境绩效评价可以从区域、行业、企业和项目等不同角度展开，企业的环境绩效仅仅是企业环境管理活动对自然环境和自身组织影响程度的一个反映。环境问题具有区域整体性特点，从区域层面进行环境绩效探讨环境保护更有意义。卢小兰（2013）认为，区域资源环境绩效是指在经济活动中以一定资源耗费和环境成本为代价所获得的经济产出。区域环境绩效等于经济活动的增加值与资源耗费和环境成本总价值之比，比值越大，则区域资源环境绩效越高。

区域环境绩效评价的实质是对区域环境保护目标的实现程度以及全社会在改善环境质量方面所取得的成效进行评价。开展环境绩效评价工作，能够有效地服务于地方政府环境政策的制定，有助于将环境绩效纳入政府政绩考核内容，以持续的方式向管理部门提供相关和可验证的信息，以确定地区的环境绩效是否符合管理部门所制定的标准，有助于建立和完善长效的环境管理机制。

（二）环境绩效评价指标体系构建

一个地区的环境绩效可以理解为区域通过环境治理所取得的环境效益、经济效益和社会效益。环境绩效是一个动态发展的过程，随着经济社会的发展而呈现波动变化。当现有的环境法制体系、环境设施建设、环境治理方式以及环境治理组织结构能够有效减轻、恢复和预防经济社会活动对环境的负面影响时，区域的环境绩效表现出较高水平。当环境扰动因素发生变化，现有的环境管理方式不能满足环境治理需求，区域的环境绩效将处于较低水平，必须转变环境保护的政策措施，包括宏观层面和微观层面的环境战略转型，才能实现区域经济、社会、环境协调发展。因此，环境绩效评价与区域环境战略转型密切相关。

区域环境保护主要涉及由谁保护、怎样保护、在哪保护等三个方面问题，环境绩效评价正是对这三个方面综合作用效果进行评价。从环境保护发展历程来看，传统的政府主导的命令控制式管理方式在相当长时期内处于主导地位，环境基础设施建设、污染物排放终端治理等是主要的环境治理方式，环境保护也主要以行政区为边界开展。但当前环境形势发生了深刻变化，许多环境问

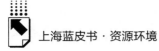
题涉及经济社会各个层面，政府主导的环境管理的不足和弊端逐渐显现。政府主导、市场调控和公众参与等多元主体参与的环境治理模式成为发展趋势，环境保护方式也逐渐由终端治理向源头控制和过程预防转变，跨区域的环境保护合作逐渐超越传统的单一行政区环保活动。在这种转型发展的背景下，需要对区域环境绩效进行综合评价，总结区域环境绩效与环境保护转型的发展规律，发现当前环境战略措施的成效和不足，为未来区域环境战略转型提供依据。

1. 环境绩效评价方法

经济合作与发展组织（OECD）和联合国环境规划署（UNEP）于20世纪80年代发展起来的压力－状态－响应（Pressure-State-Response，PSR）模型，应用"原因－效应－响应"这一思维逻辑，能够很好地反映出指标间的因果关系。PSR模型具有综合性的特点，既包括人类活动压力和环境状态，也包括环境治理响应，这三个环节正是决策和制定对策措施的全过程（见图1）。PSR模型较适合应用于较小空间尺度的微观领域，而对空间差异较大的大尺度领域进行综合评价困难较大。由于上海市作为一个大江入海口的河口城市，各部分自然条件较为相似，所以运用PSR模型进行环境绩效评价较为可行。

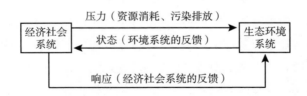

图1　"压力－状态－响应"模型框架

PSR模型包括环境压力指标、环境状态指标和治理响应指标。压力指标反映区域经济和社会活动对环境的作用，如资源消耗以及生产生活过程所产生的污染物排放等对环境造成的破坏。环境状态指标反映地区特定时间段的环境状况信息和环境变化情况（如：水环境、大气环境、生态景观等环境信息），有助于环境绩效评价的规划与实施。治理响应指标反映区域环境管理部门及全社会在减轻、恢复和预防区域经济和社会活动对环境的负面影响方面所采取的决策与行动（如环保法规政策的实施、资源环境效率提升、污染控制、环境基础设施建设等），有助于评估区域的整体环境管理效能。

2. 评价指标选取原则

在依照 PSR 模型厘清指标之间的因果关系的同时，进行环境绩效评价的指标构建和选取还应遵循科学性、完整性、可操作性、指导性、动态和静态相结合的原则。

（1）科学性原则，即所选指标要符合实际，能够通过观察、评议等方式得出明确结论，能客观真实的度量环境绩效状况。

（2）完整性原则，即所选指标体系在体现科学性的同时，能够全面反映环境绩效评价所需信息，以保证评价结果更加准确、有效。

（3）可操作性原则，即指标的选取必须与实际相结合，容易理解和操作，指标数据通过已有统计数据或经过实际监测可获得。

（4）动态和静态相结合的原则，即指标体系能够从发展变化的角度，揭示区域环境绩效水平的发展规律和转型特征。

（5）指导性原则，即指标选取的目的不只是单纯的客观评价环境绩效发展现状，更重要的是引导环境保护向正确的方向和目标发展，为未来环保决策提供依据。

3. 环境绩效评价指标框架

本报告基于压力 – 状态 – 响应（PSR）模型，按照科学性、完整性、可操作性、指导性、动态和静态相结合的原则，并结合上海市环境自身特点以及环境保护转型发展趋势，建立适应上海市环境保护发展现状的环境绩效评价指标体系（如表 1 所示）。整个指标体系由总目标、子目标、评价要素和评价指标等四个层次组成。第一层次是目标层，即上海市环境绩效评价指数，综合反映上海市环境绩效的总体水平。第二层次是子目标层，包括环境状态、环境压力和治理响应三个子目标。第三层次为评价要素层，环境状态包括环境质量和绿色空间；环境压力包括污染物排放、资源消耗、外来污染压力；治理响应包括污染物减排、环境基础设施建设、资源利用效率、产业结构调整、政府管理、公众参与、市场培育等。第四层次是评价指标层（即各评价要素由哪些具体指标构成），由可直接度量的指标组成，共选取了 40 个评价指标。

表1 上海市环境绩效评价指标体系框架

目标层	子目标层	评价要素层	评价指标层
环境绩效评价指数	环境状态	环境质量	可吸入颗粒物浓度(微克/立方米)
			空气质量优良率(%)
			劣五类水河长比重(%)
			昼间噪声平均等效声级[dB(A)]
		绿色空间	城市绿化覆盖率(%)
			人均公共绿地面积(平方米/人)
			自然保护区覆盖率(%)
	环境压力	污染物排放	工业废水排放量(亿吨)
			工业废气排放总量(亿标立方米)
			工业固体废弃物产生量(万吨)
			生活垃圾产生量(万吨)
			废水COD排放总量(万吨)
			废气SO_2排放总量(万吨)
			单位面积农药量(吨/公顷)
			单位面积化肥量(吨/公顷)
		资源消耗	能源消费量(万吨标准煤)
			农作物播种面积(万公顷)
			自来水售水量(亿立方米)
		外来污染压力	苏州河入境断面COD浓度(毫克/升)
			黄浦江入境断面COD浓度(毫克/升)
	治理响应	污染物减排	主要污染物COD指标削减幅度(%)
			主要污染物SO_2指标削减幅度(%)
			单位GDP工业COD排放量(千克/万元)
			单位GDP工业SO_2排放量(千克/万元)
			黄浦江出境断面COD浓度(毫克/升)
		环境基础设施建设	废水处理量占废水排放总量的比重(%)
			污水处理厂数量(座)
			生活垃圾收集点数量(处)
		资源利用效率	单位GDP能耗(吨标准煤/万元)
			单位工业增加值水耗(立方米/万元)
		产业结构调整	第三产业增加值比重(%)
			全员劳动生产率(元/人)
		政府管理	环境保护投资占GDP的比重(%)
			地方环境法规累计数量(个)
			地方环境标准累计数量(个)
		公众参与	环境污染投诉办结率(%)
			民间环保组织累计数量(个)
			人均生活垃圾末端处理量(千克)
		市场培育	碳交易成交量占碳排放总量比重(%)
			年度获得环境污染治理设施运营资质单位数量(家)

从构建的指标体系来看，环境治理响应方面的指标相对较多，这主要是由于环境绩效评价更多的是对全社会在环境保护方面所采取的决策与行动进行评价，治理响应则综合反映了区域在环境保护方面所涉及的主体、管理、设施、技术以及市场等方面的信息。此外，本报告从环境绩效与环境战略转型之间的相关关系出发，研究上海市环境绩效水平发展特征，在指标选取过程中综合考虑了污染物减排、环境基础设施建设、政府管理等传统的环境治理内容，以及环保公众参与、环境治理市场培育等新时期环境治理发展方向等内容。为了度量区域环境协同治理，在设计环境压力指标层时加入了苏州河入境断面和黄浦江入境断面 COD 浓度等外来污染压力指标。

（三）上海市环境绩效评价结果

1. 计算方法

在计算前，首先区分指标是属于正向指标还是负向指标，利用线性比例变换法对数据进行标准化处理，经过线性比例变换之后，正、负向指标均转化为正向指标。

$$\text{对于正向指标,指标得分} = \frac{\text{指标现状值}}{\text{该类指标最大值}}$$

$$\text{对于负向指标,指标得分} = \frac{\text{该类指标最小值}}{\text{指标现状值}}$$

指标权重是环境绩效评价中的一个重要因素，权重的变化将会导致环境绩效评价结果发生变化，评价指标权重的分配直接影响到评价结论。指标权重的确定方法很多，概括起来分为两类，即主观赋权法和客观赋权法。本报告利用熵值法确定指标权重，因为熵值法求权重是一种比较客观的赋权方法，通过计算指标的信息熵，根据指标数值的相对变化程度对系统整体的影响来确定指标权重，变化程度相对较大的指标权重较大，该赋权法可以避免主观赋权法的人为主观性，广泛应用于统计学各个领域。指标体系各指标权重如表 2 所示。

针对上述 40 个具体评价指标，从环境质量、绿色空间、污染物排放、资源消耗、外来污染压力、污染物减排、环境基础设施建设、资源利用效率、产业结构调整、政府管理、公众参与及市场培育 12 个三级指标，围绕环境状态、环境压力和治理响应 3 个二级指标开展环境绩效计算。分别得到上海市 2002 ~

表 2　上海市环境绩效评价指标体系权重

目标层	子目标层	评价要素层	评价指标层	权重
环境绩效评价指数	环境状态	环境质量	可吸入颗粒物浓度(微克/立方米)	0.003266
			空气质量优良率(%)	0.000609
			劣五类水河长比重(%)	0.037778
			昼间噪声平均等效声级[dB(A)]	0.000061
		绿色空间	城市绿化覆盖率(%)	0.003831
			人均公共绿地面积(平方米/人)	0.020271
			自然保护区覆盖率(%)	0.000322
	环境压力	污染物排放	工业废水排放量(亿吨)	0.007758
			工业废气排放总量(亿标立方米)	0.013138
			工业固体废弃物产生量(万吨)	0.005930
			生活垃圾产生量(万吨)	0.004335
			废水 COD 排放总量(万吨)	0.003886
			废气 SO_2 排放总量(万吨)	0.028804
			单位面积农药量(吨/公顷)	0.003050
			单位面积化肥量(吨/公顷)	0.005136
		资源消耗	能源消费量(万吨标准煤)	0.015184
			农作物播种面积(万公顷)	0.001612
			自来水售水量(亿立方米)	0.001453
		外来污染压力	苏州河入境断面 COD 浓度(毫克/升)	0.003120
			黄浦江入境断面 COD 浓度(毫克/升)	0.001795
	治理响应	污染物减排	主要污染物 COD 指标削减幅度(%)	0.070966
			主要污染物 SO_2 指标削减幅度(%)	0.142152
			单位 GDP 工业 COD 排放量(千克/万元)	0.085145
			单位 GDP 工业 SO_2 排放量(千克/万元)	0.096357
			黄浦江出境断面 COD 浓度(毫克/升)	0.007311
		环境基础设施建设	废水处理量占废水排放总量的比重(%)	0.062310
			污水处理厂数量(座)	0.014722
			生活垃圾收集点数量(处)	0.004420
		资源利用效率	单位 GDP 能耗(吨标准煤/万元)	0.007382
			单位工业增加值水耗(立方米/万元)	0.038111
		产业结构调整	第三产业增加值比重(%)	0.001208
			全员劳动生产率(元/人)	0.031062
		政府管理	环境保护投资占 GDP 的比重(%)	0.000251
			地方环境法规累计数量(个)	0.052581
			地方环境标准累计数量(个)	0.133295
		公众参与	环境污染投诉办结率(%)	0.000027
			民间环保组织累计数量(个)	0.042536
			人均生活垃圾末端处理量(千克)	0.001634
		市场培育	碳交易成交量占碳排放总量比重(%)	0.000002
			年度获得环境污染治理设施运营资质单位数量(家)	0.047190

2013 年相应的 40 个具体评价指标，各二、三级指标和一级指标得分。指标体系整体得分越大则表明环境绩效水平越高，指数达到 1 即为理想状态，某一级指标得分越高代表与该指标相关的特征发展情况越好。

2. 评价结果分析

（1）综合指数得分

从得分情况来看，上海市 2002～2013 年环境绩效评价指数总体呈上升趋势，由 2002 年的 0.2977 上升至 2013 年的 0.8052（见图 2），说明上海市环境绩效水平在不断提升。环境绩效的实质可以理解为环境目标的实现程度，上海市环境绩效水平的提升表明区域环境目标得到了很好的实现。值得注意的是，在总体环境绩效指数得分上升的趋势下，上海市环境绩效发展历程可以分为三个阶段：①2002～2005 年，环境绩效指数得分在 0.3～0.4 区间内波动，相邻近的年份环境绩效得分出现波动，说明该阶段内区域环境绩效水平并不稳定，区域环境治理、环境质量改善所采取的措施还没有完全达到环境保护的要求。②2006～2012 年，上海市通过滚动实施第三、四轮环保三年行动计划，以及在"十一五"期间加大污染减排力度，不断完善环境基础设施体系，环境绩效水平得以稳步提升。不过，此阶段内的 2010～2012 年，上海市环境绩效指数得分变化不大（得分在 0.7～0.8 区间内波动），说明在新的环保形势下，上海市原有的环境战略体系面临新的转型任务。③2013 年以来，环境绩效水平有一个新的提升，环境绩效指数得分首次超过 0.8，主要是因为"十二五"

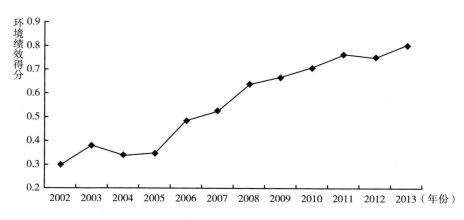

图 2   2002～2013 年上海市环境绩效得分情况

以来上海市不断探索符合本地区城市特点的环保新道路，以污染减排和环保三年行动计划为抓手，将主要污染物总量控制与改善环境质量相结合，促进绿色增长和低碳发展，进一步提升了环境绩效水平。

（2）子目标得分

从二级指标得分情况来看（见图3），环境状态得分总体呈现缓慢上升的趋势，由2002年的0.4341上升至2013年的0.7450。2002～2007年上海市环境状态得分一直维持在0.6左右，2008～2013年维持在0.7～0.8之间，也说明上海市环境状况虽然在不断改善，但总体上改善幅度不大。2013年环境状态得分相对有所下降，一方面是由于2013年采取了新的环境质量评价技术规范，纳入了新的环境因子，另一方面也说明上海市环境状态的持续改善还面临不小的挑战，环境保护的任务仍很艰巨。

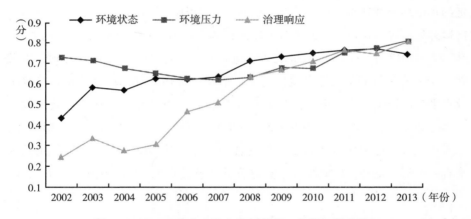

图3　2002～2013年上海市环境绩效二级指标得分情况

环境压力指标得分表现出先下降再上升的趋势，由2002年的0.7275发展至2013年的0.8090。2002～2007年，环境压力指标得分由0.7275下降至0.6182，在该阶段内上海市环境压力在不断增大。2007年以来，虽然随着环境保护工作的不断深入，环境压力指标得分取得一定程度的回升，说明该时期内通过加强环境治理，环境压力得到了一定程度的缓解，但上海市目前面对的环境压力仍不容忽视，污染物排放、资源消耗以及流域上游环境压力都增加了上海市的环境负荷。

治理响应指标则表现出快速上升趋势，由2002年的0.2422升至2013年的 0.8068，这说明上海市一直在优化环境治理体系，通过政府、公众、市场等主体的共同参与，在强化污染物减排、促进环境基础设施建设、提高资源利用效率响等方面采取了一系列有效的措施。从发展历程来看，2006 年，上海市环境治理响应指标得分有一个较大幅度的上升（分值提升了 42.1%）。这与"十一五"期间上海市完善环境基础设施建设，深化主要污染物总量控制、改善环境质量、探索上海环保新道路转型发展密切相关，并因此带来环境治理响应指标得分快速由 2005 年的 0.3041 上升至 2010 年的 0.7106。2011 年以来，环境治理响应指数继续上升，这与"十二五"期间上海市大力推进"六个转变"① 密切相关。通过"六个转变"，环境保护工作强调以预防为主，防治结合，推动产业结构优化升级和发展方式转变，从源头保护环境。在区域合作方面，加快推进郊区新城的环境基础设施建设，营造城乡环境保护一体化新局面，探索区域环境保护联防联控机制。在组织方式上，强化企业和市民的环保社会责任，鼓励全社会共同参与环保实践。上海市环境保护在发展战略、控制方法、治理重点、区域一体化、对策措施、组织方式等领域开始探索环境战略转型，这也说明在当前的环保形势下，通过促进现有的环境治理体系转型优化，能够不断提高环境治理的有效性。

从三个二级指标的得分情况来看，上海市环境状态总体趋稳，但环境质量进一步改善还面临很大挑战。上海市一直面临很大的环境压力，经济社会发展所产生的环境负荷没有得到明显的缓解。上海市环境治理近年来虽成效显著，但在新的环保形势下，传统的环境治理体系发挥更大作用所面临的困难不断增加。面对城市经济社会发展带来的环境压力，必须从发展战略、治理重点、空间范围以及组织方式等方面进行转型，才能满足全社会不断提高的环保要求。

（3）评价要素得分

指标体系中共包含了 12 个评价要素，2002～2013 年主要年份各评价要素得分情况如图 4 所示。

---

① "六个转变"：一是发展战略从末端治理向源头预防、优化发展转变；二是控制方法从单项、常规控制向全面、协同控制转变；三是工作重点从重基础设施建设向管建并举、长效管理转变；四是区域重点从以中心城区为主向城乡一体、区域联动转变；五是推进手段从以行政手段为主向综合运用经济、法律、技术和必要的行政手段转变；六是组织方式从政府推动为主向政府主导、全社会共同参与转变。

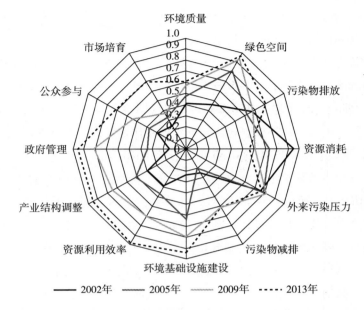

图4 2002~2013年上海市环境绩效评价要素得分雷达图

环境质量和绿色空间两个指标反映的是上海市环境变化状况。环境质量得分总体上处于上升趋势，由2002年的0.4109增至2012年的0.6062，说明上海市环境质量随着环境治理力度的加大，近年来有所好转。但从历年的变化趋势来看，环境质量上升幅度不大，处于平稳改善的状态，说明环境质量的改善难度较大，同时也是一个长期的过程，必须持续不懈地努力。绿色空间得分呈现不断上升趋势，由2002年的0.4624增至2012年的0.9745，这与上海市加大城市绿化建设和生态系统保护密切相关，但近年来随着可供绿化的土地资源日益紧张，绿色空间得分增长趋缓，城市绿色空间进一步发展的潜力有限。

污染物排放、资源消耗、外来污染压力反映的是上海市环境压力。污染物排放指标得分在2008年之前一直下降，反映当时经济发展产生的污染物排放量不断增加，2008年之后，污染物排放指标得分逐渐上升，污染物排放对环境的压力有所减缓。资源消耗的得分逐年降低，由2002年的0.9498降至2012年的0.5624，反映上海市随着经济社会规模的扩大，全社会所消耗的能源、资源总量不断增加，给环境保护带来不小的压力。外来污染压力指标得分处于波动变化，但2009~2012年该指标得分有小幅下降，说明外来污染压力在增大，反映黄浦江和苏州河流域上游来水水质还没有得到根本改善，上海市还面临一定的外来污染压力。

污染物减排、环境基础设施建设、资源利用效率、政府管理、公众参与、市场培育反映的是上海市环境治理响应。污染减排是较长时期内上海市环境保护的主要目标之一，该指标得分在 2005～2009 年有大幅增长，说明在该时期污染物减排取得了很大成效。但 2009 年以来该指标得分增长趋缓，说明当前的污染物减排措施所取得的成效逐渐变小。环境基础设施建设、资源利用效率、政府管理得分较高，且均表现为上升趋势。其中，环境基础设施建设、政府管理主要是政府推动的环境治理方式，这两项指标得分较高，说明当前上海市是一种政府主导的环境保护模式。近年来，产业结构调整指标得分增长幅度在加快，说明上海市在产业结构调整方面取得了很大的成就，城市产业结构优化、产业效率提升都取得了不小的进步。公众参与和市场培育是未来环境保护工作的主要构成内容。其中，公众参与近年来得到一定的发展，由 2002 年的0.2819 增加至 2012 年的 0.7103，虽然 2013 年上海市环保社会组织数量大幅增加，但公众参与的渠道和内容还有很大的上升空间。市场培育指标上升速度相对慢于公众参与，2012 年得分仅为 0.6977，未来随着环境污染第三方治理和排污权交易的推进，环境保护市场的发展幅度将会快速提升。

（四）环境绩效的提升需要借助环境保护转型

从上述评价结果来看，上海市环境绩效发展具有明显的阶段性特征，总体上随着环境保护的转型而提升。经过几十年的环境治理，上海市环境状态总体趋稳，但环境质量的改善还面临很大挑战。究其原因，一方面，上海市一直面临很大的环境压力，污染物排放、资源消耗、外来污染压力等带来的环境负荷并没有得到明显的缓解，甚至随着经济社会的发展还有加剧的趋势；另一方面，上海市传统的环境保护体系在过去的一段时间里产生的成效显著，环境基础设施建设、资源利用效率、政府环境管理水平得到大幅提升，但在当前新的环保形势下，传统的环境保护体系发挥更大作用的难度不断增大，环境绩效进一步提升的潜力有限。"十二五"以来，上海市在环境保护的各个领域开始探索转型发展，并取得了初步的进展，近年来环境绩效不断提升就是很好的证明，因此，在当前的环保形势下，发展战略、治理方

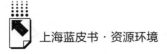

式、区域重点、参与主体等领域的环保新思路和新举措对改善环境状况能够
发挥很大作用，上海市环境质量的改善以及环保目标的实现必须首先进行环
境战略转型。

二 上海市环境战略转型

在经济发展的不同阶段，都会面临如何协调经济发展与环境保护之间关系
的问题，伴随着社会和经济的快速发展，环境问题已经成为全社会共同面对的
重大挑战，环境战略也要随经济社会发展而转型。

（一）上海市环境战略转型背景

上海市环境保护逐渐进入地区经济社会发展的主流，经济和社会政策的制
定开始重视环境诉求。上海市环境战略的转型，既是国内外环境保护一些战略
性问题发展变化新趋势的必然结果，也是自身城市定位发展升级的客观要求。

1. 绿色经济和可持续发展已成为国际环保新趋势

世界环境保护的发展历程是一个不断改善环境保护与经济发展关系的过
程。通过分析世界主要国家环境保护工作的发展阶段，能够总结出国际环境保
护主题逐渐由环境污染治理转向环境与经济可持续发展，环境保护的范围也向
环境全球化方向发展。

20 世纪 60 年代以前，发达国家的主要目标是经济发展，工业化生产在快
速创造物质财富的同时，也产生了大量污染物，最终在 20 世纪 50 年代前后，
相继发生了美国洛杉矶光化学烟雾、英国伦敦烟雾等公害事件。当时对环境保
护工作并不重视，尚未搞清公害事件产生的机理，只是采取被动的限制措施。
到了 20 世纪 60 年代以后，环境问题开始被看作工业污染问题，发达国家通过
制定各种法律法规来规范生产企业的排污行为，实行"谁污染、谁治理"的
原则，对污染物排放进行浓度控制和总量控制，使环境污染有所控制，但由于
采取的主要是末端治理措施，还未能从根本上解决环境问题。

1972 年联合国召开了人类环境会议，并通过了《人类环境宣言》。这次会
议成为国际环境保护工作的转折点，加深了国际社会对环境问题的认识，扩大
了环境问题的范围。国际环境保护工作突破以环境论环境的局限，把环境与经

济社会发展联系在一起，从整体上来解决环境问题。污染治理技术也不断成熟，从末端治理向综合治理方向发展。

在1992年联合国环境与发展大会上，第一次把经济发展与环境保护结合起来，会议提出可持续发展战略，国际环境保护工作已从单纯的污染治理问题扩展到人类生存发展、社会进步这个更广阔的范围，标志着环境保护事业在全世界范围又一次战略转型，"环境与发展"成为世界环境保护工作的主题。进入21世纪以来，气候变化会危及全人类的生存成为国际共识，积极应对气候变化、减少温室气体排放成为国际环境保护的目标之一，也促进了环境保护的全球化合作。国际环境保护也发生了理念的变革，由被动治污转向主动治污，环境保护开始成为公民的自发行动，架构政府—企业—公众的环境治理模式成为发展目标和趋势。经济增长、社会进步和环境保护被认为是可持续发展的三大支柱，环境保护、生态平衡成为可持续发展内涵的重要组成部分。2012年召开的联合国可持续发展大会发起可持续发展目标讨论进程，提出绿色经济是实现可持续发展的重要手段之一，绿色经济应该保护并扩大自然资源基础，提高资源使用效率，推广可持续发展模式，推动低碳发展道路。

2. 中国正处在一个环境与发展的战略转型期

纵观中国环境保护发展历程，主要经历了污染物末端治理、源头预防与全过程控制、环境与经济社会融合发展等三个战略阶段。20世纪70年代初，中国从治理工业"三废"开始，环境保护主要实施点源污染末端治理的方式，确立了"预防为主、谁污染谁治理、强化政府管理"的三项环境治理根本对策。到20世纪90年代，中国环境保护开始由点源治理向综合治理转变，由浓度控制向总量控制和浓度控制相结合转变，由工业污染控制为主向工业和生活污染并重转型，环境保护法律法规体系逐渐构建完善。进入21世纪以来，中国确立了环境保护优化经济增长的思路，探索建立了环境保护公众参与机制，污染防治开始由末端治理向源头预防以及产业结构调整转变，强调环境与经济相互协调发展。中国环境保护历程的演变是一个环境保护的指导思想和治理方式不断优化升级的过程，也反映出中国对环境问题及其与经济社会发展关系的演化规律的认识在不断提高。

从中国环境保护与经济发展关系的变化进程看，改革开放以来中国经济发展表现出总量快速扩张的特征，总体上是一种高投入、高资源消耗、高污染排放和低效率产出的，以牺牲资源环境为代价的粗放型增长方式。压缩型的经济发展进程产生了各种复合型、结构型和压缩型的环境问题，经济总量在快速扩张过程中也带来了大量的污染物排放。随着生态环境的日益恶化，传统的环境保护与经济发展关系的不可持续性日益显现，二者之间的关系必须发生历史性的转型。

从中国环境与社会关系的变化进程看，在20世纪90年代以前，公众对环境问题总体上处于漠视状态。随着环境污染形势出现恶化的趋势，以及环境宣传教育力度不断加大，当前社会公众的环境意识不断增强，中国环境与社会的关系开始进入转型阶段，初步具备环境战略转型的社会基础，环境问题频发引起的公共参与、维权及与政府的环保合作并存。

随着环境与经济、社会发展关系的变化，以及经济、技术和政策环境逐渐成熟，中国已进入一个环境与发展的战略转型期，开始从重经济增长轻环境保护转变为二者并重，并逐渐转向环境保护优先，在加强常规的以污染物总量控制为核心的环境管理的同时，开始强调综合运用包括法律、经济、社会、科技在内的环境战略。

3. 上海市城市地位提升对环境质量的现实需求

改革开放以来，上海市环境保护工作取得了很大的成就，根据城市经济社会发展不断调整环境保护策略。20世纪七八十年代，上海市环境保护工作以单项污染源治理为主，集中治理重大污染源。随着环境污染逐步加剧，在单项污染源治理的基础上，发展到行业治理，并开始追求经济与环境协调发展，环境法制建设也得到了加强。到了20世纪90年代，上海市进行了一系列重大环境工程建设，并基本完善了环境保护地方法规体系，健全了环境保护管理体系。21世纪以来，上海市滚动实施环保三年行动计划，加强环境基础设施建设，严格控制主要污染物排放总量，从法律法规、环境标准、政策引导和监督执法等方面入手加大监管力度。经过环境保护工作的不懈努力，近十年来上海市环境质量水平总体趋稳，但环境质量进一步改善还面临一定的挑战。随着经济社会的发展及城市规模的不断扩大，上海市面临的环境压力没有得到明显的缓解，甚至还有加剧的趋势。在当前新的环保形势下，政府主导的环境管理体系的作用越来越有限，而未来城市定位升级对城市环境质量改善又提出了新的要求。

　　未来上海发展目标定位于努力建设成为具有全球资源配置能力、较强国际竞争力和影响力的全球城市，增强城市的国际竞争力和影响力，提升上海在国际城市体系中的地位和作用。上海的发展定位对环境保护和生态建设提出了更高的要求，面对城市发展所带来的环境压力，上海市必须从指导思想、治理重点、空间范围以及组织方式等方面进行环境战略转型，才能满足城市发展不断提高的环境质量要求。

（二）环境战略转型的构成框架

　　巴托姆等专家在《城市的环境战略》一文中认为，环境战略应包含 6 个关键因素：公众支持与参与、改进政策干预、构建制度能力、加强服务设施供应、弥补信息缺口和战略规划（徐斌，2000）。在可持续发展和环境治理领域中，转型是一个社会变革的基本过程，社会或社会的子系统将发生结构性的变化；转型不是由单一的变量所引起的，而是相互关联的各个领域共同发展的结果（洪进，2010）。具体到环境战略转型，则针对的是普遍认同的重大环境问题，而且这些环境问题一般是一系列相关联的问题集。因此，环境战略转型是环境保护各个领域发展的结果，是环境保护指导思想、目标、战略任务、对策与措施等领域多维度的变革过程，在内容上不仅包括环境保护制度、政策、设施、规划、参与主体等领域的转型，更突出表现在环境保护与经济发展关系的转变，由经济优先向环境优先转变，把环境保护放在优先地位，从环境优化经济发展转向以经济发展方式转变促进环保目标的实现。

　　从不同的层次结构来看，环境战略转型应包括宏观层面的转型和微观层面的转型。宏观层面的环境战略转型体现在环境保护指导思想、环保目标的转型，根据环境与经济和社会的发展关系，确立新的环境保护方向和行动指南，以此指导各个领域的环保工作，正确处理环境与经济社会发展的关系，由经济优先向环境优先转变，环境优先于发展，用环境约束来优化发展。微观层面的环境战略转型重点是突破环境治理具体执行上遇到的障碍，包括制度、组织方式、设施建设、经济和技术条件等，是具体的环境保护方式转变，如从政府主导向全社会多元参与转变，从末端治理向源头预防转变，从

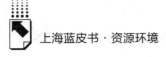

控制单个地区污染向区域协同治理转变，从单一污染物治理向多种污染物协同治理转变等。

1. 环境与发展指导思想转型

环境与发展指导思想是指导和支配环境与发展关系的行动指南。我国环境保护最初的指导思想是以协调发展为原则，即环境保护与经济、社会发展相协调。1973 年，国务院在《关于全国环境保护会议情况的报告》的批文中指出："经济发展和环境保护，同时并进，协调发展"。1983 年全国环境保护会议提出了"三同步、三效益"的原则，即"经济建设、城乡建设和环境建设要同步规划、同步实施、同步发展，实现经济效益、社会效益和环境效益的统一"。1989 年颁布的《环境保护法》再次确认了该原则。协调发展是指环境保护与经济社会发展统筹兼顾，实现经济效益、社会效益和环境效益的统一。在这样的指导思想下，环境保护限定在不妨碍经济发展的前提下，这实际上是经济优先的原则。在这种原则下，企业等生产主体反对实施更加严格的环境标准，政府受"经济效益、社会效益和环境效益相协调"原则的约束，也不可能制定严格的环保标准，多数时候环境保护被视作经济发展的外部制约因素，最终还是服务于经济发展。

在这种实际上的"经济优先"指导思想下，环境保护工作的执行和实施无法有效纳入社会经济发展和决策过程的主流，导致环境保护具有典型的末端治理特征，不能从根源上解决环境与发展的矛盾。因此，必须实现环境与发展指导思想的转型，由经济优先转向环境优先。环境优先是相对于经济优先、环境保护与经济发展相协调等指导思想而言的，它要求在经济发展与环境保护发生冲突时，优先选择环境保护。2014 年修订的新《环境保护法》第五条规定："环境保护坚持保护优先、预防为主、综合治理、公众参与、损害担责的原则。"明确规定了"保护优先"的原则。贯彻环境优先指导思想，体现在依据环境保护需要优先立法，将环保规划作为经济社会发展的基础性、约束性、指导性规划，将环保投入作为公共财政的支出重点，将环保指标作为区域发展绩效和干部考核任用的重要内容等。

2. 环境管理向环境治理转型

长期以来，环境管理一直是环境保护工作的主要模式，环境管理着重关注具体的环境管理技术、政府规制行为以及产权划分等对环境问题的影响。政府环境管理部门通过各种行政性手段，为实现预期环境目标而进行相关管理活动。环境管理在发挥市场和社会的环保机制方面提供的空间有限，特别是公众在环境管理相关事务中参与程度有限。但随着环境保护工作的深入，政府行政管理手段很难将资源的配置达到最优，环境管理在环境保护中失灵主要表现在政府对环境这种特殊公共产品的供给不足或供给过剩而导致的分配不合理，公众参与环境保护程度较低等。环境问题的外部性和自然资源的复杂性，使得一些环境要素难以通过市场配置进行交易，由于产权不明确、交易成本大等问题也使得即使环境要素进入市场也面临失灵的困局。

环境管理的失灵，使得选择多元组织形式解决环境问题成为一种必然和趋势，这就要求由环境管理向环境治理转型。治理是社会系统中各要素之间的协调，通过各种谈判和对话等协商方式达成广泛的共识，治理涉及非常广泛的社会主体之间的互动（李妍辉，2011）。环境治理的实质就是强调多元组织参与解决复杂环境问题，通过建立一种在微观领域对政府、市场的作用进行补充或替代的制度形态，使广泛的社会力量参与环境治理。环境治理需要寻求企业、社会组织、公众的支持和参与，建立容纳多主体的政策制定和执行框架，强调多个社会主体合作的多元协作或协同治理。

（三）上海市环境战略目标转型

环境保护目标是根据一个时期的环保指导思想与首要原则制定的。随着环境保护与发展指导思想的演变，上海市不同时期环境保护目标也表现出不同的内容和特征。

1. 上海市环境保护目标发展历程

1979年，上海市环境保护局成立后，根据上海市的总体规划和国家环境保护方针，结合上海市日益突出的环境问题，从制定《黄浦江污染综合防治规划》开始，逐步形成不同类型的环境保护规划，各时期环境保护规划制定的目标能够反映在当时经济社会发展背景下上海市环境保护的主要目标和任务。迄今为止，其演化历程可以大体分为三个阶段。

（1）第一阶段（1981～1995年）：以点源治理为主要目标

改革开放后，上海市经济发展刚刚起步，经济发展速度波动上升，1981～

1991 年上海市地区生产总值（GDP）总体上呈较低的速度增长（见图 5），此时经济发展还没有产生明显的环境污染问题。从"六五"、"七五"和"八五"上海市有关环境保护计划可以看出，该时期内上海市环境保护目标重在开展重点地区污染治理，包括治理苏州河和黄浦江的污染，饮用水水源的保护，建设噪声达标区，污染严重地区的环境状况得到显著改善等。生活污染治理在该时期的环境保护目标中占有较大比重，工业污染治理目标尚不明确，工业污染物排放以控制在现有水平为主要目标。

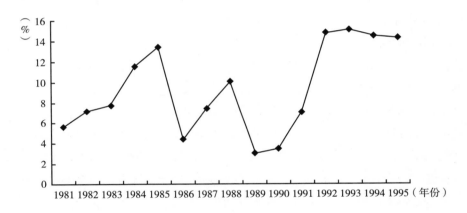

图 5　1981～1995 年上海市 GDP 增速情况

资料来源：上海统计年鉴（2013）。

（2）第二阶段（1996～2010 年）：以污染物排放总量削减为主要目标

浦东开发开放后，上海市经济迎来了一个快速发展的时期，地区生产总值年均增速都在两位数以上（见图 6），由 1996 年的 2957.55 亿元增加到 2010 年的 17165.98 亿元，增长了近 6 倍。经济的快速发展给环境保护带来巨大压力，因此，"九五"、"十五"和"十一五"期间，在经济大幅度增长的前提下，上海市环境保护以污染物排放总量控制为主要目标，同时加强城市环境基础设施建设，完善环境治理的硬件基础，强化环境监管及环保监督执法，以实现基本控制环境污染的目的。此外，上海市常住人口由 1996 年的 1451 万人增加到2010 年的 2302.66 万人，由于城市人口的不断增长，城市固体废弃物的减量化也成为环保主要目标之一。

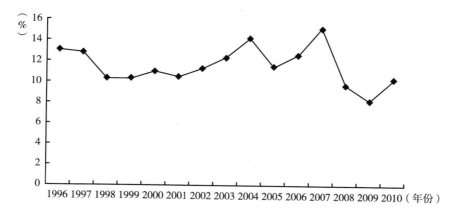

图6　1996～2010年上海市GDP增速情况

资料来源：上海统计年鉴（2013）。

（3）第三阶段（2011年以来）：以改善城市环境质量为主要目标

2008年以来上海市经济增速回到个位数，2011～2013年，上海市GDP增速分别为8.2%、7.5%和7.7%（图7），2014年第1～3季度比2013年同期增长7%，经济增速缓中趋稳，产业结构调整、企业转型升级步伐加快。上海通过滚动实施五轮环保三年行动计划，环境基础设施体系基本完善，多手段综合推进的环境管理体系不断优化，污染物排放量逐年减少。另

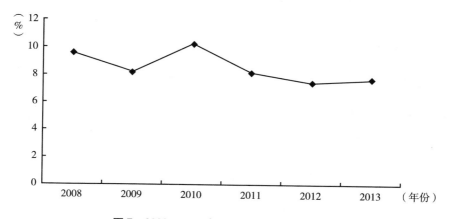

图7　2008～2013年上海市GDP增速情况

资料来源：上海统计年鉴（2014）。

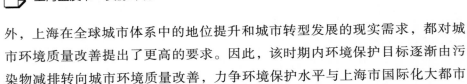
外，上海在全球城市体系中的地位提升和城市转型发展的现实需求，都对城市环境质量改善提出了更高的要求。因此，该时期内环境保护目标逐渐由污染物减排转向城市环境质量改善，力争环境保护水平与上海市国际化大都市的定位相适应。

2. 上海市环保目标发展定位

上海全球文明城市的城市地位和发展转型的现实需求都对环境保护和生态建设提出了更高的要求，上海市经济发展和环境保护必须摆脱原有的传统模式，才能更好地满足全社会环保需求。未来一段时间内上海市应结合经济社会发展趋势和环境状况，根据近期、中期和远期等不同发展阶段制定环境战略目标。

（1）近期：强化污染控制的全过程管理

推行清洁化生产，从全过程系统控制角度强化污染控制的全过程管理，减少污染物产生的根源。探索污染物排放控制与环境质量改善兼顾的环境管理模式，使城市环境不安全因素基本消除，突出环境问题得到初步遏制。构建由政府、市场和社会构成的多元环境治理结构，通过市场机制、公众参与等方式保护环境，基本形成与上海国际大都市发展相匹配的城市环境保护体系。

（2）中期：实现城市环境质量的全面改善

确立基于环境质量改善目标的环境管理体系，实施"质量约束、总量指导"的环保策略。通过环境质量改善需求分析，制定环境保护计划和要求，实现环境保护任务与环境质量改善要求直接挂钩。实施环境优先战略，城市工业污染、农业面源污染等环境问题得到基本解决，市区水环境质量有明显改善，河道重度污染断面的比例大幅下降，城市空气质量达到环保要求，城市环境质量得到全面改善，满足城市居民对环境质量改善的实际需求。

（3）远期：环境质量与全球文明城市相适应

实现生态系统健康安全、结构稳定，发挥生态环境对于全社会福利和经济繁荣的重要作用。建立以人体健康为导向的环境风险防控体系，形成以环境风险预警、预测、应对和环境质量动态预报为主要标志的环境管理模式。使城市环境质量与上海市全球文明城市地位相适应。

（四）上海市环境治理措施转型

上海市经济社会发展一直保持着较快的速度，资源环境压力比较大，传统的末端治理策略面临严峻挑战。随着全社会对环境保护的关注度与呼声越来越高，上海市环境治理措施表现出新的发展趋势，逐步推广、综合运用法律、经济、技术等办法解决环境问题，同步推进环境保护和经济发展。

1. 由政府单一治理模式向多元参与治理模式转型

长期以来，上海市环境治理是一种政府主导的单一治理模式，政府承担了几乎全部的环境治理责任，这与特定发展阶段公众环保意识不强以及社会环保力量不足有密切关系。随着经济社会的不断发展，社会公众的环保意识和对环境质量的诉求不断提升，社会环保力量得到了一定的发展，在新的环保形势下，传统的政府单一治理模式不能完全满足日益增长的城市环保需求，需要建立起"政府主导＋多元参与"的环境治理结构，发挥公众、企业、市场在环境保护中的作用。

上海市环境治理向多元参与转型，主要体现在以下三个方面：

一是深入开展环境信息公开工作。环境信息公开是公众有效参与环境事务的前提和基础，上海市环境管理部门通过各种渠道发布空气质量实时及预报数据、重点污染源环境监管信息、环境影响评价网上公众调查、环评公示、环评报告书简本、各类事项办理信息以及执法、财政信息等，并针对环境热点问题开展了网上访谈。

二是环保社会组织快速发展。据不完全统计，截至2014年10月底，上海市共有各类环保社会组织130个，而2001年上海市环保社会组织仅为31个。环保社会组织通过开展多样的环保公益活动，为普及环保理念和知识、推行绿色生产和生活方式发挥了积极作用。

三是促进社区参与环境保护。社区参与环境保护能够促进整个社会环保意识和力量的形成，构成环境治理的最基本的社会空间。2011年，上海市开始在街镇、居住区、企事业单位开展生活垃圾分类减量工作，截至2013年底，上海全市生活垃圾分类覆盖居民户数约205万户、近7000个单位，2014年将新增覆盖40万户的生活垃圾分类减量区域。

2. 由末端治理向源头预防与全过程控制转型

末端治理的标志是实施严格的排放标准和总量控制措施，末端治理策略在上海市环境保护事业发展中发挥了积极作用，但难以从根本上改变环境保护消极被动局面。鉴于末端治理的局限性，近年来上海市逐渐将环境政策的重点转向以源头预防为主。通过实施全过程环境治理策略转型，不仅从源头上减少了污染物排放，而且能够更有效地使用原材料，增强了企业的市场竞争力。

清洁生产是对生产全过程采取整体预防的环境策略，是环境治理实现全过程预防的主要方式。2003 年，上海市建立推进清洁生产联席会议制度，专门负责研究和协调全市清洁生产推进工作。“十一五”期间，上海市累计推进638 家企业实施清洁生产审核，推动了上海市清洁生产各项工作深入开展。通过清洁生产审核验收后，企业共计实现节约综合能耗 98.6 万吨标准煤，减少二氧化碳排放 246.5 万吨，削减化学耗氧量排放 5657.8 吨，减少二氧化硫排放 17698.308 吨，削减毒性大的物质使用量 3575 吨[1]。“十二五”以来，上海市已累计推进近千家企业开展清洁生产审核，投入财政专项扶持资金近亿元。2014 年，上海市完成清洁生产审核评估重点企业 256 家，企业通过清洁生产审核取得了较好的经济、社会和环境效益。

3. 由单污染物控制转向多污染物协同控制

环境问题是多个污染物共同作用的结果，如当前受到社会广泛关注的PM2.5，就与多个大气污染物排放和大气化学过程相关，涉及 SO_2、NO_x、PM、VOC_s、NH_3 等多种污染物，因此，仅控制个别主要污染物的排放，难以达到环境保护目标，需要从单独控制个别污染物向多污染物协同控制转型。

“十一五”期间，根据国家确立的环境保护主要指标，上海市主要污染物排放总量控制主要包括二氧化硫和化学需氧量两项指标。到了“十二五”，主要污染物排放总量控制约束性指标扩展为化学需氧量、氨氮、二氧化硫、氮氧化物等四项，在完成国家下达的四项主要污染物约束性指标之外，上海市还协同控制与上海环境质量密切相关的 TP、VOCs 和 PM2.5。上海市环境治理开始由个别污染物控制转向多污染物协同控制。

4. 由单个区域治理向区域协同治理转型

环境问题不是单个地区的问题，环境治理也不是某个地区能够单独解决的，环境的区域性特征客观上要求打破行政区域界限，转变传统的单个地区分

---

① 严伟明：《上海推进重点行业清洁生产全覆盖》，《中国工业报》2011 年 7 月 27 日。

割治理的模式，必须实施区域环境协同治理。上海市区域环境协同治理根据空间尺度的不同可分为两个方面，即环境治理的城乡一体化和区域联动。

中心城区一直是上海市环境保护的重点地区，随着郊区的经济社会发展，郊区环境问题逐渐得到重视，上海市开始中心城区和郊区并举，以统筹城乡基础设施和生态环境建设，改善郊区生态环境。2011 年上海市出台《上海市人民政府关于本市加快城乡一体化发展的若干意见》，指出要形成城乡环境保护一体化新局面。在 2012 年开始实施的第五轮环保三年行动计划中，郊区环境基础设施建设得到加强，推进嘉定大众三期、松江西部二期、金山朱泾二期等9 座污水处理厂扩建升级工程和青浦徐泾污水厂一期升级改造工程，增加处理能力 22.35 万立方米/日。

近年来，长三角区域性重度雾霾现象频发，由于大气污染具有区域性特征，必须建立区域联防联控的机制来应对。2014 年 1 月，长三角区域大气污染防治协作机制正式启动，在区域内共享大气环境信息，对接节能减排、污染排放、产业准入和淘汰等方面环境标准，制定实施长三角区域空气重污染天气联动应急预案，协调解决区域突出大气环境问题。上海市位于黄浦江和苏州河下游，黄浦江和苏州河的水质改善需要上游地区的协同治理，2014 年 4 月，上海市青浦区环保局、浙江省嘉善市环保局、江苏省吴江市环保局举行了联席会议，随后发布《青浦、嘉善、吴江三地环境联防联控联动工作实施方案》征求意见稿，建立三地跨省界区域环境监管、污染防治、应急处置联动工作机制，江、浙、沪三地的环境联动机制正在形成。

5. 由行政手段为主向综合运用经济、法律手段转型

环境保护的手段大致分为行政手段、法律手段以及经济手段。长期以来，上海市环境治理基本上是以行政手段为主。虽然在短期内收到一定成效，但长期来看仍旧难以治本。需要摆脱环境治理依靠行政命令的路径依赖，发挥法律手段和基于市场的经济手段的作用。

上海市环境治理经济手段的运用主要表现在探索建立环境治理市场机制上。2013 年上海市启动了碳排放交易试点工作，探索建立环境治理领域的市场机制。截至 2014 年 6 月 30 日，上海市共有 82 家试点企业参与配额交易，累计成交额 6091.7 万元。同时，上海市试点企业 100% 在法定时限内完成配额清缴，成为按期且 100% 履约的试点地区。碳排放交易试点工作为上海市排污

权交易提供了经验和基础，对发挥市场机制在环保中的作用具有重要意义。2014 年 10 月，上海市通过《关于加快推进本市环境污染第三方治理工作的指导意见》及试点工作方案，提出培育发展环境污染第三方治理市场。上海环境污染第三方治理近期主要聚焦电厂脱硫脱硝、城镇污水处理、工业废水处理、有机废气治理、建筑扬尘控制、餐饮油烟治理以及自动连续监测共 7 个重点领域。

上海市环境治理法律手段的运用主要表现为加强环境法治。2014 年上海市环保执法专项行动的重点任务，一是落实《大气污染防治行动计划》和《上海市清洁空气行动计划》，开展大气污染防治专项执法检查；二是加大对存在环境安全隐患的重点行业的执法检查，消除环境隐患。2014 年 1 月，上海市公安局与上海市环保局会签了《关于进一步加强环境污染违法犯罪案件行政执法和刑事司法衔接工作的实施意见》，建立完善公安与环保部门之间的情况通报、案件移交、协作办案等工作机制，以加大联合查处打击污染环境违法犯罪行为的力度。2013 年 6 月至 2014 年 6 月，上海市共侦破污染环境刑事案件 10 起，抓获犯罪嫌疑人 47 人。

（五）上海市环境战略转型面临的挑战

环境保护转型涉及环保的各个领域，是环境保护体系的结构性转型，是一个长期艰巨的过程。虽然近年来上海市环境保护开始探索公众参与、市场机制等环保新举措，但上海市环境战略转型的深入推进还面临很多挑战。

1. 社会组织参与环保的能力有限

虽然上海市目前公众参与环境保护取得了很大的进展，但也存在着一些不足。一方面，上海市超过 50% 的生态环境类社会组织是在近 5 年内成立的，社会组织自身的成长壮大还需要一个过程，受专业知识和自身能力限制，社会组织参与环保的层次还比较低，环境社会组织自身的能力建设还有待加强；另一方面，公众参与环保的渠道有限，主要以被动参与为主，易落入形式化。而且上海市环境保护公众参与主要集中在环境治理的末端环节，即在环境侵害已经发生之后才参与到环境保护之中，相应的对环境决策、环境监督和保证环境表达权的全过程参与较少，公众意见的采纳尚无充分的机制保障，制约了公众参与作用的发挥。

2. 全过程污染控制企业覆盖率有限

清洁生产是当前从污染的末端控制转向生产全过程控制的主要方式之一，上海市目前共有近万家规模以上工业企业，而通过清洁生产审核验收的企业覆盖率较低，主要是由于清洁化生产会产生一定的成本，多数企业过于强调生产和效益，没有认识到实施清洁生产对环境污染防治的意义，缺乏实施清洁生产的动力。再加上当前政府政策中与清洁生产相关的约束机制和激励机制还相对滞后，这在一定程度上影响了清洁生产的推广进程。

3. 污染物控制范围有待进一步加强

环境问题的成因是复杂的、综合的以及多方面的，排放的污染物有3000多种，虽然目前纳入总量控制约束性指标的污染物有所增加，但相对于数目繁多的污染物数量来说还远远不够。目前上海市虽然已将溶解氧、高锰酸钾、总磷、挥发性有机物、总氮、PM10、CO、O_3、细颗粒物等污染物列入环境监测范围，但污染物总量控制还主要集中在化学需氧量、氨氮、二氧化硫、氮氧化物等个别主要污染物，未来污染物全面协同控制的范围和力度仍需扩展和加强。

4. 多元利益诉求制约区域环境协同治理

当前长三角两省一市环境保护协商机制还是松散型的，作用有限，地方政府对于各自利益的诉求，可能使环境协调治理在某些领域产生合作障碍。受区域发展水平差距及行政区划影响，区域之间缺乏合理的利益协调与补偿机制、统一的环境标准与规划、信息的共享机制、协同治理的监督机制等，使得区域环境协同治理还没有深入开展。由于环境问题的无界性，未来需要进一步加强区域协同治理的制度基础，促进区域环境治理一体化发展。

5. 环境保护的经济和法律手段比较薄弱

上海市环境治理市场机制目前还集中在碳排放交易领域，排污权有偿使用和交易试点还没有开展，这在一定程度上影响了经济手段在环境治理中作用的发挥。在环境污染第三方治理开展方面，截至2014年11月，上海市拥有环境污染治理设施运营资质的企业约120家，目前上海市第三方环境治理年产业规模在50亿元左右，约占工业和市政环保投入的1/5，环境污染第三方治理的力量还很薄弱。

环境法治应包括政府、企业、社会团体等任何组织依法维护环境权益，上海市环境法治目前主要体现在政府环境执法，主要包括环境污染刑事案件和检察机关督促起诉环境污染案件，公众还缺乏运用法律手段维护环境权益的意识，特别是公众参与的环境公益诉讼没有得到实质性开展。

三 促进环境战略转型，创新环境治理

环境战略转型重点体现在环保指导思想和环境治理措施的发展升级，环保指导思想体现在环境优先，以资源总量控制约束经济发展。环境治理措施需要综合考虑地方政府管理、公众参与和企业行业参与等多种因素，以建立适应环保新形势下的多元化环境治理体系。

（一）以资源环境容量约束经济发展

环境战略转型的关键体现在由经济优先转向环境优先，而环境优先的内涵之一就是将环境容量和资源承载力作为经济发展的刚性约束条件之一，根据区域的环境容量和资源承载力来约束经济发展的速度和规模。因此，上海市环境战略转型目标的实现，首要任务即是协调好环境容量和经济发展间的关系。

首先，核算上海市的环境容量和资源承载力。建立环境容量和资源承载力评价的指标、标准及相应的分析模型。鉴于上海市河口城市的特点，核算的空间范围包括陆地和近海海域，从土地、水体、能源、人口等方面进行资源环境承载力的核算，逐步建立资源环境核算账户，以此摸清上海市环境资源承载力的"家底"。

其次，以城市环境容量和资源承载力为基础，制定经济发展规划。在资源环境承载力分析基础上，明确城市环境战略目标定位，将环境容量、资源承载力和城市环境功能区达标要求作为制定或修订经济发展规划的前提，各区县根据城市环境容量和资源承载力制定不同的空间发展规划，以此确定建设项目和产业发展方向，提高经济发展质量。各个行业根据环境容量和资源承载力，结合行业污染物排放情况，制定产业专项规划和清洁化生产推进方案。此外，还需制定环境容量储备规划，为实现可持续发展预留空间。

最后，把资源环境标准作为经济活动准入的重要条件。将环境影响评价与资源承载力结合起来，严格按照法律法规和环境标准的要求，对经济发展规划、建设项目等进行严格的环境影响评价，对环境容量不足和已无环境容量的地区，严格限制增加污染物排放量的项目的新建和扩建。使环境容量和资源承载力成为保障生态环境质量的重要准则之一。

（二）创新环境治理

环境管理模式转型是环境战略转型的重要方面。十八届三中全会和四中全会都强调国家治理体系和治理能力现代化，这当然包括环境治理体系和治理能力现代化。环境治理体系和治理能力现代化要以若干关键环节上的管理能力提升为基础，如作为整个环境管理体系的基础，环境监测的功能就须得到强化，以摸清环境问题的"底数"，为环境管理者的决策和行动提供科学依据。

环境治理体系和治理能力现代化还要求现有的环境管理向环境治理转变，即从政府单方面管理向政府与各利益相关方协同治理转变。当政府单方面的力量不足以应对严峻的环境挑战，各方之间形成合力就显得特别重要。政府要积极创造市场、培育市场、规范市场，让市场机制在环境保护中发挥强有力的推动作用。或是借其激励机制增强企业治理污染的动力，如碳交易市场；或是借其资源配置功能提高全社会治理污染的效率，如环境污染第三方治理。政府要善于动员行业协会、民间组织、社区、媒体、民众等社会主体为环境保护贡献智慧和力量，如环保组织和企业协会在流域水环境治理中的合作。协同治理环境还包括区域间的协同。雾霾等污染问题存在区域间相互影响的效应，单一区域单方面的治理成绩往往不佳，只有区域间协同治理方能取得理想效果，这就要求破除相关障碍，建立健全协同治理的机制。

（三）强化环境法治保障

环境保护转型中所涉及的公众参与、环境考核标准、环境污染第三方治理、区域协同治理等内容都意味着环境治理体系的重大转变，现有的一些环境保护制度、标准和政策已不能有效规范和指导新形势下各种环保行为。构建多元共治、区域协同、社会参与、市场化运营的环境保护新格局，需要相应的制度保障加以规范。

首先，加强贯彻落实环境信息公开制度。环境信息公开是环保公众参与的前提，因此需要修订完善上海市环境信息公开相关制度政策，为公众有效参与环境事务提供知情基础。一是将环境信息公开的主体定位由环保部门扩大至市容绿化、水务、农业、气象等多个部门，提高环境信息公开的整合度。二是细化环境信息公开内容，按照分步实施、从易到难的原则，细化污染源环境监管信息、重点行业环境信息、排污费征收、环境信用信息等。三是提高企业污染物环境信息公开的广度和深度，除了公开环保部门对企业进行环保考核的结果，还应通过建立激励和约束机制推动企业公开自身环境相关信息，建立环境诚信体系。

其次，建立健全与环保市场化运作相配套的规章制度。一是建立排污权交易制度。完善排污权有交易的政策制度，全面实施排污许可证制度，为排污权交易创造条件，明确排污权交易的主体、范围、配额和定价机制，建立地方性的排污交易管理办法、排污交易技术标准等，培育和活跃二级市场交易。二是制定环境污染第三方治理的具体管理条例和实施办法，建立管理部门与行业协会之间的沟通和联动等管理制度，从制度和规则上保障环境保护市场机制发挥作用。

最后，建立更加严格的环境标准体系。环境标准是制定和评估环境目标及环保政策的直接依据和基础，随着环境战略转型发展，需要提高环境标准体系的适用性、协调性和完整性，制定及完善以更加全面的环境质量标准为核心，以更加严格的污染物排放和控制标准、更加先进的环境监测规范标准和更加适用的环境管理技术规范标准为主要构成的环境标准体系，使环境标准体系能够与地区经济社会发展目标紧密衔接、满足环境战略转型的需要。

（四）提升环境保护公众参与能力

环保部门与社会公众之间形成公开透明、良性互动的交流机制是环境战略转型的目标之一。随着公众的环境意识普遍提高，公众对环境的诉求也不断提高，公众参与环保和维权是环境保护进程发展的必然，社会公众将成为环境保护主体的重要组成部分。

首先，改革环境宣传教育方式。宣传教育对提高公众环保意识具有重要作用，在宣传方式方面，在利用报纸、广播、电视、杂志等传统宣传媒体的基础上，充分利用网络、数字杂志、数字报纸、数字广播、手机短信等新媒体平台，创新宣传手段，特别是利用地铁、公交等移动电视载体，拓展宣传教育覆盖面，提升宣传效果。在宣传内容方面，实施正面引导与反面报道相结合，在宣传环保知识、引导公众环保行为的同时，做好环保反面典型的报道，对环境污染违法行为及其产生的不良后果进行宣传，以起到警示作用。在环保教育反面，建立从幼儿园、小学、中学到大学的环保教育机制，在青少年中普及环境保护科学知识，提升公民的环境保护科学素养，树立正确的生态价值观和道德观。加强社区环境教育，引导居民实践绿色生活方式，创建绿色社区。

其次，建立多渠道的对话机制。公众参与环保需要相应的对话渠道，探索建立环保部门、社会公众、企业之间的对话和协商机制，并形成定期对话机制。支持公众合法、理性、规范地开展环境保护调研活动，对其在参与环境保护过程中所涉及的信息获取、对话沟通、保护实践等行为，提供必要的帮助。加强环境决策过程中的公众全程参与，运用专家审查会、一般公开说明会、听证会、民意调查、发信征求意见以及座谈会等多种灵活方式，拓宽公众参与环境决策的渠道，推动政府决策机制的创新。

最后，加大对环保社会组织的扶持力度。环保社会组织是实现公众参与环保的一种有效的且不可或缺的组织形式，也是公众参与环保的组织者和实践者。对环保社会组织进行分类管理，对优质环保社会组织建立公共财政扶持和激励机制，鼓励金融机构为符合条件的环保社会组织提供信用担保和信贷支持。委托专业机构对环保社会组织进行环境保护相关的能力培训，提升环保社会组织及成员的环境保护能力和专业化水平。依法加强对环保社会组织的规范引导，促进环保社会组织规范运作，树立诚信意识，增强环保社会组织的公信力及对公众的影响力。

（五）充分利用市场机制解决环境保护中的难题

由于环境问题产生和影响的多样性和复杂性，以及环境问题的解决涉及"社会—经济—环境"系统的方方面面，单一的政策手段的作用力度和效果都可能是有限的，因此，需要通过政策手段的不同组合，来有效发挥政策手段的最大效果。环境战略转型的重要特征之一就是由以行政命令为手段为主转向充分利用市场机制解决环境保护的难题。上海市环境保护市场化进程刚刚起步，根据当前环境保护转型的重点任务，上海市环境保护市场的发育和完善应主要集中在环境污染第三方治理和排污权交易以及环境责任保险等三个方面。

首先，推进环境污染治理设施的社会化和市场化运营。在 2~3 年的时间内，逐步将主要污染物排污费标准提高到补偿治理成本水平，调动企业减排和委托第三方治理的积极性。近期以除尘脱硫脱硝、生活污水处理、工业废水处理、工业废气治理、污染源自动连续监测等领域为重点，培育一批专业、具有市场竞争力的环境污染第三方治理企业。由于污染治理设施成本投入大，近期建议设立环境治理基金，用于支持第三方环保公司建设污染治理设施。基金先期通过试点运行方式，选择 5~10 家具有环境污染治理设施运营甲级资质企业进行试点，获得良好效果后再大范围推广。鼓励第三方治污企业成立行业协会，依托企业征信系统和社会公共信用服务平台，加强行业自律，形成诚信、规范的市场发展环境。

其次，加快推进排污权有偿使用和交易试点工作。上海是首批排污权交易试点地区之一，按照国务院办公厅 2014 年发布的《关于进一步推进排污权有偿使用和交易试点工作的指导意见》，试点地区排污权有偿使用和交易制度到 2017 年应基本建立，排污权有偿使用和交易试点工作基本完成。因此，上海市需要加快推进排污权交易试点工作。一是按照"先试点、后推广"的原则，编制 SO_2、COD 等主要污染物排放核算及清单，先在重点区县及化工、冶金、涉重金属行业推广排污权交易试点，总结试点经验后再逐步推广到全市。二是借鉴碳交易初始分配方法，基于历史排放量进行排污权初始分配，先以免费分配为主，少量拍卖为辅，再逐步过渡到全部拍卖的分配方式。三是根据环境容量、总量指标变化、治污成本，指导排污权合理定价，推进绿色信贷发展，拓宽企业融资渠道。

最后，积极开展环境污染责任保险试点工作。随着环保法治背景的新变化和企业社会责任意识的提升，上海在环境污染责任保险方面的发展需求会愈加明显，加之国家对该项工作的推进以及周边省市的强劲发展，无论是政府还是企业都会在较短时间内做出积极的反应和具体而深入的实践。上海在推进环境污染责任保险方面，要做以下三项工作。第一，扩展环境污染责任险的企业范围，对于国家《指导意见》（2013）明确范围外的企业，结合上海环境风险特征，可以考虑鼓励其他一部分环境高风险企业率先开展环境污染强制保险，如：①对已发生过环境污染责任事件的企业，将其纳入参保范围，有助于增强这类企业的风险管理水平，同时也从经济杠杆的角度对高风险企业有所约束；

②对化工企业所在的工业园区，由于该区域存在集聚效应和次生风险，可能令环境风险等级上升（如化工区内企业和石化企业的周边厂群等），故应开展环境污染强制保险。第二，除宣传教育外，采取一定的经济激励，鼓励环境风险高的企业积极参与投保，如对于投保企业在环境保护专项资金、信贷等方面优先给予支持等。第三，要尽早尽快建立和完善环境风险评估和污染损害评估体系，明确排污企业不仅对造成的直接环境损害进行赔偿，还应逐步探索对间接环境损害进行赔偿。

参考文献

卢小兰：《中国省级区域资源环境绩效实证分析》，《江汉大学学报》（社会科学版）2013 年第 1 期。

Melnyk S. A., Sroufe R. P. " Calantone R. Assessing the impact of environmental management systems on corporate and environmental performance ", *Journal of Operations Management*. 2003，vol，21（3）.

魏艳素、肖淑芳、程隆云：《环境会计：相关理论与实务》，机械工业出版社，2006。

洪进、郑梅、余文涛：《转型管理：环境治理的新模式》，《中国人口·资源与环境》2010 年第 9 期。

徐斌：《小议城市环境战略》，《上海城市规划》2000 年第 1 期。

曹颖、张象枢、刘昕：《云南省环境绩效评估指标体系构建》，《环境保护》2006 年第 1B 期。

周生贤：《我国环境保护的发展历程与成效》，《环境保护》2013 年第 14 期。

吴卫星：《从协调发展到环境优先——中国环境法制的历史转型》，《河海大学学报》（哲学社会科学版）2008 年第 3 期。

李妍辉：《从"管理"到"治理"：政府环境责任的新趋势》，《社会科学家》2011 年第 10 期。

B.2

以质量提升为导向的环境管理创新

胡 静 李立峰 胡冬雯 朱 环*

摘 要： 环境质量导向的环境管理体系既可以科学直观地确定政府及
企业等相关方的环境责任，又能更好地统筹污染防治、总量
减排以及环境风险防范等工作。本文在借鉴国内外经验的基
础上，分析了上海及中央政府开展以环境质量为核心的环境
管理模式转变的必要性与可行性，探索提出了以大气和水两
个领域为重点的指标体系，以及相应的机制设计和保障措施
建议。

关键词： 环境管理 总量控制 环境质量 上海

---

* 胡静，上海环境科学研究院，高级工程师；李立峰，上海环境科学研究院，工程师；胡冬雯，
上海环境科学研究院，工程师；朱环，上海环境科学研究院，工程师。

党的十八大报告明确提出"把生态文明建设放在突出地位，融入经济建设、政治建设、文化建设、社会建设各方面和全过程，努力建设美丽中国，实现中华民族永续发展"，形成中国特色社会主义事业"五位一体"总体布局。随着国家及区域层面大气、水、土壤三大污染防治行动计划的相继出台，环境标准严化步伐加快，环境信息公开制度进一步强化，环境绩效将纳入政绩考核等一系列举措的实施，将对中央及地方进一步推进社会经济及环境保护的协调发展提出更高要求。

一　中国环境管理模式转变的具体体现

中国的环境保护工作起步较晚，最早的专项行政法规见于 1973 年 11 月国务院发布的《关于保护和改善环境的若干规定》，提出了"做好环境规划、工业合理布局、改善老城市环境"等主要工作任务，但正式的环保制度建设应该以 1979 年发布《环境保护法（试行）》、1989 年正式施行《环境保护法》为标志，逐步建立了以建设项目环境影响评价、排污收费、"三同时"等制度为支撑的环境保护管理体系，2014 年新修订的《环境保护法》进一步补充、完善了环境保护目标考核评价、生态红线划定、环境信息公开与公众参与等制度，为打开生态文明建设战略引领下的环保新局面做好了顶层设计。

以环境立法为支撑，中国"六五"计划首次将环保纳入"社会发展计划"篇，"七五"计划提出了工业污染物达标排放的量化目标，"八五"计划既提出污染物排放总量控制目标，又提出污染物处理率目标，"九五"计划明确提出"创造条件实施污染物排放总量控制"，自"十一五"起引入污染物排放总量控制及环境质量的"约束性"和"预期性"指标。从环保规划目标的发展轨迹看，经历了从定性到定量，从预期性到约束性，从污染物处理率目标到污染物排放总量控制目标，再到环境质量目标的发展过程（见表1）。

2012 年 2 月，国家环保部和国家质量监督检验检疫总局发布了《环境空气质量标准》（GB3095 – 2012）（以下简称"新标准"），增加了 O_3、PM2.5 等评价指标，收严了 PM10、NO_2 的排放限值。新标准的颁布可以被视为我国环境管理模式转变的又一个里程碑，即从侧重污染防治为主的管理模式转变到以改善环境质量为核心。从欧美日等发达国家和地区的环境管理发展演变历程

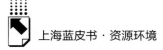

表1 国家环保五年规划目标、指标（主要）回顾

规划期	规划目标			
"六五"（1981～1985年）	制止对自然环境的破坏，防止新污染的发展，努力控制生态环境的继续恶化；新建工程实施"三同时"；有害物质排放必须符合国家标准；加强环境保护的计划指导；加强环境监测和环境科研工作；搞好环境保护的立法、执法			
"七五"（1986～1990年）	工业的主要污染物50%～70%达到国家规定的排放标准；保护江河、湖泊、水库和沿海的水质；保护重点城市的环境；保护农村环境；新建工程实施"三同时"；鼓励资源的综合利用，限期淘汰污染严重的产品；建设和装备国家环境监测网络；进一步完善环境法规和标准，大力加强环境保护的教育工作，组织好科学研究和攻关			
"八五"（1991～1995年）	烟尘排放量控制在1400万吨，工业粉尘排放量控制在700万吨，工业废气处理率达到74%，工业固体废物综合利用率达到30%，加强环境监测系统的建设和管理，努力控制环境污染发展的趋势；加快自然保护区的规划和建设；重点抓好大气、水、固体废物污染控制；进一步加强城市环境综合治理和自然保护；加强水资源保护；继续搞好环保示范工程和生态农业试点；重视对乡镇企业污染的防治和管理			
"九五"（1996～2000年）	县及县以上工业废水处理率达到83%，废气处理率达到86%；城市污水集中处理率达到25%，绿化覆盖率达到27%，垃圾无害化处理率达到50%，城市区域环境噪声达标率提高5%～10%。坚持经济建设、城乡建设与环境建设同步规划、同步实施、同步发展，所有建设项目都要有环境保护的规划和要求；搞好环境保护的宣传教育，增强全民环保意识；创造条件实施污染物排放总量控制；健全环境保护的管理体系和法规体系；力争使环境污染和生态破坏加剧的趋势得到基本控制，部分城市和地区的环境质量有所改善			
"十五"（2001～2005年）	二氧化硫、尘(烟尘及工业粉尘)、化学需氧量、氨氮、工业固体废物等主要污染物排放量减少10%；工业废水中重金属、氰化物、石油类等污染物得到有效控制；危险废物得到安全处置。酸雨控制区和二氧化硫控制区二氧化硫排放量减少20%；重点流域、海域的水污染防治实现规划目标，国控断面水质主要指标基本消除劣Ⅴ类；环境保护法律、政策与管理体系进一步健全，环境规划、环境标准与环境影响评价得到加强，环境科研条件与监测手段明显改善，环境信息统一发布与宣传教育得到强化，环境保护统一监督管理与执法能力有较大提高			
"十一五"（2006～2010年）	约束性指标	大气：二氧化硫排放总量（万吨）减少10%；水：化学需氧量排放总量（万吨）减少10%	预期性指标	大气：重点城市大气质量好于Ⅱ级标准的天数超过292天的比例（%）上升5.6%；水：地表水国控断面劣Ⅴ类水质的比例（%）下降4.1%；七大水系国控断面好于Ⅲ类的比例（%）上升2%

续表

规划期	规划目标				
"十二五"（2011～2015 年）	约束性指标	大气： 二氧化硫排放总量（万吨）减少 8%； 氮氧化物排放总量（万吨）减少 10%； 水： 化学需氧量排放总量（万吨）减少 8%； 氨氮排放总量（万吨）减少 10%	预期性指标	大气： 地级以上城市大气质量达到二级标准以上的比例上升 8%； 水： 地表水国控断面劣 V 类水质的比例（%）下降 2.7%； 七大水系国控断面好于Ⅲ类的比例（%）上升 5%	

资料来源：根据中华人民共和国国民经济和社会发展第六、第七、第八个五年计划，以及国家环境保护"九五"规划、"十五"规划、"十一五"规划、"十二五"规划整理。

也可以看出，通常都经历了"环境污染控制为目标导向→环境质量改善为目标导向→环境风险防控为目标导向"的发展阶段。相比之下，中国作为最大的发展中国家，改革开放以来一直保持经济社会的快速发展，目前所面临的环境问题异常复杂，加之近年来处于"环境问题高难""环境风险高发"和"环境诉求高涨"的特殊时期，现阶段，我们的环境管理不得不同时面临"控排放""提质量"和"防风险"这三重考验。总体来看，"十二五"时期，我国采取的仍主要是污染控制导向的管理模式，并处于向环境质量与风险防控管理模式过渡的时期，"十三五"将有条件在部分地区率先推进向环境质量管理转型。

然而向环境质量管理转型到底意味着什么？努力践行全国改革开放排头兵和科学发展先行者的上海是否能够在环境管理模式转变上率先走出一条具有示范意义、可借鉴、可推广的道路？特别是在 2014 年，上海的环境管理转型有哪些新的尝试和突破？让我们在共同回顾 2014 年的基础上，对"十三五"及未来的环境管理转型探索进行展望。

（一）环境管理模式转变的现实要求

不可否认，以环境污染控制为导向的环境管理模式取得了显著成效。以上海为例，"十一五"期间全市超额完成化学需氧量和二氧化硫减排目标。2013年，化学需氧量、氨氮、二氧化硫、氮氧化物分别在 2012 年基础上削减

2.87%、3.50%、5.46%和5.32%，超额完成年度目标，化学需氧量、二氧化硫减排提前完成"十二五"目标。2014年，化学需氧量、氨氮、二氧化硫和氮氧化物排放量将在2013年的基础上分别削减1%、1%、3%和3%。与此同时，我们也不得不清醒地认识到，上海环境质量的现状距离生态宜居城市的建设目标和人民群众的期盼仍存在较大差距。虽然环境空气中二氧化硫、二氧化氮和可吸入颗粒物浓度呈改善趋势，但以细颗粒物（PM2.5）等为代表的复合型污染日益突出，霾污染天气时有发生，2013年全市PM2.5年均浓度超过国家二级标准77%，空气重污染天数占全年的6.3%；2014年上半年有所改善，全市PM2.5平均浓度为57μg/m^3、比上年同期下降13.6%，重污染天数4天、比上年同期减少7天。水环境方面，上海主要骨干河道水质达标率较低（2013年优于Ⅲ类水河长仅占29.2%）[1]，除了上游来水的影响，本地排污影响依旧不容忽视，中心城区截污纳管和泵站改造任务艰巨，郊区基础设施依旧较为薄弱，河道水质以低氧、高氮磷特征为主，水体富营养化问题凸显；土壤污染、化学品、持久性有机物等新问题日益显现。环境问题总体上呈现压缩性、区域性、复合性特征，污染治理进程与地区经济发展、能源消耗、人口增长等社会问题的关联度更加密切。

随着雾霾污染的阵阵来袭，企业偷排漏排事件的频频曝光，近年来全社会对城市环境管理的关注度迅速提高，对政府环境保护成效也提出了一些质疑。对于公众来说，环境质量改善才是"硬道理"。2013年以来，《大气污染防治行动计划》等文件的出台，逐步开启了国家对地方进行环境质量考核的探索步伐，也为地方逐步深化以环境质量为核心的环境管理模式转型提供了良好契机。

1. 从末端治理到源头控制

十八大提出的将生态文明建设"融入经济建设、政治建设、文化建设、社会建设各方面和全过程"，针对环境保护而言，其本质就是将管理模式从末端治理转向源头控制。而这种转变不仅仅意味着对于排污企业的管理从末端治污设施管理转向生产经营的源头控制，更意味着环保部门需要在躬身管好自己所负责的"一亩三分地"基础上，适时抬头看好前进的道路。受经济社会发

---

① 上海市环境保护局：《上海市环境质量报告书（2013）》。

展的阶段性制约，长期以来，我国环保部门处于相对弱势地位，以环保规划制定为例，从国家到地方，普遍将社会发展部门确定的人口、经济、产业等发展预期作为"前置条件"，相应设置污染治理的目标、行动及政策，在这种模式下，当环境治理技术及管理水平的提升赶不上社会经济发展规模的扩张时，作为一种综合作用的结果导出，环境质量的改善与否很难直接与环境管理的成效画等号。

从末端治理转向源头控制，就是要把更多环保要求作为约束性条件纳入经济社会发展的决策体系。最直接的体现就是将人们对环境质量的预期作为前置条件之一，反过来约束能源资源的消耗、产业结构的调整，乃至经济社会的发展步调等（具体如图1所示），在此过程中，环保部门要突破原有管理模式下较为关注的"污染排放水平→治理水平→环境质量"这一单向且局部的作用链，转向为"环境质量←→技术因素←→污染排放←→资源能源消耗←→经济增长←→发展需求"的双向、完整闭环。在全局考虑、平衡发展的模式下科学、合理、循序渐进地制定、完善环保立法、环境标准，并出台相

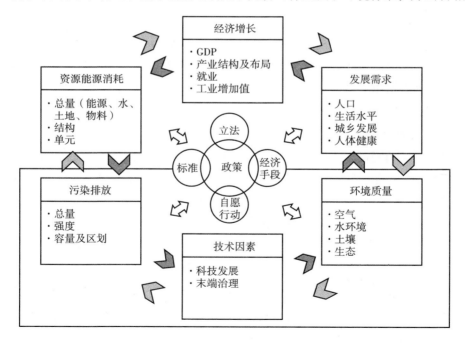

图1　经济社会发展与环境保护相互协调的全局规划模式

应管理政策和行动措施，才有可能取得标本兼治、事半功倍的成效。

2. 从单一污染控制到多种污染综合治理

部分地区污染治理成效与环境改善不相匹配的另一方面原因，在于污染治理的对象较为单一，加之改革开放以来城镇化、工业化、机动化的同步且快速推进，单一污染控制极易形成顾此失彼、事倍功半的局面。具体体现在以下几个方面，一是污染治理关注的领域较为单一。从污染源的管理范围来看，一直是以工业污染治理为主，"十二五"期间才将污染源管理范围从原有的工业源、城镇生活源、县以上各类医院和污水处理厂四类扩展到工业源、农业源、集中式污染治理设施、城镇生活源、机动车、环境管理六大方面，农村生活源、部分新兴行业及大量服务和商业设施的污染排放尚未全面纳入监管范围，城镇生活源及机动车等新纳入监管范围的领域，其数据基础及管理体系还有待加强。二是监管的污染物种类较为单一。虽然"十二五"相比"十一五"已增加了氮氧化物和氨氮排放控制指标，但以上海为代表的东部发达地区所面临的 VOCs、O_3、总磷等特征污染物排放挑战，仍未建立、健全完善的污染源统计、监测、上报等管理体系。三是抓大放小的管理方式较为单一。仍以上海为例，全市工业企业总数约4.8万个，环保重点监管企业数仅2089个[①]，受环保监管能力提升滞后所限，特别是基层环保部门普遍存在"小马拉大车"的现象，如何在对重点排污企业实施严防严管的同时，对中小型企业长期、持续的排污行为形成有效制约也日益成为人们关注的焦点。

3. 从局地污染控制到区域协同控制

随着城市规模不断扩张、集中连片发展，污染物通过大气环流在城市间传输、叠加，近年来区域复合型大气污染问题已越发突出。自2012年底起至2013年初，我国中东部出现大范围、长时间的区域性雾霾污染，其污染程度之重、持续时间之长引发了社会各界对于经济发展方式的集中反思。2013年12月初我国再次出现大范围雾霾污染，几乎涉及中东部所有地区，天津、河北、山东、江苏、安徽、河南、浙江、上海等多地空气质量指数达到六级严重污染级别，京津冀与长三角雾霾污染形成连片趋势。上海市首要污染物 PM2.5 日均浓度值在12月6日达到600微克/立方米以上，局部地区甚至达到700微

---

① 上海市环境保护局：《上海市环境质量报告书（2013）》。

克/立方米以上。在这种形势下，仅仅依靠上海自身的力量，即使局地污染治理做得再有成效，也很难在大气质量提升方面做到"独善其身"。水环境污染治理方面也是如此，上海位于太湖流域和长江流域最末端，本地地表水水质受到来水影响较大。经内陆地区水质分析，本市省界的 19 条（个）主要来水河湖中，4 条河流来水水质属Ⅳ类，2 条河流来水水质属Ⅴ类，其余省界河湖来水水质均属劣Ⅴ类[①]。长江口来水水质虽然是全市最好的水体，但是随着区域发展和沿江开发，上游石化产业等排污带来的污染风险也逐步加大。

小结：从本节分析可以看出，一方面，环境质量改善的目标要求直接推动了环境管理模式从末端治理转向源头控制，从单一污染控制转向多种污染综合治理，从局地污染控制转向区域协同控制。另一方面，如果能够真正将环境质量改善作为环境管理的核心，相应强化并完善以质量改善为导向的环境规划、考核、评估等机制，可以更为有效地统筹环境保护领域的资源配置，让质量改善的目标追求和环境管理的工作实践高度契合，切实改进环境管理效率和效能。

（二）以质量为核心的环境管理模式的基本特征

相比于传统的以"总量控制"为核心的污染防治管理模式，以质量为导向的管理模式可以更好地体现环境管理的目的性、科学性和宏观性。

1. 目的性

《环境保护法》在修订前、后都明确规定："地方各级人民政府应当对本行政区域的环境质量负责"，但是由于一直没有建立与之相匹配的环保质量目标责任制，对包庇、纵容、放任环境违法行为和决策错误导致辖区环境质量恶化的地方政府领导和不履行环保职责的有关部门负责人如何追究责任，缺乏具体规定，加之现行的干部政绩考核体系中没有硬性的环保指标，导致部分领导干部为出政绩而不认真履行环保职责，甚至成为当地利税大户企业违法排污的"保护伞"。虽然有污染物总量减排作为管理手段，但由于原有的总量控制模式存在仅关注末端治理、部分污染物排放控制等不足，导致即使个体的环境污染排放均为合法，但是区域整体的环境质量不但不能改善，甚至还有可能恶

---

① 上海市水务局：《2013 年上海水资源公报》。

化，这使得总量管理下的环境治理行为失去了目的性，减排成效往往不能与公众直观感受相一致，难以满足公众对环境质量改善的诉求。

以环境质量为核心的管理模式就是要将环境管理手段直接与质量改善的目标挂钩，更好地体现环境管理的目的性，让"地方各级人民政府应当对本行政区域的环境质量负责"不仅做到"有法可依"，更"有据可循"。以质量为核心既是环保工作的出发点，也是落脚点，可以科学而又简单明了地确定政府的环境责任，并通过将环境质量改善作为约束性条件纳入经济社会发展的决策体系，更好地统筹协调区域经济社会发展，从而真正促进环境质量改善的目标实现。

2. 科学性

传统的以总量减排为核心的管理模式下，评估、考核大多基于人工上报得出污染排放总量或削减量，管理过程受人为因素干扰较多，存在统计范围不全、企业提供数据可能不实、由瞬时监测数据推算一段时间排污总量不准确等问题。在总量减排目标制定上，传统的"一刀切"的削减比例设置，直接导致总量基数大的地区减排指标大，基数小的地区减排指标小，难以体现不同地区间的经济发展差异，环境资源得不到合理有效地利用。在实施推进方面，传统的总量控制管理主要通过上级政府与下级政府，以及政府与企业签订减排责任书、年度检查、减排考核等行政计划和行政命令方式推进，由于没有针对总量控制的专门立法，相关单项法律或政策规定在总量控制方面的要求大都过于原则化，未提供详细的法律程序，导致法律的威慑力不足，少数排污单位拒绝执行或违反总量控制要求，环保部门因无法律依据而难以进行处罚，严重影响了总量控制的有效实施。

相比之下，以质量为核心的环境管理体系从目标设定、实施推进到法律保障等方面都具有更加科学、规范的优越性。一方面，环境质量的监测手段正在不断完善，且受人为干预较小，相邻城市和区域间的环境质量数据发布本身可以形成有效校核，既可以大幅降低数据失真的可能性，也可以显著降低人为统计、核算、上报数据的工作量。另一方面，切实以环境质量为导向，可以倒逼各地尽快建立、完善"环境质量—环境容量—排污总量"的管理体系，将真实的环境容量约束下的总量控制作为抓手，将总量减排与质量挂钩，以质量为核心更好地统筹协调污染治理、总量减排以及环境风险防范。与此同时，随着新环保法执行的不断深入，环境质量的改善与否，将可以直观纳入领导干部的政绩考核、企业机构的责任追究，及社会公众的损害赔偿等制度建设，为环境保护工作的推进提供更为科学、完善的外部环境保障。

3. 宏观性

从"总量管理"过渡到"质量管理"的核心就是希望将环境管理模式从原有的"微观管好，宏观未达"转变为"宏观管好，微观放开"。在质量导向的环境管理模式下，管理对象不再局限于微观的排污口，而是着眼于区域整体环境质量的提升，其宏观性不仅体现在从治理末端转向源头，更体现在从污染治理转向全社会联动，从局地控制转向区域协同。在设定环境质量改善目标的前提下，各地可以根据自身经济发展水平和环境问题的特点，因地制宜地选择改善环境质量的具体路径和措施，例如对于产业发展的约束是控制规模，还是优化结构？对于机动车排放控制，是通过发展公交系统，还是提高油品标准？等等。如果能够将环境质量作为硬约束，这些路径和措施的选择无须在全国层面再做"一刀切"的统一要求，而可以根据各地实情选择更具针对性和适用性的方案。中央政府应基于自身的政府指导及协调优势，承担地方政府所不能承担的环境责任，如协调国家经济发展与环境保护的责任、跨地区区域的环境保护责任、未知环境风险的防范责任等。本着"宏观管好、微观放开"的原则，制定全国性的技术导则、标准，进行统一规划和指导，让地方政府更多地主动承担所辖地区的环境保护责任。在此过程中，中央政府应履行好监管的职责，特别协调、处理好跨行政区域环境污染与环境破坏责任界定及追究等工作，对于地方政府辖区内的环境管理细节不必过多干预。

综合以上分析，以质量为核心的环境管理模式并不是对总量管理模式的取代，而是一种升级和改进，事实上，作为结果导向的环境质量管理，更需要依托总量减排这一管理手段，并且对总量减排的管理水平提出了更高要求，要积极应对当前复杂多变的环境保护形势，在进一步做好传统污染治理工作的基础上，加强新型及复合型污染控制的机理分析和路径设置，将环境管理部门有限的人力、物力、财力更多地投入到环境治理的前端即完善法律法规和制度建设，以及末端即加强监管、严惩不贷，在科学建立"环境质量—环境容量—排污总量"的关联机制前提下，把环境管理的中间环节更多

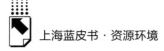
地转给市场和社会，大力鼓励专业机构参与环境监管，广泛调动企业的积极性，并创造更为开放、透明的以社会制衡为基础的外部环境，切实提高环境管理的有效性。

二 国外环境管理模式转变的经验借鉴

1. 经验借鉴

从美国、欧盟、日本等发达国家和地区的环境治理发展和演变的历程可以看出，随着环境管理模式从"环境污染控制为目标导向→环境质量改善为目标导向→环境风险防控为目标导向"的逐步转变，环保立法及标准的制定与出台趋于完善，地方与联邦（或中央）的分工和合作逐步清晰，政府行政管制和市场调节机制的作用发挥也更趋平衡。在政府环境绩效管理方面较为突出的特点特色尤为值得我们借鉴，一是法制化：以立法推动环境管理，自上而下发挥权力作用；二是体系化：形成"质量标准—排放限制—排放标准"的完整体系；三是市场化：以总量制度为主线，排污许可、排污交易、排污收费等市场机制支撑健全；四是多元化：依托专业机构推进，同时广泛发动社会参与。

以美国大气污染防治的发展历程为例，如图 2 所示，可以清晰地看出，在大气污染防治工作启动初期，管理模式以"污染减排"为主、地方政府为主，并且以指令性管理方式为主。随着各地的管理基础逐步建立，自 1970 年发布《清洁空气法》修正案开始，由联邦政府设立环境保护署（Environmental Protection Agency，EPA）这一独立的政府部门，改变各州政府各自为政的治污局面，在国家层面统一设立针对大气污染的治理策略。自《清洁空气法》修正案出台后便逐步构建起了以总量控制制度为主线，涵盖环境影响评价制度、排污权交易制度、排污许可证制度等的相对完善的大气污染控制体系。其中，总量控制有健全的保障体系为基础，而排污许可证及排污权交易制度等则充分利用市场机制主动推进污染控制，有力促进了空气质量的改善。自 1971 年发布《国家环境空气质量标准》后，进一步确立了由 EPA 主导、各州推进的，以质量标准为引导，以总量控制为手段，以市场机制为依托的大气污染防治体系。

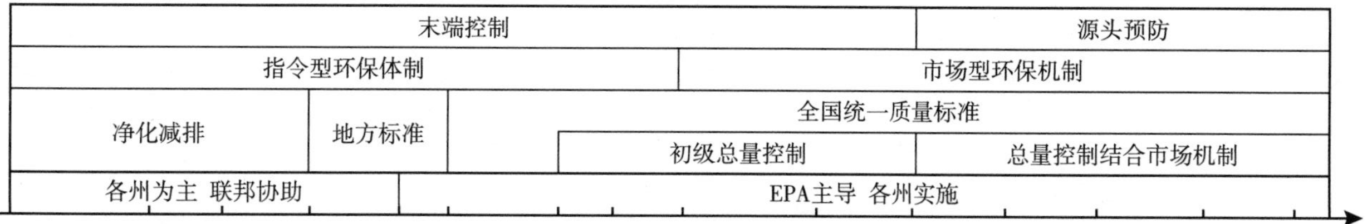
末端控制
源头预防
指令型环保体制
市场型环保机制
净化减排
地方标准
全国统一质量标准
初级总量控制
总量控制结合市场机制
各州为主 联邦协助
EPA主导 各州实施

时间（年）	法律法规	意义
1995	空气污染控制法	控制空气污染主要由州负责授权联邦政府提供资金技术协助
1963	清洁空气法	1. 联邦增加拨款金额加速治理 2. 跨州污染由联邦负责 3. 意识到机动车的影响
1965	机动车空气污染管理法	1. 设置新车生产标准采用新技术减轻排放 2. 制定机动车排放标准
1967	空气质量法	1. 建立空气质量控制区 2. 制定州空气质量标准 3. 各州达标计划
1970	清洁空气法修正案	1. 授权EPA制定国家空气质量标准和新固定源排放标准 2. 严格限制机动车排放 3. 建设空气质量监测网络 4. 提交州达到国家标准计划
1971	国家环境空气质量标准	1. 全国空气质量分二级标准 2. 规定了污染物项目、平均时间、标准限值和达标统计要求 3. 包括6种基准污染物：CO、NO_2、TSP、SO_2、光化学氧化剂（以O_3计）、碳氢化合物
1975	新固定污染源执行标准	1. 新改建固定源采用统一排放标准 2. 提出气泡政策；引入总量控制
1977	清洁空气法修正案	1. 加强未达标区控制 2. 定补偿政策 3. 各州排放总量必须减少到1970年的要求 4. 对特定地区制定能见度保护计划防止灰霾发生 5. 将Pb列入基准污染物制定Pb标准
1979	空气质量标准修订	将光化学氧化剂指标调整为O_3，废除HC指标
1987	空气质量标准修订	新增PM10标准，废除TSP指标
1990	清洁空气法修正案	1. 制定SO_2排放许可和排污权交易制度 2. 制定实施酸雨计划，削减SO_2和NO_x 3. 列出了189种有毒大气污染物 4. 改变了终端控制模式 5. 再次加强未达标区的管理 6. 严格流动污染源排放标准 7. 1991年后所有污染源都必须领取许可证
1997	空气质量标准修订	新增PM2.5空气质量标准
1999	区域霾害规定	1. 分析评估多个污染源，识别出排放源和主要污染物并制定相应减排目标和措施 2. 要求50个州提交减少霾害提高能见度的实施方案
2005	清洁空气州际法规	1. 通过减少跨州传输污染物的排放保证全国未来10年内最大程度降低空气污染 2. 持续限制东部SO_2和NO_x的排放 3. 综合控制各州NO_x、VOCS、PM2.5等前体物，减少PM2.5浓度不达标区
2009	清洁能源安全法案	1. 将温室气体从强度减排转为总量控制 2. 减少石化能源使用，确定温室气体总量减排目标 3. 建立温室气体排放交易机制 4. 通过植树和森林保护可抵消温室气体排放量

图2　美国大气污染防治立法发展进程

欧盟成员国也通过不断完善在线监控系统和排污许可跟踪系统，为总量控制政策的实施提供了技术支持和保障，并在成员国之间保证数据、技术和信息的共享，同时接受来自欧盟委员会的监督和检查①。相比之下，由于缺少环境容量核算的支撑，我国当前开展的总量控制只是目标总量控制，同时我国也提出了排污许可和排污收费制度等经济手段来辅助和推动总量控制的进行，但是由于这些制度尚不完善，企业并未成为污染减排工作的责任承担者，缺少主动进行污染治理的动力，总量控制政策呈现较多行政命令控制特点。在各项环保政策及措施推进实施的过程中，还普遍存在纵向上地方政府出于短期利益考虑对环保制度的分割和抵制，以及横向上由于部门职能交叉导致的低效和掣肘等问题，造成环境保护的权责界定不清，环境管理越位与缺位并存。在协调中央与地方，以及跨区域、跨部门的环境管理权责方面，以下欧洲、美国以及日本的案例也可以给我们提供很好的启示和借鉴②。

2. 典型案例

（1）《欧洲水框架指令》水质指标体系

欧洲水框架指令（Water Framework Directive）要求成员国 2015 年前所有水体的水量和水质达到"良好状态"，包括地下水、地表水、近岸一海里范围海水等（见表2）。

表2 《欧洲水框架指令》指标体系

指标种类	指标内容
生物质量	鱼类、底栖无脊椎动物、水生植物等
水形态质量	水岸结构、水流连续性、河床基质等
理化质量	温度、氧化作用、营养条件等
化学质量	流域特征污染物环境质量标准（有一项污染物超标即不能视为"良好"）

说明：该指令要求按地理而非国界划分"流域区划"，每个区制定"流域管理计划"，每6年更新一次，跨国区域需各国合作、按时间要求共同推进。

① 吕阳：《欧盟国家控制固定源排放》，《中国行政管理》2013 年第 9 期。
② 环保部环境规划院：《欧盟、美国、日本的 PM2.5 污染控制经验和启示》，《重要环境决策参考》2013 年第 9 卷第 24 期。

（2）美国空气质量"州实施计划"（SIP）

美国为使空气质量达到《国家空气质量标准》要求，在《清洁空气法》中规定各州需定期向美国 EPA 提交治理大气污染的"州实施计划"（SIP）。每当新标准出台后，美国 EPA 都会要求各州提出因地制宜的实施计划，并制定出实施新标准的时间表。除特殊情况给予适当宽限外，如规定时间内未能提交完整的 SIP 或未通过审核，EPA 会在该州强制执行联邦实施计划（FIP），或采取制裁措施，包括排放补偿制裁（该州需完成两倍于新增固定源排放量的污染物排放削减量）和公路基金制裁（该州交通项目将无法获得联邦公路总署的任何资金支持）。

（3）日本中央和地方政府环境责任界定

日本近年来政府环保支出情况可从一定程度上体现出中央和地方政府环境责任的区分与结合（见表3）。

表3　日本2001~2009年中央和地方政府环保支出

单位：亿日元，%

年度	中央政府		地方政府				合计
	小计	比重	道府县	市町村	小计	比重	
2001	30484	36.8	9960	42382	52342	63.19	82826
2002	29099	38.15	9185	37987	47172	61.85	76271
2003	27423	40.76	8590	31259	39849	59.24	67272
2004	25772	42.14	7639	27749	35388	57.86	61160
2005	23654	42.35	7128	25070	32198	57.65	55852
2006	21342	41.94	6600	22939	29539	58.06	50881
2007	20949	43.23	6521	20993	27514	56.77	48463
2008	22141	45.70	6210	20095	26305	54.30	48446
2009	21168	45.02	6330	19519	25849	54.98	47017

1971~2009 年，中央环境支出平均增长率始终高于同期 GDP 增长率和财政收入增长率，体现了中央财政对环保的倾斜。2001~2009 年，政府环境财政支出规模及占比双降，体现了环境质量稳定改善、社会投入机制逐步健全、政府功能从直接治理过渡到调控和激励。中央政府环境支出分布在 15 个政府

机构，体现了多部门广泛参与的治理结构；从中央和地方政府环境支出的结构来看，中央政府更多关注跨界、跨流域环境问题协调，而地方政府环境支出主要用于公害预防和事后补救及补偿①。

三　从污染防治到质量管理转变的可行性

不仅国外有很多环境质量管理的成功经验，国内在法律体系、管理经验、监管能力、公众环境意识等方面也为污染防治到质量管理的转变奠定了较好的基础。

1. 环保法律体系的逐步完善为环境质量管理强化了顶层设计

1989 年正式施行的《环境保护法》奠定了我国现行环境管理体制的法制基础，即"国务院统一领导，环保部门统一监管，各部门分工负责，地方政府分级负责"。之后相继出台的《水污染防治法》、《大气污染防治法》等大量法律法规都视环境质量改善为环保工作的根本目标，为环境质量管理奠定了法律基础。2014 年颁布的"新环保法"，除进一步明确保护和改善环境，保障公众健康，推进生态文明建设等主旨外，在第二十六条明确规定："国家实行环境保护目标责任制和考核评价制度。县级以上人民政府应当将环境保护目标完成情况纳入对本级人民政府负有环境保护监督管理责任的部门及其负责人和下级人民政府及其负责人的考核内容，作为对其考核评价的重要依据。考核结果应当向社会公开②。此外，《大气污染防治法》也规定对各类城市的环境空气质量限期达标规划执行情况进行考核。

2. 污染防治管理的前期经验为环境质量管理夯实了管理基础

"十一五"在引入污染物排放总量控制"约束性"指标的同时，已将环境质量改善作为"预期性"指标加以要求。当然，现在看来，由于经济社会快速发展和污染排放的多样性、复杂性，原有的以 API 为代表的环境质量评价体系已不能客观反映真实的环境质量，以国控断面劣 V 类水质的比例衡量地表水环境质量也存在一定缺陷。但是这种以环境质量预期性指标为引导的管理模式已经经历"十一五""十二五"的实践检验，为进一步推动环境管理模式向

①　卢洪友：《日本的环境治理与政府责任问题研究》，《现代日本经济》2013 年第 3 期。
②　《环境保护法》，2014 年 4 月 24 日全国人大常委会修订。

质量导向转型奠定了良好基础。特别是通过两个五年规划期实施的污染物总量控制，我国已形成了一套由前期论证、目标制定与分解、各地计划制定与落实、完成情况评估与考核等环节组成的较完整的污染防治管理与考核体系，该体系在很大程度上可以在环境质量管理体系中得到沿用或借鉴。2013 年出台的《大气污染防治行动计划》采用环境空气质量和污染物排放总量双控模式，并探索性地推出针对不同地区发展阶段差异的分区、分类指导方法，改变过去从中央到地方环境管理一刀切的简单模式，对客观指导各地平衡发展起到了很好的促进作用。

3. 环境监管能力的不断加强为环境质量管理体系提供了技术保障

2012 年，全国环境监测业务经费达 45.9 亿元，监测仪器 23.4 万台（套），仪器设备原值 124.8 亿元。全国环境空气监测点位 3189 个（其中纳入国家环境空气监测网的 1436 个），酸雨监测点位 1672 个，沙尘天气影响环境质量监测点位数 220 个，地表水水质监测断面 8173 个（其中国控断面 972 个），饮用水水源地监测点位数 2995 个（其中纳入国家监测网的 835 个），近岸海域监测点位数 645 个（其中纳入国家监测网的 301 个），开展环境噪声监测的监测点位数 24.6 万个（其中纳入国家监测网的近 8 万个），开展生态监测的监测点位数 87 个①。2013 年国控重点污染源监测运行经费总额为 35439 万元，共有专业、行业监测站 5000 多个②。水环境质量监测方面，国控断面和省控断面已覆盖十大水系、南水北调东线、主要淡水湖泊和城市内湖、大型水库等③。大气环境质量监测方面，地级及以上城市已具备空气质量监测体系和多年监测数据，62 个重点城市空气质量日报（API 指数、级别和状态）已实现网上发布，直辖市、省会城市、计划单列市和京津冀、长三角、珠三角区域内的地级以上城市共 74 个已执行新《环境空气质量标准》（GB3095 – 2012）的城市已实现空气质量指数（AQI 指数）和污染物浓度实时发布。《大气污染防治行动计划》要求到"十二五末"，地级及以上城市全部建成细颗粒物监测点和国家直管的监测点。

---

① 环保部：《2012 年环境统计年报》。
② 中商情报网：《2014～2018 年中国环境监测行业市场调研及前景预测报告》。
③ 中商情报网：《2014～2018 年中国环境监测行业市场调研及前景预测报告》。

4. 公众环境权责意识的日益提升为环境质量管理奠定了社会基础

近年来国内关注环境质量的社会氛围日益浓厚，公众环境权利与责任意识随着严峻的环境形势而空前提高。许多受污染项目影响的公众通过环境影响评价的调查、听证等渠道发表自己的意见，一些著名事件还引发了舆论和全社会的广泛关注。这些事件表明近年来我国环境保护公众参与发展迅速，在公众中已形成了一定的社会基础。除公众自发的环保参与外，许多环保非政府组织如"自然之友"、"地球村"、"绿家园"等纷纷成立并积极参与公众环境教育与维权等事务。2013年，全国共有生态环境类社会团体6636个、民办非企业单位377个①；上海有生态环境类社会组织83个，其中社会团体51个、民办非企业单位26个、基金会6个②。此外，第三方环境质量监测、第三方环境治理及第三方风险评估等服务也已不断涌现。

当然，在坚定推进环境质量管理转型的信心和决心的同时，也需要客观认识当前环境管理基础的薄弱，以及以质量为核心的环境管理可能带来的更大挑战。部分地区的环保部门对污染排放的家底还不能全面掌握，不仅针对排放源种类和数量，还包括对不同污染物的来源解析、形成机理和相互影响等科学问题有待深化研究。同时，面对各地区环境质量现状参差不齐、地理及气象条件各有差异的情况下，如何确保环境质量目标制定的公正性、科学性和合理性？如何解决区域间污染传输的纷争？如何化解环保政策措施在质量改善效果上的滞后性？等等。面对这一系列问题和挑战，都需要政府部门及社会各界充分开展沟通与互动。环境破坏一朝易，生态修复十年难，部分地区受限于发展的阶段性，可能不得不在经济发展和环境质量改善的平衡中做出艰难抉择，决策者要有可持续发展的长远观念，摒弃急功近利思想，要树立"尊重自然、顺应自然、保护自然"的可持续发展理念，关键是要按自然规律办事——开发建设过程如此，保护改善过程亦是如此，要为改善环境质量做好打持久战的准备。

总体来讲，社会发展的根本是人的发展，而环境质量无疑是人类生存发展的底线，由政府及社会的环境权利所衍生出来的促进环境质量持续改善的拉力

① 民政部：《2013年社会服务发展统计公报》。
② 上海市社会团体管理局："上海社会组织"网站电子地图搜索结果。

和由环境责任所衍生出来的推力，均为环境质量管理体系的建立和完善提供了强大的现实需求，可以在充分吸收、借鉴国内外先进经验和实践的基础上，尽快建立符合中国发展实际的以质量为核心的环境管理机制。

四 以质量为核心的环境管理机制设计

从上海和全国环境管理的现实基础出发，我们从规划目标确定、管理手段创新、评估考核改革等方面初步提出以质量为核心的环境管理机制框架。

（一）以质量为核心的环境管理转型的根本目的

主要体现在以下四个方面。

（1）出发点和落脚点——有助于国家生态文明建设和实现美丽中国目标的落实，回应全社会对环境质量改善的迫切要求。

（2）推进环境管理战略转型——以环境质量为核心，统筹协调污染治理、总量减排、环境风险防范与环境质量改善的关系；统筹协调跨部门、跨区域的环境权责界定；统筹协调政府行政调节机制、市场调节机制、社会治理机制的作用发挥。

（3）促进环境管理体制机制改革——明确政府的环境质量责任，充分发挥地方政府的主动性和积极性，健全中央和地方政府在环境质量管理中的分工合作机制，并与环境污染物统一监管等体制机制改革等要求紧密结合。

（4）完善环境质量管理体系——加快建立以"质量标准—排放限制—排放标准"为主线的环境管理体系，提升能力水平，以全面、科学的污染源管理为基础和前提，切实形成环境质量提升对社会经济发展的有效约束。

（二）以质量为核心的环境规划目标设定

作为落实国家和地方各项发展目标及任务的重要依托，五年规划体系不仅提供战略导向，更成为各级政府在规划期内的施政纲领。对于环境规划而言，哪些目标指标被纳入规划体系，哪些作为约束性要求强制实施，对于规划期内的环境管理工作推进都会发挥至关重要的影响。本节将重点结合"十三五"环境规划目标的设定，主要聚焦水环境和大气环境两个领域提出规划目标设置建议。

1. 指标选取

基于我国环境现状的严峻性和质量改善的长期性，考核指标需分阶段考虑。近期（"十三五"）建议以环境质量为核心，侧重大气与水两个领域；中远期（"十四五"及以后）则建议考虑环境质量及环境风险两方面，其中环境质量考核建议包括大气、水、土壤、生态等指标，环境风险建议包括环境污染事件发生情况、风险防范与应急措施等。国家环保"十一五"、"十二五"规划的考核指标回顾与"十三五"以后初步建议（见表4）。

表4 国家环保五年规划指标近期回顾与未来建议

规划期	十一五	十二五	十三五（建议）	十四五及以后（建议）
主要考核内容	主要污染物排放总量	主要污染物排放总量	环境质量	环境质量＋环境风险
约束性指标（国家对省级政府考核指标）	大气： 二氧化硫排放总量（万吨）； 水： 化学需氧量排放总量（万吨）	大气： 二氧化硫排放总量（万吨）； 氮氧化物排放总量（万吨）； 水： 化学需氧量排放总量（万吨）； 氨氮排放总量（万吨）	大气： 地级以上城市空气质量指数（AQI）达标天数比例（%）； 水： 地表水国控断面（点位）水质达标率（%）； 环境风险（作为否决项）： 重大以上环境污染事件发生次数（次）	环境质量： 大气、水、土壤、地下水等领域综合性指标，结合环境功能区环境质量要求[①]； 环境风险及健康： 环境污染健康影响指标（AQHI等）、环境污染事件发生情况、风险防范与应急措施等指标
预期性指标	大气： 重点城市大气质量好于Ⅱ级标准的天数超过292天的比例（%）； 水： 地表水国控断面劣Ⅴ类水质的比例（%）； 七大水系国控断面好于Ⅲ类的比例（%）	大气： 地级以上城市大气质量达到二级标准以上的比例（%）； 水： 地表水国控断面劣Ⅴ类水质的比例（%）； 七大水系国控断面好于Ⅲ类的比例（%）	大气： 地级以上城市AQI重污染天数比例（%）； 水： 地表水国控断面劣Ⅴ类水质的比例（%）； 十大水系国控断面好于Ⅲ类的比例（%）	环境质量： 大气、水、土壤、地下水等领域部分细化指标，结合环境功能区环境质量要求

注：①环保部：《全国环境功能区划纲要》（征求意见稿），环办函〔2013〕1336号，2013年11月20日。

自"十三五"起，建议在部分有条件地区的环保五年规划中以环境质量目标代替原有的总量控制目标，主要考虑如下三个方面。

其一，国家环保五年规划是我国环保领域最高级别的统领性规划，其考核体系也需对其他环境管理下位计划、区域规划的相关考核办法发挥统领协调作用，不宜设置重复或矛盾的目标指标。为此建议"十三五"环保规划中仅聚焦于大气和水各一项综合性环境质量目标，体现以质量为核心的环境管理战略导向，并体现五年规划的统领性和简明化原则；在专项领域行动计划考核体系中设置更加具体、细化的指标。在五年规划和专项领域行动计划不断滚动实施，并逐步取得实效后，还将推动环境质量标准不断提高，从而构建"环境质量标准引领—五年规划推动实施—专项领域行动计划辅佐"的有机体系。

其二，国家最新出台或即将出台的大气、水、土壤等行动计划已建立质量改善绩效与污染防治工作双考核机制，可以为环保五年规划的实施推进提供坚实支撑，其可操作性与可调整性有助于规划目标的实现；同时行动计划与规划时间交错，有助于前后两个五年规划的衔接，本轮行动计划到2017年结束后，终期考核（2018年开展）结果可作为环保"十三五"规划中期评估的重要参考；下一轮行动计划可继续按五年周期执行。除行动计划外，重点区域大气污染防治与重点流域水污染防治"十二五"规划均设置了针对相关区域省、市、县的考核办法，建议自"十三五"起统一纳入国家环保规划考核体系，由国家对省级政府进行考核，省级政府必要时可对省辖的市县进行考核。

其三，从"十一五""十二五"到"十三五""十四五"的环保规划目标设置中，逐步体现从"总量管理"过渡到"环境质量及风险管理"，再进一步发展到"环境质量、风险及环境健康管理"，根据我国经济社会及环境保护的变化发展状况，分阶段逐步解决"清洁、安全、健康"等一系列问题，体现出环境规划的导向性。

2. 目标值设定及分解

建议首先明确两项核心约束性指标——地级以上城市大气质量指数（AQI）达标天数比例、地表水国控断面（点位）水质达标率的全国2020年目标（经初步分析，均可定为80%），在此基础上制定各省区市终期考核目标。

（1）大气环境质量考核指标计算方法及说明

AQI达标是指达到《环境空气质量指数（AQI）技术规定（HJ633 –

2012)》要求的二级（良）以上，即 AQI 指数不高于 100。地级以上城市 AQI 达标天数比例取全省（区、市）平均值，每个城市 AQI 指数需取该市所有有效国控监测点平均值。

《环境空气质量指数（AQI）技术规定（试行）》定于 2016 年 1 月 1 日实施，届时全国地级以上城市 AQI 相关监测和数据上报体系将初步建成，到"十三五"期末 AQI 数据将基本具备完整性和连续性，可以作为考核依据。采用 AQI 日均值达标天数比例而非 AQI 年均值达标城市比例，主要是基于可行性考虑。前者 2013 年全国平均值为 60.5%，而后者只有 4.1%。从图 3 和图 4 也可

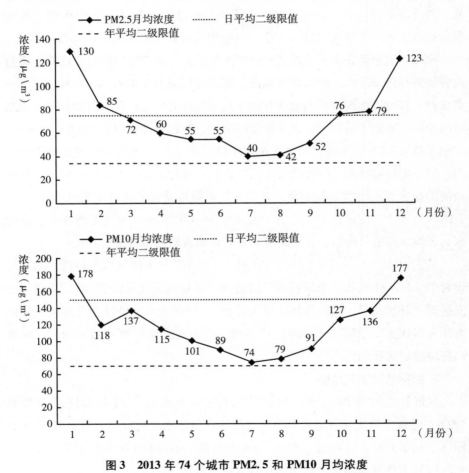

图 3 2013 年 74 个城市 PM2.5 和 PM10 月均浓度

资料来源：环保部：《2013 年重点区域和 74 个城市空气质量状况》，2014 年 3 月 25 日。

以看出，2013 年全年和 2014 年上半年，全国 74 个城市 PM2.5 和 PM10 两项重要污染物的月均浓度普遍高于年均二级限值，近期暂参照日均二级限值比较可行。

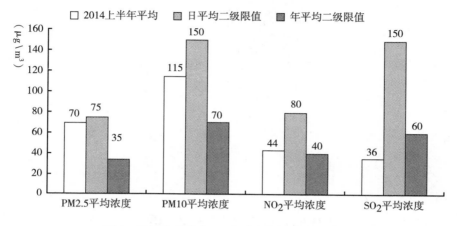

图 4 2014 年上半年 74 个城市各指标平均浓度

资料来源：环保部：《2014 年上半年重点区域和 74 个城市空气质量状况》，http：//www. mep. gov. cn/gkml/hbb/qt/201407/t20140721_ 280309. htm。

2013 年全国 74 个城市平均 AQI 达标天数比例为 60.5%，2014 年上半年该比例为 60.3% （见图 5），PM2.5、PM10、NO$_2$ 普遍高于年均，初步建议2015 年全国所有 AQI 监测城市的平均预期性目标 65%，2020 年全国平均约束性目标 80%。具体需开展专项研究，根据 2013～2014 年各省平均 AQI 达标天数比例历史值、《大气污染防治行动计划》确定的 2017 年各地 PM2.5/PM10 浓度目标以及 2020 年全国平均 AQI 达标天数比例 80% 的目标，研究确定 2020 年各省约束性目标，同时制定 2015 年、2017 年各省平均 AQI 达标天数比例阶段性参考目标。可在各省达标天数比例逐步提高的基础上，根据当地实际污染情况加以调整，以匹配全国平均目标，各省分阶段目标设定尽量先快后慢、条件较好地区（如珠三角、长三角等）争取提前达标、条件较差地区（如京津冀等）快速提高。珠三角、长三角、京津冀三大重点区域达标现状（见图 6）。

（2）水环境质量考核指标计算方法及说明

地表水国控断面（点位）水质评价采用《地表水环境质量评价办法（试

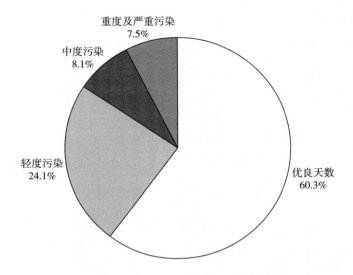

图5　2014年上半年74个城市平均空气质量级别分布

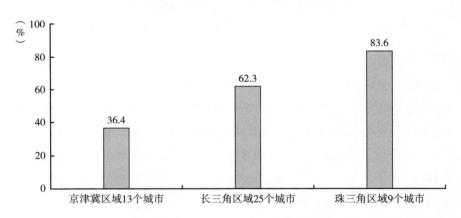

图6　2014年上半年京津冀、长三角、珠三角区域平均达标天数比例

资料来源：环保部：《2014年上半年重点区域和74个城市空气质量状况》，http：//www.mep.gov.cn/gkml/hbb/qt/201407/t20140721_280309.htm。

行）》中规定的单因子评价法，以月为最小时间单位，某月某断面（点位）监测数据有一项因子未达到该点水体功能标准则视为断面（点位）不达标，所有监测因子达标才视为断面（点位）达标。

《地表水环境质量评价办法（试行）》规定整体水质状况评价方法采用"断面水质类别比例法"，但不能反映不同地区水体功能和水质状况的差异，不宜用于考核。本研究建议的"断面（点位）水质达标率"既反映水体按相应功能级别的达标情况，又可以充分利用环保部监测网络数据。该指标与环保部 2012 年制定的《重点流域水污染防治专项规划实施情况考核指标解释》中的核心指标"考核断面水质达标率"基本一致。

国家环保部和环境监测总站发布的水质监测周报、水质月报、年度环境状况公报等目前主要关注断面（点位）水质类别比例数据，尚无体现功能级别的断面（点位）水质达标率汇总情况。根据水利部 2011 年水资源公报，全国水功能区达标率 46.4%，近年来略呈上升趋势（见图 7）。国务院《实行最严格水资源管理制度考核办法》中规定 2015 年全国水功能区达标率目标为60%，2020 年目标为 80%。参考上述目标，初步建议断面（点位）水质达标率 2015 年全国预期性目标 60%，2020 年全国约束性目标 80%。具体需开展专项研究，根据 2013～2014 年历史值以及 2020 年全国 80% 的目标，确定 2020年各省约束性目标，同时制定 2015 年、2017 年各省阶段性参考目标。可在各省断面（点位）水质达标率逐步提高的基础上，根据当地实际污染情况加以调整，以匹配全国平均目标，各省分阶段目标设定尽量先快后慢、条件较好地区争取提前达标、条件较差地区快速提高。

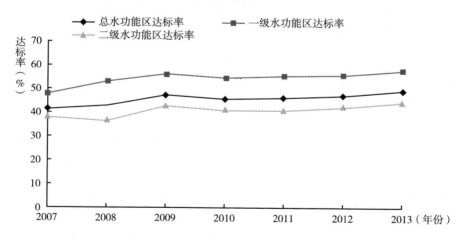

图 7 近年全国水功能区达标率情况

说明：一级水功能区包括保护区、保留区、缓冲区；二级水功能区包括饮用水源区、工业用水区、农业用水区、渔业用水区、景观娱乐用水区、过渡区。
资料来源：水利部：2007～2013 年《中国水资源公报》。

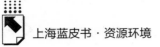

除大气与水两类环境质量指标外，建议"十三五"规划中将"重大以上环境污染事件发生次数"这类环境风险指标作为否决项加以约束，为"十四五"及以后进一步强化环境风险管理奠定基础。

（三）以质量为核心的环境管理手段创新

以质量为核心的环境管理模式对管理手段的完善和创新也提出了新的要求，一方面要进一步发挥环境管理的宏观协调和源头制约作用，另一方面要大力完善污染源管理体系，确保各项政策工具的制定和实施发挥最佳成本效益。

1. 建立环境质量改善目标对社会经济发展规划的约束机制

在以质量为导向的环境管理模式下，必须充分发挥环境规划这一载体的重要作用，不仅要把生态红线、空间分区环境管制等新要求、新任务融入社会经济发展和城市建设规划体系，守住环境保护和生态安全的空间底线，更要将环境质量改善目标切实作为扭转经济发展方式、调整产业结构、优化能源结构等重要手段，纳入社会经济和城市建设相关规划研究的源头考虑。

为此，需要探索建立国民经济和社会发展、土地利用及环境保护等规划的统筹协调机制，涵盖规划研究阶段的征询机制、规划编制阶段的信息共享机制、规划实施阶段的反馈机制，以及规划修订阶段的协商机制等，使环境保护在规模设定、空间布局、结构调整上真正纳入城市建设规划体系中，成为社会经济发展和产业布局的门槛要求，将生态文明建设战略和要求融入经济、政治、文化、社会建设各方面和全过程，真正形成"五位一体"的总体布局提供实施路径。

2. 将总量控制与质量提升直接挂钩，改革污染物总量控制制度

如前文所述，以质量为核心的环境管理模式并不是对总量管理模式的取代，而是一种升级和改进，并且对总量减排的管理水平提出了更高要求，其根本要求就是要改变当前目标总量控制模式，建立环境质量目标导向下的，以环境容量为约束的总量控制制度。为此，一方面需要根据各地实际和特点，加强不同污染源、不同污染物的排放机理、相互作用，以及对环境质量综合影响等科研工作，据此探索扩展纳入总量控制的污染物种类，以及纳入总量控制的行业和领域范围，将环境容量为基础的污染物总量控制目标在相关领域、行业，

乃至项目上进行分解，逐级控制。另一方面，需要借助国民经济和社会发展及土地利用等规划与环境保护规划研究的统筹协调机制，将容量约束下的污染排放总量控制目标转化为城市或区域的人口、产业、交通、能源消费等发展规模及方式的控制目标，让总量控制不再只是环保部门的"一家之言"，真正成为其他相关决策部门发展目标及路径制定的重要"前置条件"。

当然，这种转变对环保部门的研究和管理能力及水平提出了很高要求，并非一朝一夕就能实现，但在部分已具备基本条件的发达地区，应率先实现突破，积累经验，为全国范围内的广泛推广提供有力支撑。

3. 建立完善以质量为引领，以总量控制为手段，以市场机制为依托的管理体系

在科学建立"环境质量—环境容量—排污总量"的关联机制前提下，可以把环境管理的中间环节更多地转给市场和社会，充分发挥市场机制的作用，环保部门把好标准引领、制度建设、法律保障等关口，为市场机制的良好运行提供有利条件，更为科学、高效地利用排污费调整、排污费改税、排污许可证、排污权交易等市场化手段。同时加快推进环境污染的第三方治理、第三方监测及第三方评估等专业化运营管理，在不断促进市场化治污机制健康发展的同时，努力促进环保产业，特别是相关服务业的发展壮大，为持续推动城市的可持续发展奠定坚实基础。

为此，作为对市场化治污机制健康发展的重要支撑之一，需要尽快完善现有污染源管理及相关信息公开制度，建议借鉴上海市推进碳排放交易试点的有益尝试，在排放源排放数据的监测、报告、核查中，引入专业化第三方机构，根据政府部门研究提供的方法学和行业技术指南，结合企业实际运营情况，尽可能真实反映排放状况。逐步改观各类环保统计数据口径不一的局面，让企业及社会各界充分认可排放数据的真实性和有效性，才有可能保证后续市场化机制运作的效能。

4. 以环境质量改善为出发点和落脚点，强化生态环境损害赔偿和责任追究

《新环保法》的出台和不断补充、更新的司法解释，为强化生态环境损害赔偿和责任追究提供了有力保障。可以预见，近阶段从中央到地方将通过强化司法系统追究环境违法行为的责任和能力，为环保工作的推进再增一剂强心剂。为此，一方面，需要尽快完善各级政府领导干部的考核体系，根据各地发展阶段及实情，将环境质量不得出现下降，或者环境质量实现一定改善作为一项硬约束，纳入干部考核，同时通过探索推进自然资源资产离任审计、责任追究等创新制度，有效约束领导干部的决策行为。另一方面，需要尽快建立、完善环境损害鉴定评估机制和环境公益诉讼制度，加大对环境刑事责任的追究力度，确保构成犯罪的违法行为人得到应有的制裁。

（四）以质量为核心的环境评估及考核改革

将环境质量纳入政府环境责任考核是推动环境管理模式转变的当务之急，但需稳步推进。建议根据推进情况进行适当调整，特别需要防止考核和追责带来的数据造假、急功近利等问题。必要时也可淡化考核、强化评估，由政府向第三方购买环境质量监测和政府环境绩效评估等服务；淡化行政、强化法治，加快政府绩效管理的法制化进程。

1. 考核方式

与总量控制模式下的以监督性监测和人工核算为主的考核方式不同，以质量为核心的环境考核依据以环境质量在线监测数据为主，公众对环境质量满意度调查为辅。具体程序主要包括数据采集与上报、数据审核与确认、考核结果评估与发布三个阶段。各省（区、市）在年度、中期和终期评估或考核数据上报时，应初步举证阐述外省市污染传入本地的情况，有条件的可先自行给出污染传输测算结果。

大气与水质量考核均达标视为考核通过，任一项不达标视为考核不通过。规划期限内发生特别重大环境事件 1 次及以上或发生重大环境事件 2 次及以上的省级行政区，视为考核不通过。发生较大、一般环境事件不直接影响考核结果，但地方政府需及时向社会公布环境事件发生及处置情况。

全国 2012 年突发环境事件 542 次，其中特别重大 0 次，重大 5 次，较大 5 次，一般 532 次；2013 年突发环境事件 712 次，其中特别重大 0 次，重大 3 次，较大 12 次，一般 697 次。

相比污染物总量考核方式，基于环境质量的考核方式具有如下优势：减少了总量考核复杂且不确定性高的数据获取需求以及多环节的人为核算干预；大幅缩减了总量考核对大量污染源排放数据的监测、采集、人工核算、现场审核、专家组抽检等程序，节约了人力物力等资源。

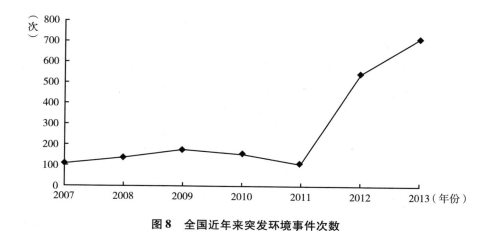

图8　全国近年来突发环境事件次数

资料来源：环保部：《环境统计公报》《环境状况公报》。

2. 奖惩机制

（1）奖励机制

建议对于考核通过的省区市，大气与水两项质量考核中任一项排名全国前10位或质量改善较快（任一项指标2020年比2015年提高20%以上）或超过考核目标5%以上，均可给予表彰奖励。国家环保部可会同财政部、发改委等部门，加大污染治理和环保能力建设的支持力度，有关项目安排优先考虑，优秀单位和个人予以表彰。

（2）惩罚机制

考核评估结果向社会公开，并作为领导班子考核的重要依据，实行问责制和"一票否决"制。对未通过考核的省区市，实行扣减专项资金、环评限批、取消环保荣誉、约谈、限期整改、领导干部问责等惩罚。此外，建议每年公开各省区市两项环境质量指标的分别排名以及指标比上年改善或恶化的程度，对排名靠后或环境质量恶化的地区形成社会压力。

（3）区域污染传输对考核奖惩的影响

"十三五"期间可探索实施全国区域污染传输评价及管理，每年由环保部、国家气象局、水利部等共同发布大气与水污染区域传输测算结果报告。基于区域污染传输测算结果，考核结果不变，但考核奖惩时予以适当调整。如在未达考核目标情况下，不论外来污染贡献率多少，均不享受表彰奖励。污染净

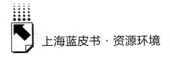

输出的省（区、市）如受表彰奖励，应适当减弱。

省际生态补偿可通过生态补偿专项资金或政府环境责任基金平台实现——经测算后存在大气或水污染净输出的省（区、市）需缴纳与净输出量相对应额度的污染转移罚金到该专项资金或政府环境责任基金，大气或水污染净输入的省（区、市）则可从中获得与净输入量相对应额度的污染治理补贴资金。

五 以质量为核心的环境管理保障措施

1. 加强立法支撑和标准引领

建议针对新环保法及其他正在修订的专项法律的制定和执行，强化对环境质量管理的要求，加快推进环境质量标准、排放限值及排放标准体系的完善。率先探索《大气污染防治法》。同时出台相关技术指南，对环境质量和排放源的监测、统计、报告制度加以细化，提供分类指导。及时分享优秀案例，开展相关培训和交流，促进环保队伍相应能力的尽快提升。

2. 进一步探索分区分类管理

建议在"十三五"规划期内，针对先行区域率先开展质量考核，尚不具备条件的地区沿用原有总量管理体系，但应加快推进环境容量约束下的总量控制管理体系建设。可逐步改变以往强调行政区划的管理模式，结合主体功能区划和环境功能区划，探索推进分区域、分流域的环境质量管理模式。

3. 完善区域环境质量评估和责任界定

完善环保部六大督察中心与地方政府之间的工作机制，加强跨界污染的监测、核查，建立跨界污染的责任界定和追究机制。可由易到难，逐步开展上游污染影响扣除、跨部门跨区域污染传输模型测算等工作，并与生态补偿、考核奖惩相结合。同时督查中心可赴地方环保部门和监测站点开展定期与不定期督查，加强监测数据质量控制。地方政府在开展环境质量改善相关工作的同时，接受环保部与环保督查中心的指导协调与相关奖惩。

4. 提升环境管理能力和水平

大幅提升环保部门、特别是基层环保部门的能力。从监测、报告、核查，到监督、评估、执法，再到与相关政府部门在规划、行动、措施等方面的对接，全面提高环保部门的人力、物力及财力配备，尽快扭转"小马拉大车"的不利局面。同时充分利用市场化机制，引入更多专业机构和社会群体共同为环境质量管理体系添砖加瓦。

5. 强化跨部门跨区域环境协作

以上海为例，加强与长三角区域的沟通、协作，促进区域联防、联控，整体提升区域环境质量。在前期的长三角环境保护合作协议、区域空气质量联合预报系统等工作基础上，可与环保部华东督查中心及环保研究机构、社会组织等共同合作，加强信息平台整合、跨地区跨部门资源共享、环境风险联动管理、先进治理经验推广等。

B.3
建立驱动市场的环境保护政策体系

陈　宁　杨爱辉*

摘　要： 驱动市场的环境保护政策是指使微观主体自身选择校正经济系统对环境的影响，从而实现改善环境质量和持续利用自然资源的目标的环境保护政策体系。目前，上海基本上建立了包括环境财税、环境价格、环境投融资在内的环境经济政策体系。但整体来看，系统完备的环境经济政策体系仍未真正建立，包括环境财政、环境税费、环境投融资的政策体系只是一个初步框架。新兴的、更趋市场化的政策工具如排污权交易、绿色信贷、环境污染责任保险、环境债券等多种环境经济政策工具尚处于试点起步或者探索的阶段。现有环境经济政策仍是环境行政管制补充手段，未能通过有效影响企业成本收益而改造企业环境行为，缺乏通过影响与企业利益相关的市场主体从而间接影响企业环境行为的政策工具。因此，在现有政策框架下，微观主体自身有意识地主动进行环境保护工作仍是偶发现象，未能形成自下而上的行动触发机制。从现有的少数案例中选取光明乳业水管理的案例，对其分析发现，水风险带来的成本危机、企业自身提升商誉的诉求及利益相关方的要求是其自愿开展水管理的主要驱动要素。针对上述引发企业进行自发环境管理的几个因素，建立驱动市场的环境经济政策体系，以期真正影响和改变企业环境行为。通过影响企业经营活动全程的政策组合使资源环境

---

    * 陈宁，上海社会科学院生态与可持续发展研究所，博士；杨爱辉，WWF 中国上海办公室，项目经理。

成本完全内部化。通过影响企业市场相关主体的政策间接影响企业环境行为。通过行业组织、非政府组织影响企业环境行为。

关键词： 驱动市场 环境保护 政策 上海

一 驱动市场的环境保护政策的内涵及意义

从发达国家的环境保护政策演进可以看出，环境保护管理早期，基本是单一运用命令控制手段，随着经济发展及环境保护形势的变化，政策工具的种类和范围不断扩大，基于经济激励的环境保护政策工具日渐丰富。由于无法依靠单一的普适性的政策工具解决所有的环境问题，现有的环境保护政策都是以政策组合或政策体系的形式存在的。从不同政策工具的作用机制的角度来看，行政命令型的直接管制手段和基于激励的手段之间存在显著不同。直接管制手段的出发点是在末端限制污染物排放，而基于激励的手段是通过鼓励污染源积极采用新技术或新的环境管理模式而降低对环境的影响①。本文研究的驱动市场的环境保护政策在内涵上与基于激励的政策工具有相似性，因此首先通过梳理发达国家已采用的环境保护激励政策的内涵、类别，界定本文驱动市场的环境保护政策的内涵和要义。

（一）驱动市场的环境保护政策内涵和要义

根据联合国环境规划署（UNEP）的定义，经济激励政策是指为自然资源使用者和环境污染物排放者提供市场和经济的激励，以改变其环境行为。经济手段鼓励减少排放，从而降低对自然资源的压力。美国环境保护署（EPA）有关环境保护经济激励政策是通过运用财政手段为污染者提供经济激励，促使其减少设备、工艺过程及产品对环境和健康的不利影响。经济手段的使用为减少

---

① Lawrence H. Goulder, Ian W. H. Parry, "Instrument Choice in Environmental Policy", *Review of Environmental Economics and Policy* Issue 2, Summer 2008.

污染排放的企业提供实际的或潜在的经济收益同时，也使污染持续增加的企业承担了更多的成本，是一种必要的、双向的激励机制。

不同组织和机构对经济激励政策的分类也略有不同，详见表1。

表1 主要机构和组织的经济激励政策分类

组织或个人	政策分类
UNEP	基于价格的政策工具（包括环境税、直接间接税、排放或授权收费、排放费用返还、补贴和废除补贴）； 基于产权的政策工具（包括可交易的排污许可、可交易的开发配额、可交易的狩猎配额、可交易的资源配额、可交易的土地许可、可交易环境股票等）； 基于法律（包括刑事处罚、罚款、民事责任、行为保证金等）、自愿和信息（包括自愿环境约定、信息运动、生态标签和其他认证等）的政策工具
EPA	税费机制、押金退还机制、排污权交易机制、补贴机制、责任机制、信息披露、自愿措施
OECD	收费、排污权交易、押金退还、违规收费、保证金、责任赔付、补贴
国合会	明晰产权、创建市场、税收手段、收费制度、财政与金融手段、责任制度、债券与押金－退款制度、产品市场信息引导
Panayotou1998	市场创建（如排污权交易等可交易许可市场）、财政工具（如税、费和财政支付）、责任系统、自规制和规劝工具

资料来源：UNEP, The Use of Economic Instruments for Environmental and Natural Resource Management, 2009；EPA, The U. S. Experience with Economic Incentives for Protecting the Environment, 2001；OECD, Economic Instruments for Pollution Control and Natural Resource Management in OECD Countries：A Survey, 1999。

通过上述分类可以看出，经济激励政策可以是直接以经济利益形式体现的，一种是环境税费工具，通过提高污染物排放及自然资源使用的价格，发挥价格弹性作用，促进污染物减排和资源集约利用；另一种是环境产权交易工具，通过定义、调整、设立、分配、交易各类环境类产权，以最低的成本减少对资源环境的破坏。也可以是以其他非经济手段的形式来实现，这些手段可以潜在地影响企业的成本或经济收益，从而驱动企业主动进行环境管理，改善环境行为。如法律工具类，使个人和组织对其导致的环境破坏负有法定责任，一旦被发现违法，将会面临巨大的、不可预知损失的惩罚，从而对企业减少或避免污染排放产生潜在的激励；信息披露类，使处于污染源的员工、当地社区及其他利益相关者能够便利地获得有关污染源排放的信息，从而对企业产生明确的减排需求。而企业若能够持续地降低污染物排放，消费者会对其产品产生偏好，员工与当地社区与企业的关系会不断改善，企业也能够从中获得经济利益；自愿行动类，其与信息披露具有内在的联系，当污染源企业自愿地并切实减少污染物排放时，它的员工、所在社区、消费者通过企业信息披露得以获知，能够为企业带来多重收益。企业减排自愿行动减少了员工暴露于各类污染物的风险，改善了劳工关系。企业的环境友好声誉也能够吸引更多的消费者，为企业切实增加市场利益。另外，企业参与自愿行动还可能减少其他的成本，例如可以得到由政府机构资助的各类技术援助服务、免费获取技术信息等。

从驱动市场主体主动进行环境管理，改善企业环境行为出发，本文认为驱动市场的环境保护政策可以分为直接影响微观主体环境成本和收益的政策和影响微观主体市场利益相关者的政策。驱动市场的环境保护政策的核心内涵是通过各类政策手段的采用，对微观主体提供经济激励，促使其自身选择校正经济系统对环境的影响，从而实现改善环境质量和持续利用自然资源的目标。

（二）驱动市场的环境保护政策的意义

在当前情况下，更多地采用驱动市场的环境经济政策能够弥补我国环境保护行政管理存在的不足，对改善我国环境质量具有重要的意义。

第一，驱动市场的政策在某种程度上可以实现更大的污染物减排业绩。因为命令控制型手段实质是通过行政命令的方式责成企业达到主管部门制定的排放标准，那么即使是企业完全完成了控制目标，全社会污染减排的成果也仅限于行政许可的标准上。更糟糕的情况是主管部门制定的排放标准如果过低，则环境质量还将逐步恶化。驱动市场的政策则不同，由于使污染减排具有价值，并且可以在市场上交易，企业有足够的动力持续地降低污染排放，而不仅仅是将自身污染水平达到政府许可的程度。

第二，驱动市场的政策促使全社会采用更经济、更灵活的手段实现资源节约、环境保护的目标。命令控制型手段往往通过设定排放标准、产品或技术标准等形式控制物排放，但这种手段并没有考虑到不同污染源企业减排成本的差异。而驱动市场的政策手段中，污染控制的边际成本是一个决定性因素。当污染控制是一项具有价值的业务时，污染控制成本相对较低的企业会创造更多的

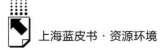
减排绩效。因此当以驱动市场手段为主控制污染排放时，会以市场确定的最低减排成本实现污染减排的目标。对美国的经验研究表明：使用经济手段而产生的效率提高是真实存在的。如使用命令控制型的手段防控大气污染问题的成本相当于最低的经济手段成本的 22 倍，平均来看，命令控制型手段治理环境问题的成本大约是经济手段的 6 倍[1]。1992 年，美国利用经济激励手段治理大气、水和土壤污染，相比同等成效下采用命令控制型手段的成本节约了 110 亿美元。OECD 对多国环境保护的经济手段进行评估的证据也显示出经济手段显著的成本节约效应[2]。

第三，驱动市场的政策为各市场参与主体环保自实施提供强有力的激励机制。在传统命令控制手段下，对环境的监管要依赖于各类报告、监测、检查及罚款等行政手段。随着经济发展，环境监管对象扩大至成千上万甚至百万、千万计时，环境保护行政管理就成为非常庞大、非常烦琐的管理任务。当行政管理的人员、技术、经费难以支撑时，就无法对各类污染源，尤其是分散的、小型的污染源进行有效的监管。而若以经济激励为主要手段时，企业和个人在严格环境保护中能够获得巨大的利益，并通过自身的环境保护行为影响与己有关的利益相关主体，从而形成一个有效的环境保护自实施机制。这种自实施机制是一个分散的实施体系，能够有效地减轻环境行政主管部门的管理和执法负担。

第四，驱动市场的政策能够激励企业不断创新环保技术。诚然，在部分情况下命令控制手段也能够推动环保技术的发展，如设定有挑战性的环境保护标准可以促进清洁技术的开发和运用。但是污染源在完成行政命令的要求后，就没有动力再继续进行更先进的技术研发和创新。原因在于开发更先进的技术所需的投入是非常巨大的，即使是新技术开发成功，也并不确定环保标准和要求是否会进一步提高，企业先期投入的成本无法得到弥补和收益回报。而在驱动市场政策的作用下，污染控制技术是有价值的，有些情况下这些价值是直接以货币形式体现，有些是间接的收益。那么企业就有动力开发更高效更具有成本

① UNEP, The Use of Economic Instruments for Environmental and Natural Resource Management, 2009.

② OECD, Economic Instruments for Pollution Control and Natural Resource Management in OECD Countries: A Survey, 1999.

优势的污染控制技术，特别是在污染排放义务可以像商品那样在市场上进行交易的时候。

第五，驱动市场的政策能使环境保护工作更加透明，减少因信息不对称产生的社会矛盾。与行政命令手段下只有政府主管部门掌握企业信息不同，很多驱动市场手段如排污权交易，包括交易量、交易价格等相关信息是完全公开的，社会公众很容易获得环境保护信息，并能够基于充分的环境信息对政府环境决策做出相对客观的评价，有效地缓解社会对环境问题的焦虑。

二　上海现有的驱动市场环境保护政策现状及评价

鉴于行政命令型的政策手段的着眼点是限制市场主体末端污染物排放，其带有防御性和被动性。而本文所阐述的驱动市场的政策是提供全方位的经济激励，促使企业主动进行全过程环境管理。在现有的政策中，部分环境经济政策具有经济驱动的特征，此处从这些政策切入分析。

（一）上海现行的环境经济政策梳理

按照政策制订主体分类，上海现有的驱动市场环境保护政策可以分为如下几类：第一类是由中央政府统一制订政策条文和标准的政策，如资源环境类相关税收政策；第二类是由中央政府制订政策的导向和原则，由地方政府细化实施细则的政策，如排污收费政策、财政补贴政策等；第三类是尚未上升至政策法规层面，但国家相关行业主管部门出台了行业指导意见，还处于探索阶段的行业自律行动，如绿色金融等。本部分对于能够体现上海市政府决策意志的政策进行详细梳理，对于国家层面及行业层面进行简单回顾。

1. 排污收费政策

排污收费制度驱动市场的原理是根据预期实现的环境质量目标，确定各类污染物的价格，向排污者提供持续的经济激励，以促使它们能够通过各种手段进行环境管理，减少污染物排放。排污收费制度是我国最早制定并实施、实施时间也最长的环境政策之一。其演变脉络如下：1978 年 12 月，中共中央批转了原国务院环境保护领导小组《环境保护工作汇报要点》，首次提出在中国实行"排放污染物收费制度"；次年颁发《中华人民共和国环境保护法（试行）》，在法律上确定了我国的排污收费制度；1982 年发布《征收排污费暂行办法》，标志着我国排污收费制度的正式建立；2003 年 1 月出台新的《排污收费征收使用管理条例》①。

上海根据国家《排污收费征收使用管理条例》，出台了《上海市排污费征收管理办法》等一系列政策文件，详见表 2。

表 2　上海排污收费政策演变

文件号	征收标准	起征日期
《上海市排污费征收管理办法》（沪财预〔2003〕89 号）、《关于印发〈上海市排污费征收管理办法〉的通知》（市财政、物价、环保联合发文）（沪价费〔2003〕77 号）	污水:每一污染当量征收标准为 0.7 元;废气:每一污染当量征收标准为 0.6 元;无专用储存或处置设施和专用储存或处置设施达不到环境保护标准排放的工业固体废物:冶炼渣 25 元、粉煤灰 30 元、炉渣 25 元、煤矸石 5 元、尾矿 15 元、其他渣(含半固态、液态废物)25 元。对以填埋方式处置危险废物不符合国家有关规定的:每次每吨 1000 元	2003 年 7 月 1 日(氮氧化物 2004 年 7 月 1 日起计征)
《市发展改革委(物价局)、市财政局、市环境保护局关于调整本市二氧化硫排污费收费标准的通知》(沪发改价费〔2008〕7 号)	二氧化硫排污费收费标准从每千克 0.63 元调整至 1.26 元。已列入本市关停计划的发电企业小机组，在计划期内暂不调整。由于企业自身原因未能按计划关停的,按每千克 2.52 元追缴	2009 年 1 月 1 日
《上海市物价局、上海市财政局、上海市环境保护局关于调整本市污水排污费收费标准的通知》(沪价费〔2008〕8 号)	污水:由每污染当量 0.70 元提高至 1.00 元;超过国家或本市规定的排放标准一倍以内的(含一倍),加一倍计征超标准排污费;超过排放标准一倍以上的,加三倍计征超标准排污费	2008 年 6 月 1 日
《上海市发改委、上海市财政局、上海市环保局关于调整本市氮氧化物排污费收费标准的通知》(沪发改价费〔2013〕3 号)	氮氧化物收费标准从每千克 0.63 元调整至 1.26 元	2013 年 3 月 1 日

资料来源：上海市发展与改革委员会网站，http：//www.shdrc.gov.cn/gkml_ hy_ new.jsp。

---

① 庞建琦：《我国现行环境经济政策存在的问题》，《合作经济与科技》2010 年第 24 期。

总体来看，上海排污费征收的对象及征收金额较为有限。根据上海市环保局2014年10月16日发布的《2014年9月份排污费公告》，上海市环境监察总队征收排污费的单位和个体工商户共53家，征收总额为841.26万元。其中宝山钢铁股份有限公司应缴排污费270万元，中国石化上海石油化工股份有限公司应缴排污费247.87万元，仅这两家企业就占全市月度应缴排污费总额的61.56%。2014年度（2014年1月1日至10月15日）全市国控重点监控企业无欠缴排污费情况。

在排污费资金使用上，上海市环境保护局根据国家《排污费征收使用管理条例》（国务院第369号令）和《排污费资金收缴使用管理办法》（财政部、国家环保总局第17号令），制定了《上海市排污费资金使用管理办法》，规定本市排污费资金用于重点污染源防治项目、区域性污染防治项目、污染防治新技术和新工艺的推广应用项目、国务院及市政府规定的其他污染防治项目的拨款补助和贷款贴息（见表3）。

表3 2013年上海市市级排污费专项资金分配结果

单位：万元

项目名称	分配金额
污染防治研究和技术攻关	2852.3
企业清洁生产推进	360.6
企业污染源治理设施改造项目补助(用于燃煤电厂脱硝设施建设补助)	7776.0
区域环境综合整治	1135.8
区域产业规划及建设项目环保技术审查	768.5
环境安全预警和应急	995.1
合　　计	13888.2

资料来源：上海市环境保护局。

2. 环境财政政策

环境财政政策驱动市场的原理是给予污染减排一定的经济补偿，相当于为污染减排这一任务赋予了经济价值，从而激励污染源持续革新技术及管理，不断刷新减排业绩。我国政府层面的补贴资金大多数通过财政资金进行拨付。2004年以前，我国基本上没有专门的环境财政投入渠道。从2004年开始，财政部设立了"中央环境保护专项资金"，此后又设立了一系列与环境保护有关的专项资金。2006 年,《政府收支分类改革方案》及《2007 年政府收支分类科目》将环境保护作为类级科目纳入其中。从 2007 年 1 月 1 日起,"211 环境保护"正式进入财政预算科目。

根据《上海市排污费资金使用管理办法》、《上海市节能减排工作实施方案》等文件的精神和要求,上海市已设立了市级环境保护专项资金、市级节能减排专项资金、区域环境综合整治专项资金等引导资金和专项资金,对本市的节能减排和环境保护进行直接支持。近年来,上海公共财政支出中,用于节能环保的支出无论从预算还是决算都有较大幅度的提升。尤其是 2014 年,节能环保预算提升至 41 亿元,是 2009 年的近 3 倍,详见图 1。

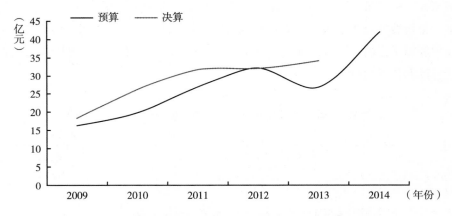

图 1　2009～2014 年上海市节能环保财政支出预算、决算

资料来源:上海市财政局。

上海市公共财政节能环保支出主要用于环境整治、节能与新能源利用、城镇环境基础设施建设等方面。以 2013 年为例,全年节能环保支出共 34 亿元,其中用于鼓励淘汰高污染车辆,实施畜禽养殖场污染处理和综合利用补贴,鼓励私人购买和使用新能源汽车,推进本市国家机关办公建筑和大型公共建筑能耗监测系统建设,淘汰劣势企业、劣势产品和落后工艺,实施砖瓦、石材等重点行业结构调整和宝山区南大三期等重点区域结构调整,调整危险化学品企业,支持推进生活垃圾分类、节能技术改造以及秸秆综合利用的支出 16 亿元;用于支持高效照明产品推广,可再生能源节约利用,实施城镇污水垃圾处理设施及污水管网工程等支出 15.3 亿元;支持实施燃煤电厂脱硝设施建设、高桥石化和金山石化等重点区域环境综合整治、PM2.5 专项检测防控、环境安全预警和应急等项目的支出 1.3 亿元。

3. 环境税收政策

自 1994 年我国税制改革后，财政部、税务总局出台了一系列有利于资源节约和环境保护的税收政策。截至 2014 年 11 月，我国现行税制中还没有设置专门的环境保护税种，但部分税种的设计与资源、环境相关，具有一定的引导消费、节约资源、保护生态环境的作用。我国与环境税收有关的税种主要可分为两类：其一是针对各类资源的开发和使用课税，如资源税、城镇土地使用税、耕地占用税等；其二是针对有可能导致环境污染的产品消费进行课税，如消费税、车船税、车辆购置税等。此外城市建设维护税不属于上述两大类别，但其为城市环保项目及建设提供了专项资金支持，也归入环境税收中。上海市在环境相关税收政策上，基本是执行国家的相关税收政策文件，暂无自行出台的地方性环境税收政策。

近年来，上海市环境相关税收征收金额呈快速上升趋势，详见表 4。2013年环境相关税收征收总额达到 1008.94 亿元，2014 年仅前三季度就已超过 886亿元，预计全年征收总额接近 1200 亿元。其中国内消费税占所有环境相关税收的比重达到 70% 以上，近年来国内消费税的比重也逐渐上升，在 2008 年仅占全部环境相关税收征收总额的 59%。整体来看，由于上海城市本身资源稀缺，而消费旺盛，上海环境相关税收的主要功能以引导消费为主。

表 4　2008 ~ 2014 年前三季度上海环境税收征收金额

单位：万元

税种	2008 年	2009 年	2010 年	2011 年	2012 年	2013 年	2014 年 1 ~ 9 月
城镇土地使用税	340949	236507	272758	290991	318149	307742	238721
国内消费税	2062566	3431119	4995848	5703456	6334893	7043746	6236566
车船税	42046	70941	99259	108669	146403	178801	144879
车辆购置税	361332	367539	582466	646125	687704	700773	598102
城市维护建设税	687707	761962	926615	1432888	1558975	1733661	1515775
资源税	—	—	—	—	4194	3373	3239
耕地占用税	—	—	—	—	120425	121254	131426

说明：2012 年之前，资源税、耕地占用税已征收，但未作为单独栏目发布征收数据。

资料来源：上海市税务局。

（二）上海排污收费政策效果评估

排污收费是我国运用最早的环境政策工具之一，已经推行了三十余年。作为上海自行出台实施标准的有限的环境政策之一，排污收费政策是较典型的具有经济激励作用的驱动市场的政策工具。污染物减排是排污收费制度的主要功能，也是政策实施的最终目标。本文采用公共政策学中的投射对比法对排污收费政策的污染减排效果进行评估。

鉴于 2003 年排污收费制度改革前后，除了上海市排污费征收管理办法，没有新的影响面大的环境保护政策出台。同时，这一时期上海市经济社会发展保持稳定，符合投射对比法的相关假设条件。通过拟合得到上海市 1991 ~ 2002 年工业废水排放量、工业化学需氧量（COD）排放量、工业废气排放量、工业二氧化硫（SO_2）排放量、工业固废排放量倾向线，见表 5。

表 5　污染物排放量倾向线

倾向线名称	方程式	R 值
工业废水排放量	$Y = 15.844EXP^{-0.072x}$	$R^2 = 0.9555$
工业 COD 排放量	$Y = 27.481EXP^{-0.14x}$	$R^2 = 0.972$
工业废气排放量	$Y = 5.381x^3 - 65.308x^2 + 327.79x + 3730$	$R^2 = 0.9521$
工业固废排放量	$Y = 2.0721x^2 + 9.2265x + 1137.3$	$R^2 = 0.6843$
工业 SO_2 排放量	$Y = 43.688x^{-0.147}$	$R^2 = 0.4812$

资料来源：根据上海市统计年鉴数据估算。

对上述方程式进行显著性检验，可知工业废水排放量、工业 COD 排放量、工业废气排放量是显著的，工业固废排放量处于临界点，工业 SO_2 排放量不显著。各项目的投射点与实际排放量比较，如图 2 至图 5 所示。

综合 4 个图可以发现，2003 ~ 2013 年，投射点完全在实际点以上的污染物种类只有工业废气排放量，说明工业废气排放量在改革后的排污费政策激励下，排放量增长逐渐趋缓，也就是说新的排污收费政策在控制工业废气排放方面效果是较为明显的。投射点与实际点基本持平的污染物种类是工业废水排放量及工业 COD 排放量，表明新旧排污费制度下的工业废水减排效果基本持平。投射点在实际点以下的污染物种类是工业固废排放量，表明新的排污收费政策

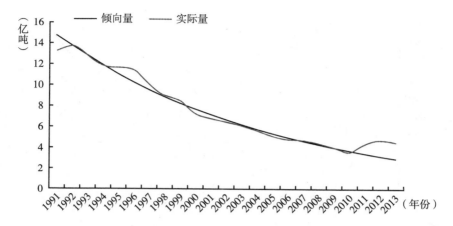

图2 上海工业废水排放量与倾向线投射点比较

资料来源：根据各年度上海市统计年鉴数据计算。

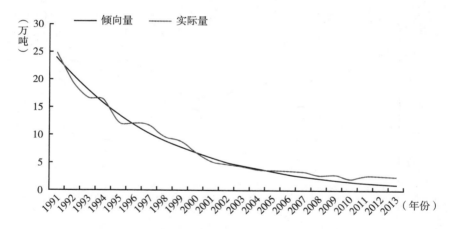

图3 上海工业化学需氧量排放量与倾向线投射点比较

资料来源：根据各年度上海市统计年鉴数据计算。

没有能够抑制工业固废的上涨，政策是无效的，或者说政策的效果小于经济发展的牵引。

（三）上海现有驱动市场的环境保护政策评价

目前上海基本上建立了以环境财税、环境价格、环境投融资为主的经济激励政策。但整体来看，环境财政、环境税费、环境投融资的政策体系只是一个

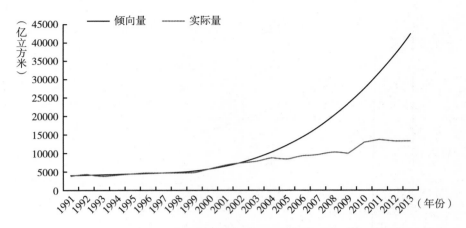

图4 上海工业废气排放量与倾向线投射点比较

资料来源：根据各年度《上海市统计年鉴》数据计算。

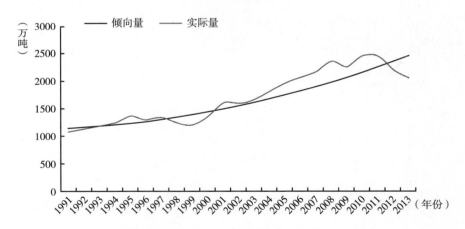

图5 上海工业固废排放量与倾向线投射点比较

资料来源：根据各年度《上海市统计年鉴》数据计算。

初步框架。新兴的、更趋市场化的政策工具如排污权交易、绿色信贷、环境污染责任保险、环境债券等多种环境经济政策工具尚处于试点起步或者探索的阶段，还未能形成完整的驱动市场的政策体系。

1. 政策种类相对有限

根据环境保护部环境规划院建立的环境经济政策数据库平台系统的统计数据，2006～2013年，上海市出台的各类环境经济政策数量为25项，同期浙江省56项、江苏省53项，安徽省30项，上海在长三角三省一市中政策探索中相对来说是最少的图6。

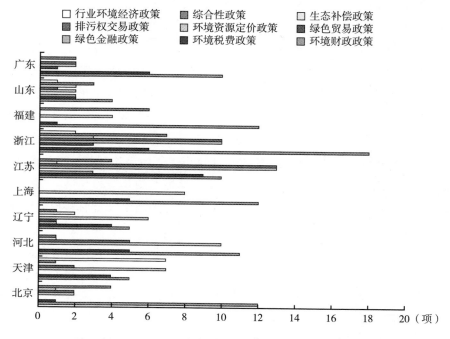

图6　2006～2013年主要省市出台的环境经济类政策数量

资料来源：环境保护部环境规划院。

同时，2006～2013年，上海市出台的环境经济政策仅有三大类，分别是环境财政政策、环境资源定价政策及环境税费政策。而浙江省、江苏省的政策探索已经涉及了更广泛的行业环境经济、生态补偿、排污权交易、绿色金融等领域。

2. 现有政策有待进一步完善

上海在环境财税、环境价格、环境投融资这些领域的制度化进程相对较快，基本建立了制度框架。但这些政策成文时间较久，随着经济社会发展和环境保护形势的演进，这些政策工具和实施手段有待进一步完善。在环境税收方面，上海要按照国家及税务总局的相关规定执行，真正体现上海地方决策的主要集中于排污费及环境财政领域。

以排污费改革为例，探讨上海环境经济改革存在的问题。

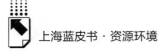

第一，征收标准偏低。从全国范围来看，对排污费政策诟病最多的在于收费标准过低，并未以企业治理污染的边际成本来设计。排污费和超标排污费收费标准低，而治理污染成本较高，使得排污企业宁愿缴纳排污费，也不愿投资建设和使用污染处理设施，对企业污染治理的经济激励有限。对排污收费政策效果评估结果显示，排污收费政策除对工业废气的增长有较明显的抑制作用，对其他污染物种类的政策效果不明显。尽管在2008年、2013年，上海已经分别提高了大气污染物及水污染物排放的征收标准，但收费标准仍显偏低。由于排污费征收标准的思路主要是治理污染的边际成本，因此目前国内其他大城市的征收标准具有一定的参考价值。横向对比来看，2014年北京市、天津市已经相继大幅度提高了排污费征收标准，北京市大气污染物征收标准提高到10元/千克，天津市为7.82元/千克，分别是上海标准的8倍和6倍。在征收方式上，北京和天津采取了阶梯式差别收费的方法，对于污染超标排放的企业实行惩罚性的征收标准。

第二，征收范围有限，仅针对规模较大的工业企业征收，而对畜禽养殖业、小型企业和第三产业排污费的征收重视不够，对同样产生大气污染的流动源未纳入征收范围。上海市环保局网站列出的排污费收费企业数量仅53家，年排污费征收总额仅1.2亿元左右。

第三，在使用方式上，本市排污费征集资金绝大部分用于对企业污染治理设施的补贴。但有学者认为，这样的资金使用方式不符合"污染者付费"的原则。对污染企业原本仅征收有限的排污费，还对部分大企业的污染治理进行补贴，这无法将环境保护的成本内部化。发达国家排污税费征集的资金使用用途基本上是纳入国家或地区公共预算，或成立国家及区域环境保护基金，日本还用于对环境污染引起的呼吸疾病的补偿（详见表6）。

表6　部分国家 SO_2 排污税、费的征收标准及用途

国家	征收标准	用途
捷克	许可范围内30美元/吨,超出排放许可的45美元/吨	国家环境保护基金
丹麦	1.6美元/千克	公共预算
爱沙尼亚	许可范围内2美元/吨,超出部分95美元/吨	爱沙尼亚环境基金,国家和州政府各占50%

国家	征收标准	用途
芬兰	每立方米汽油或柴油 30 美元	公共预算
法国	每吨直接排放 30 美元	75% 用于污染物减排,25% 用于研究
匈牙利	2.4 美元/吨	70% 中央环境保护基金;30% 地方政府预算
意大利	每吨直接排放 62 美元	全部用于减少环境影响
日本	—	由环境污染引起的呼吸疾病补偿
立陶宛	46 美元/吨	70% 市政环保基金,30% 公共预算
挪威	燃料油中每 0.25% 的硫含量征收 0.01 美元/升	公共预算
波兰	83 美元/吨	国家、区域及市政环境基金
俄罗斯	许可范围内 1.22 美元/吨,超出许可 6.1 美元/吨	国家和区域环境基金
斯洛文尼亚	33 美元/吨	国家环境基金
西班牙	工业能源产品按 SO_2 和 NOX 排放总量征税,排放量介于 1001～5000 吨,每吨征 35 美元,排放量超过 5000 吨,每吨征 39 美元	区域预算
瑞典	液体燃料每 0.1% 硫含量征税 3.33 美元/立方米,煤和其他固体或气体燃料征税标准为 3.7 美元/立方米	公共预算

资料来源：Robert N. Stavins, Experience with Market-Based Environmental Policy Instruments, Resources for the Future, 2001。

3. 部分市场化政策进展相对滞后

早在 1994 年,《上海市环境保护条例》就提出有偿转让排污指标的设想,2002 年上海市纳入"推动中国二氧化硫排放总量控制及排污交易政策实施的研究项目",浦东新区也成为国家排污权有偿使用和交易试点地区。但直至今天,上海市的排污权交易的试点方案仍未形成,交易仍未开展。

4. 政策对微观主体的环境行为作用有限

驱动市场政策的一大特征是能够有效激发微观主体自组织、自管制能力,从而将环境污染治理的责任和风险下移,形成自上而下与自下而上共同实现环境保护目标的机制。但就现有环境经济政策来看,仍是环境行政管制补充手段,政策着眼点是限制污染源末端污染排放。未能通过有效影响企业成本收益

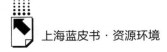
而改造企业环境行为，缺乏通过影响与企业利益相关市场主体从而间接影响企业环境行为的政策工具。因此在现有政策框架下，微观主体自身有意识地主动进行环境保护工作仍是偶发现象，未能形成自下而上的行动触发机制。

三　建立驱动市场的环境保护政策体系的建议

尽管现有的企业主动进行环境管理的案例还较少，本文尝试选取其中典型的案例进行分析，从中遴选驱动市场的环境保护政策的切入点。

（一）企业主动进行环境管理的案例及分析

为激发企业在水资源管理中的主体作用，世界自然基金会（WWF）在全球发起了"企业水管理先锋"（Alliance for Water Stewardship，AWS）项目，旨在鼓励和引导企业通过系统的流程，加强与上下游产业链众多利益相关方的合作，降低企业及所有相关方共同面临的水风险。同时以企业、政府、公众共同参与流域管理的模式实现重点流域的水资源有效管理。

在上海，由WWF、上海市食品学会、光明食品（集团）有限公司、光明乳业股份有限公司以及上海海洋大学、同济大学、上海轻工业研究所有限公司等多方经过多次沟通，形成了首期产学研合作项目"大型乳业全产业链水管理共性技术集成与示范"。光明乳业是其中首家示范企业。

光明乳业是国资控股的股份制上市公司，主要从事乳和乳制品的开发、生产和销售，奶牛和公牛的饲养、培育，物流配送，营养保健食品的开发、生产和销售。基于评估公司水风险与水机遇，履行企业社会责任，提升企业品牌商誉，助力企业实现世界级制造的战略愿景的考虑，光明乳业在行业中率先进行了水管理的实践和探索。

根据WWF制定的水管理标准流程，企业开展AWS项目需要完成六个标准步骤，分别是承诺加入、收集并分析企业水管理相关数据，制定场址的水资源管护规划，实施水资源管护规划，评估规划实施绩效以及披露和沟通水资源相关信息。从2014年初加入AWS项目以来，光明乳业已经对企业产业链全过程水足迹进行了分析，初步评估了牧场和工厂的水风险，并根据水平衡测试结果对新牧场的水管理进行了改进，近期正在开展beta水管理标准测试及后续管理步骤。

通过各项水资源管护标准步骤的实施，光明乳业水管理工作取得了预期中的进展：第一，研究并明确了企业全过程的水足迹。研究发现企业中大型牧场的水足迹略高于中型牧场，相差不大；各主要产品大类中，奶粉的水足迹显著高于鲜奶和酸奶，奶粉的水足迹是鲜奶的 3.33 倍，是酸奶的 3.06 倍。第二，评估了企业主要价值链环节及区域相关的水风险等级。牧场环节企业相关水风险为 3.1，区域相关水风险为 3.4，两者都达到了中等风险的等级；生产加工环节企业相关水风险为 2.6，属于一般风险等级，区域相关水风险为 3.4，达到了中等风险的等级。可见光明乳业牧场环节的水风险相对生产加工环节更为突出。第三，对成熟工厂和牧场进行了水平衡测试。通过水平衡图，已经可以掌握金山牧场所有的用水点和潜在排水点。尽管由于管道埋于地下，用水点无法实现实时监控，但是潜在排水点可以进行水质监控。由此，从 3 月 24 日开始，光明乳业金山牧场对潜在排水点水质进行监测，每两周采样一次。经企业自行监测的数据表明：水质中主要污染物的浓度在不同的温度下具有不同的特征，如随着气温升高，化学需氧量（COD）上升趋势明显，氨氮和总磷基本稳定。光明乳业在武汉光明牧场也进行了水平衡测试，同样也掌握了牧场所有的用水点和排水点，并发现了无偿潜在的用水浪费点，制定相关改进计划。第四，企业水管理工作得到部分改善。如企业在每个生产环节都安装水表，实时监控主要用水点的用水量；引入有机肥生产，减少粪尿排放；鉴于挤奶厅冲洗废水可分为两部分，一部分为挤奶厅设备清洗水，另一部分为挤奶厅和待挤区地面冲洗水，光明乳业使用设备清洗水中水回用，节省挤奶厅冲洗总用水的 1/3。也就是说，一个 3000 头规模的牧场，若中水回用，每天可以节省冲洗用水 30 吨。

对光明乳业进行水管理的案例进行分析可以发现，企业的自主水管理的动力主要来自以下方面。

（1）水敏感行业水风险规避偏好

食品行业由于在生产过程中高度依赖优质水，对其所在地区的水资源状况有非常敏锐的认知，同时也是水耗与污水排放均较高的行业，被称之为"水敏感行业"。水敏感行业是一个地区最先受到水资源总量及水质影响的行业，在流域整体水环境状况的背景下，水敏感行业已经能够感受到对企业本身及供应链产生的真实的水风险，如净化水质的成本上升等。未来随着最严格水资源管理制度实施的深入，水敏感行业还将面临最直接的用水总量控制的风险。而对水资源的良好管理能够减少水风险的威胁。

（2）企业自身提升品牌商誉的动力

就像本文第一部分对信息披露和自愿环境行动的作用机制的阐释，企业的环境友好行为会带来企业与利益相关方关系的改善，包括员工会更加有凝聚力、向心力，消费者会提升对公司产品品牌的忠诚度和偏好等，从而促进企业市场和经济效益的提升。尤其是在中国，环境污染、食品安全成为当下最受关注的社会问题，而乳业及食品行业本身就是这两类社会关注问题的集中代表。光明乳业作为行业中的领先者，其主要产品包括新鲜牛奶、新鲜及常温酸奶、奶酪制品等的市场占有率都居全国首位。2013 年，光明乳业子公司新莱特乳业有限公司正式在新西兰证券交易所主板挂牌交易，是中国海外收购业务中第一个成功推动被收购实体企业在海外资本市场挂牌上市的项目。可以说光明乳业在其市场经营过程中已经取得了令人瞩目的成就，但要在一个水风险较高的地区中的水敏感行业中进一步成长为一个令人尊敬的、国际化经营的大企业，只有直面水资源约束、水环境恶化、食品安全的挑战，通过履行社会责任、改善企业环境行为，真正赢得消费者等利益相关方的信赖，才能进一步提升企业品牌商誉和市场地位，实现世界级制造的战略愿景。

（3）利益相关方的要求

水资源是一种共享资源，对于水资源所面临的挑战，任何水资源使用者都无法仅凭自身力量解决，需要通力合作。首先，非政府组织能够在利益相关方合作中扮演重要的角色。如 WWF 是全球最大的独立性非政府环境保护组织之一，长期致力于环境保护、水资源及生物多样性保护事业。在这个项目中，WWF 不仅牵头组织编写《企业水管理先锋标准》及相关的程序及软件，并通过其影响力推动 AWS 在不同国家的企业和行业中得以实施。同时，AWS 标准本身是由包括全球范围内的众多企业、公共部门及社会机构等在内的多个利益相关方，经过四年的全球水资源圆桌会议协商共同制定的。这个免费的、全球统一的标准指出了如何在不同流域层面管理水资源，达到环境、社会和经济的三方共赢。此外，在该项目中，以上海市食品学会为代表的行业协会也加入进来，共同推动"大型乳业全产业链水管理共性技术集成与示范"合作项目的建立和实施。总之，充分发挥社会参与主体的作用，能够有效地影响和塑造企业环境行为。不仅在上述水资源管理中如此，在其他环境、资源类型的管理中也可推而广之。

（二）建立驱动市场的环境保护政策体系

通过企业水管理案例分析，笔者认为可以根据上述引发企业主动进行环境管理的几个因素，建立驱动市场的环境经济政策体系，以真正影响和改变企业环境行为。第一，通过影响企业经营活动全程的政策组合使资源环境成本、收益完全内部化。第二，通过影响企业市场相关主体的政策间接影响企业环境行为。第三，通过行业组织、非政府组织影响企业环境行为。

1. 通过环境成本内部化影响企业环境行为

这一部分的主要着眼点是通过提高企业必须支付的资源使用和污染物排放的成本使环境外部成本内部化。由于资源环境的成本变得越来越高，企业有更强的经济激励去减少产生污染物质的消费，减少污染排放。

（1）配合国家环境税改革

加强对现行排污费、有偿使用费改环境税，新征排污税、其他税种的相关基础研究工作，研究在现行税收管理体制下将排污税作为地方税种的可行性，深入研究如何根据本市实际设置合理的税目、税率。建议修订消费税税目税率表，并将高耗能、高污染的商品纳入消费税征收范围。选择防治任务重、技术标准成熟的税目开征环境保护税，逐步扩大征收范围[①]。

（2）完善环保收费制度

提高现有污染物种类的收费标准。根据国际经验，排污费收费标准应不低于污染直接治理成本。建议按照这一原则重新调整排污收费标准，可使排污收费制度对排污行为切实起到制约作用，促使排污企业加强污染治理和减少污染物排放，使排污费真正起到激励企业污染减排的作用。

扩大收费污染物的种类。按照"污染者付费"的原则，任何单位或个人，只要向环境排放了污染物，都应缴纳排污费。当前应把握排污收费的全面性，

---

① 环境保护部：《"十二五"全国环境保护法规和环境经济政策建设规划》（环发〔2011〕129号）。

结合污染源普查和日常监察情况，将排污费征收对象由企、事业单位扩大到直接向环境排放污染物的所有排污者，强化六类申报对象（工业园区、电力等重点行业、市控以上的及颁发排污许可证的排污单位、饮用水源保护区内的所有排污单位、重金属排放的单位、废气排放和噪声超标排放的单位）①，扩大排污申报面，进一步强化对新、改、扩项目试生产期间的申报管理，实现即排即报即收。同时，除征收废水、废气排污费外，结合重金属污染防治规划、持久性有机污染物污染防治规划、危险废弃物处置相关规定，研究逐步扩大排污费征收范围的办法②。

（3）配合国家环境价格政策改革和完善

研究基于生态系统服务价值及环境损害成本考虑的资源性产品定价政策、传统能源清洁化电价政策、可再生能源电价政策，资源可再生利用价格政策等，配合国家相关部门完善相关资源环境价格体系。

（4）建立排污权有偿使用和交易制度

在浦东新区排污权有偿使用和交易试点的基础上，近期将排污权交易机制覆盖范围扩大至整个上海，建立起完整的排污权交易制度。根据试点情况，应着重加强以下机制设计的研究和完善：排污权总量上限的确定与区域发展综合规划相匹配；排污权有偿使用定价方法和依据清晰明确；研究制定主要污染物排污权有偿使用和交易指导意见及有关技术指南；排污权有偿使用和交易试点范围应涵盖二氧化硫、氮氧化物、化学需氧量、氨氮四种主要污染物，并研究总氮、总磷、颗粒物纳入排污权交易的可行性。

（5）推广自愿环境协议

自愿环境协议是建立在企业自觉自愿基础上，以契约形式承诺改进环境质量的环境政策工具。自愿环境协议的应用，对于创造更为和谐的柔性化环境管理，提高环境质量具有重要的意义。尽管鼓励企业自愿减排的政府项目在20年前就已经出现，但自愿行动直至20世纪末21世纪初才迅速发展。以美国为例，美国环保署（EPA）一项调查显示，1998~2001年这三年间，联邦层面

---

① 环境保护部：《"十二五"全国环境保护法规和环境经济政策建设规划》（环发〔2011〕129号）。

② 环境保护部：《"十二五"全国环境保护法规和环境经济政策建设规划》（环发〔2011〕129号）。

的自愿项目已经从 28 个上升为 54 个。目前已有超过 7000 个组织参与到 EPA 自愿项目中来。这些参与者涉及了 18 亿加仑的净水、780 万吨的固体废弃物，并减少了相当于 1300 万辆汽车产生的大气污染。同时，EPA 预计这些参与者将节约 33 亿美元成本。

在企业自愿完成减排目标的同时，政府也需要为参与自愿减排协议的企业提供一系列政策支持，以吸引更多的企业参与进来。建议考虑如下政策支持：政府向参与自愿环境协议项目的企业提供技术帮助和信息支持；提供审计和评估政策优惠，包括提供免费审计和评估服务或补贴部分审计和评估的费用的形式加以支持；提供包括补助贷款、财政拨款和补贴等多种形式的财政支持；提供免除法规执行和减免税收的优惠，如签署资源环境协议的企业比其他普通企业更为容易地获得环境许可等；向主动参与自愿环境协议的企业颁发环境保护荣誉标志。

2. 通过市场相关方间接影响企业环境行为

通过对企业市场经营中的利益相关方，包括投资者、客户、供应商、消费者等主体的行为进行规范和引导，从而间接地促进企业环境友好行为的建立。

（1）深化环境金融政策

环境金融政策是通过企业投资者、债权人、第三方金融服务机构出台规范企业环境行为的相关规定和办法，促使企业必须首先优化其环境行为，才能获得进一步发展所需的资金。在我国当前的市场环境下，可以运用多层次的资本市场，包括银行信贷、证券市场、保险机构等，影响企业环境行为。

一是健全环境信贷（绿色信贷）政策。环境信贷是指金融业基于对企业可持续发展的角度，改变以往仅考虑授信对象财务状况作为授信审核的标准，转为审核授信对象是否实施或执行环境友好的措施。通过对授信对象在资金融通中加入环境行为的考察和控制，引导和倒逼企业推行环境友好的行为和决策。目前上海尚未出台环境信贷相关正式的法律法规，金融行业内根据银监会的规定开展了环境信贷的部分工作。建议在全市绿色信贷实践的基础上，加强与环境保护部门、银行监管部门及重点商业银行的沟通和合作，研究制定《上海市环境信贷（绿色信贷）管理办法》。对本市强制实施环境信贷的重点区域、重点行业甚至重点企业做出明确规定，并加强环境信贷信息共享平台建设。

二是推广环境污染责任保险制度。环境污染责任保险是一种将第三方的风险管理与污染源的环境管理相结合的制度，能够通过第三方的风险管理与风险防范服务的实施，促进污染源自身环境风险的管控，从而最大限度地减少重大环境污染事件的产生，体现了第三方机构对污染源环境行为的影响和改造。建议将环境污染责任保险制度纳入上海市环境保护法律法规，确定环境污染责任保险制度的法律地位。在行业选择上以《关于环境污染责任保险工作的指导意见》规定的六大重点领域以及上海市高能耗、高污染、高环境风险行业为重点，区域范围方面将位于饮用水源保护区、环境敏感区的排污企业和污水、垃圾焚烧等企业作为强制性参与环境污染责任险的对象。同时，环境污染责任保险制度的有效运行还有赖于一些基础能力建设的提升，如基本数据库建设、保险公司承保能力、风险评估能力与机制，索赔处理能力等等。

三是细化绿色证券政策。证券市场具有融资功能和资源配置功能，证券监管机构加强对上市企业环境行为的监管，能够促使企业加强环境管理，减少污染物排放。建议上海证券交易所、上海市股权托管交易系统等金融机构配合中国证监会等证券监管机构，规范上市公司环境保护核查和后督察制度，加强对上市公司IPO及再融资募集资金使用的环境影响审查。强化强制性的上市公司环境信息披露机制，虽然上市公司已经陆续通过企业社会责任报告或可持续发展报告披露环境信息，但由于缺少对上市公司环境信息披露内容的细化要求，大部分公司的社会责任报告都披露的是相对值，难以起到公众监督的作用。

（2）健全绿色贸易政策

制定绿色贸易政策的目的是通过对企业产品销售环节施加环境行为控制，助推企业在计划及生产环节实现环境友好。特别是我国长期以来以加工贸易为主的贸易格局是建立在大量消耗自然资源的基础上的，实行绿色贸易政策对于转变贸易增长方式具有重要意义。建议以本市商务行政主管部门为主研究国际贸易对资源环境的相互影响，配合国家相关部门研究出台新的"取消出口退税的商品清单和加工贸易禁止类商品目录"。

（3）加强政府绿色采购制度建设

政府绿色采购制度是各级政府部门作为消费者的角度，对提供产品的企业的环境行为加以约束，优先采购环境友好企业的产品，从而形成良性的引导效应。建议本市继续加强政府绿色采购制度建设，政府绿色采购管理办法，发布并定期更新绿色采购产品名录。此外，将合同能源管理、第三方环境服务列入绿色采购名录中，从而推动节能环保服务业的快速发展。

（4）制定和完善环境保护综合名录

环境保护综合名录在实质上是一个基于信息的政策工具，名录信息向公众发布，引导消费者有意识地选择资源节约环境友好产品，对企业形成倒逼机制。建议严格按照国家"高污染、高环境风险产品名录"等环境保护综合名录进行项目管理，并出台与本市实际相契合的更高标准的"双高"产品名录。建立环境保护综合名录动态管理数据库，为主要职能部门落实节能减排提供环保依据。

3. 通过社会参与主体影响企业环境行为

本部分对非政府组织、行业组织、第三方机构能够就影响企业环境行为所采取的行动进行归纳整理。

（1）资助、组织多样化的自愿环境协议

从美国等发达国家开展自愿环境协议的经验来看，环保组织、行业协会、第三方认证机构都可以合作伙伴或资助者的身份，成为环境自愿协议中的缔约方。如绿色和平组织和雨林联盟发起了一个名为森林管理委员会计划，美国森林和纸业联合会成立了可持续林业倡议，要求参与者采取一系列森林可持续发展的做法。

（2）协同推进环境评估及报告能力建设

环境评估与报告能力是上述多项环境保护政策基础环节，如资源减排协议、环境责任保险等。环保组织、第三方认证机构等组织和机构具有环境保护专业优势，可以在协同参与推进环境评估及报告能力建设，参与组建环境污染损害鉴定评估专业队伍等方面发挥独特优势。

B.4
环境监测体系评价及管理能力提升

刘新宇*

摘　要：　环境监测是整个环境管理体系的基础，环境监测的功能完善是环境管理能力强化的基础。本报告试图通过对上海环境监测现状的分析，判明有哪些问题阻碍其发挥应有的基础功能，据此提出改进上海环境监测工作的对策建议。尽管上海在环境监测体系建设方面已取得较好成绩，但仍有需要完善之处：隶属于环保部门的环境监测机构容易受到行政干预；环保系统监测机构与非官方监测机构、非环保部门监测机构互不统属，不利于最大限度地利用全社会环境监测资源；监测点位设置标准与国际先进理念有差距，未能真实反映对民众健康的影响；环境监测信息公开力度不足，不利于充分挖掘监测数据的科学价值；尚未形成规范第三方环境监测市场的监管体系，未能充分调动第三方环境监测机构的力量。对此，本报告建议：将现有环保部门直属监测机构改制为独立于环保部门，甚至相对独立于同级政府的环境监测主管部门；赋予该环境监测主管部门对辖区内所有环境监测机构的公共管理权；与国际先进理念接轨，以真实反映对民众健康的影响为导向设置监测点位；加大环境监测信息公开力度，以利充分挖掘环境监测信息的科学价值；培育和规范第三方环境监测市场，积极购买第三方环境监测机构的服务。

关键词：　上海　环境监测　环境管理

* 刘新宇，上海社会科学院生态与可持续发展研究所，博士。

　　环境监测是整个环境管理体系的基础，环境监测的功能完善是环境管理能力强化的基础。当前，要应对日益严峻的环境挑战和公众对环境保护越来越高的期望，上海的环境管理能力亟待强化，这就对上海的环境监测工作提出了更高要求。环境监测的作用在于摸清环境问题的"底数"，为环境管理各利益相关方的决策和行动提供科学依据。然而，目前上海不少环境问题的"底数"尚未摸清，甚至有些环境监测数据和民众切身感受有差异，有损于环境监测信息的公信力。本报告试图分析上海环境监测的现状，判明哪些问题阻碍其在环境管理中发挥应有的基础作用，据此提出改进上海环境监测的对策建议。

一　环境监测：基础地位及发挥功能所需条件

　　环境监测是整个环境管理体系的基础，它通过向环境管理的各利益相关方提供准确的环境信息（环境质量信息和污染源信息等），来对其在环境管理中的决策和行动提供科学依据。要让环境监测能够发挥这一功能，就要通过完善制度建设或管理体制、合理设置监测项目和监测点位、加强全过程质量控制等来保证环境监测数据的代表性、完整性、准确性、精密性、可比性。

（一）环境监测的内涵及其应发挥的功能

　　环境监测是由环境监测机构按照相关法规和规定程序的要求，利用化学、物理、生物、遥感等各种科技手段，对环境介质中的各种化学污染物和物理污染、生态系统，以及来自污染源的污染物排放量进行检测，对其现状、趋势和影响作出判断、解释和分析（陈玲，2008）[①]。环境监测是环境管理的基础，其功能就在于通过向环境管理的各利益相关方提供准确的环境信息（环境质量信息和污染源信息等），来对其在环境管理中的决策和行动提供科学依据（如图1所示）。

　　对相关部门而言，环境监测对环境法规、政策、规划、计划的制定和考核、信访、诉讼、应急、执法、排污费征收等都具有支撑作用。只有通过分析一定时期以来积累的、准确的环境监测数据，相关部门才能判明当前面临的主

---

　　① 陈玲：《环境监测》，化学工业出版社，2008。

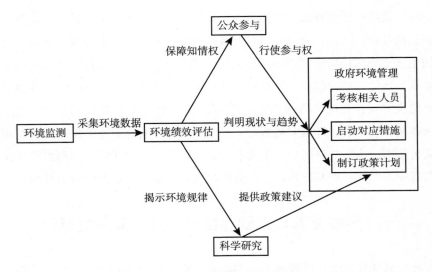

图 1　环境监测在环境管理中的基础功能

要环境问题及其根源，才能据此制定出科学的环保法规、政策、规划和计划。只有基于准确的环境监测数据，才能开展公平公正的环境绩效考核，包括上级对下级的考核、环保行政部门对企业的考核。环境信访投诉和环境诉讼的处理也需要以准确的环境监测数据为依据，才能减少利益相关方之间的争议。此外，污染源监测数据还是排污费征收的依据。

对科学研究而言，若环境科学研究者无法得到完全的、符合实际的监测数据，就很难正确把握环境或生态中的客观规律，用由此形成的研究成果来指导环境管理实践，就会出现较严重偏差。

对公众参与而言，只有向民众全面、诚实地公开环境监测数据，才能保障其知情权，保证其在座谈、听证、诉讼、问卷调查、政策法规公示等环节正确地表达意见、提出诉求。

（二）执行不同功能的环境监测类别

按照所执行监测功能的不同，环境监测可分为以下几类。

其一，环境质量监测。

其二，污染源监督性监测，包括污染源在线监测、针对在线监测数据的监督性监测、针对非在线监测污染源的排污申报复核监测、环境影响评价监测、建设项目污染治理设施验收监测等。

其三，突发环境污染事件应急监测。

其四，其他特定目的的监测，如纠纷仲裁监测、咨询服务监测、科研监测。

（三）环境监测主体的多元性及其统筹利用问题

虽然《全国环境监测管理条例》（1983年）和《环境监测管理办法》（2007年）等法规规定各级环保部门及其直属环境监测机构对一定行政区域内的环境监测行使公共管理权力，承担公共管理责任，包括计划、组织、质量控制以及监测数据的汇总、分析、发布等；但是，这不等于只有环保部门的监测机构才能承担监测任务，我国的环境监测主体是多元的。就官方监测主体而言，环保部门以外的气象、水务、卫生、资源、交通等部门也设有环境监测机构、承担一定监测任务。非官方的监测主体则包括企业、行业、园区等自设的监测机构以及提供专业服务的第三方监测机构。

关键是如何建立一套机制，让这些分属不同系统的多元环境监测主体能相互协作，实现全社会环境监测资源的合理配置与充分利用。

（四）发挥应有功能所需要的条件

环境监测体系只有具备以下若干条件，才能让环境监测数据达到代表性、完整性（有效样本数量足够多）、准确性、精密性、可比性的要求，[1] 发挥环境监测应有的功能。

其一，依靠一套良好的管理体制或制度建设，从根本上全面保证监测数据的代表性、完整性、准确性、精密性、可比性。

其二，依靠合理确定监测点位保证空间上的代表性及可比性。

其三，依靠合理确定采样时间和频率保证时间上的代表性及完整性、可比性。

其四，依靠高素质的监测人员和先进的监测设备、实验室条件保证准确性和精密性（这是监测机构能力建设的一部分）。

其五，依靠全过程的质量控制保证准确性和精密性。

---

① 奚旦立、孙裕生：《环境监测（第四版）》，高等教育出版社，2012。

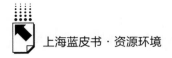

二 上海环境监测体系的现状及存在问题

要让环境监测在环境管理中发挥基础功能，环境监测的管理体制、制度建设、能力建设、质量控制、监测点位设置等都需要满足一定要求或条件。本文试图通过分析上海环境监测体系的现状，判明上海环境监测体系在上述方面存在哪些阻碍其功能发挥的问题。

（一）组织体系

如图 2 所示，在上海形成了以市环境监测中心为核心的环境监测组织体系。上海环境监测中心的最主要职责是计划和组织全市环境监测工作，并对全市环境监测的数据进行质量控制。作为全国环境监测一级站，它上受中国环境监测总站的技术指导，下对各区县环保局提供技术指导。上海市环境监测中心与 17 个区县环境监测站形成了一个二级环境监测网络，覆盖了上海全部市域。对于污染源，上海市环境监测中心和各区县环境监测站实行分级管理，市级重点污染源的废气、废水等污染物的排放监测由市监测中心负责。

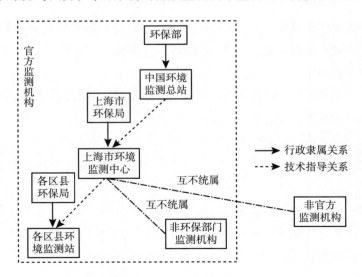

图 2　上海环境监测的组织体系

除了环保系统的监测机构，上海环境监测的组织体系中还包括非官方监测机构和官方监测机构中的非环保部门监测机构。非官方监测机构包括企业、园区自建的监测机构和第三方环境监测机构，其中规模较大、功能较强的有 12 个行业监测站和大型企业监测站①，宝钢、上海石化等大型企业都建有自己的环境监测站。在环保系统以外，气象、水务、卫生、交通等部门也建有官方监测机构；例如，在水环境监测中，河口、支流口、省界的污染物通量以及干流和主要支流的污染物浓度背景值是由水务部门负责监测的②。

就官方监测机构而言，上海环境监测的组织体系已经比较完备，然而，这样的组织体系仍然存在两方面问题。

其一，监督者隶属于被监督者，环境监测容易受到行政干预，而使监测数据失真③。地方政府要对维护和改善辖区内环境质量负责，而环保部门又是其中的直接责任部门。因此，环境监测机构开展的工作在很大程度上是对地方政府尤其是环保部门的环保绩效进行考核与监督。而环境监测机构在行政上隶属于环保部门，就类似于"裁判员"隶属于"运动员"，其环境监测工作很容易受到地方政府或环保部门出于自身利益而施加的行政干预。

其二，环保系统监测机构与非官方监测机构、非环保部门监测机构互不统属，不利于各方协作，最大限度地利用全社会环境监测资源。尽管存在一定合作关系（如上海市环境监测中心与市气象局建立了信息共享和预报会商机制，以及将宝钢、上海石化等大型企业的空气自动监测站纳入全市监测网络），但上海市环境监测中心无权统辖环保系统以外的监测机构，无法充分调动和利用这部分环境监测力量或资源。尽管国务院 1981 年第 27 号文件提出"由环境保护部门牵头，把各有关部门的监测力量组织起来，密切配合"，形成监测网络，1983 年颁布的《全国环境监测管理条例》规定环境监测网中的各成员单位在业务、行政隶属关系不变的情况下互为协作关系，"监测数据、资料、成果均为国家所有，任何个人无权独占"；但在现行行政管理体制下，上海市环境监测中心对环保系统以外的监测机构无约束力，很难落实这些条款。

---

① 王向明、黄文：《上海市环境监测质量管理规划探讨》，《环境监测管理与技术》2010 年第 22 卷第 3 期。

② 奚旦立、孙裕生：《环境监测（第四版）》，高等教育出版社，2012。

③ 刘卫先：《我国现行环境监测体制述评》，《中国环境监测》2009 年第 25 卷第 3 期。

其三，未能充分调动和利用第三方环境监测机构的力量。尽管2014年10月24日举行的国务院常务会议，环保部草拟的《环境监测管理条例》（2009年版，征求意见稿）、《关于做好政府购买环境公共服务的指导意见》（征求意见稿），以及上海市政府2014年10月发布的《关于加快推进本市环境污染第三方治理工作的指导意见》，都提出政府购买第三方环境监测机构的服务，委托其开展监测工作；但到2014年末为止，上海环保部门或官方环境监测机构购买第三方服务的实践仍然很少。

（二）制度建设、能力建设与质量控制

环保部、上海市人大、上海市环保局等为加强环境监测管理出台了一系列法规（包括技术规范），上海市环保局、市环境监测中心在环境监测能力建设与质量控制方面取得了较好成绩，并得到了环保部监测司和中国环境监测总站的认可。但是，上海环境监测的法规和制度体系存在一大缺陷：除了两部规范环境监测上岗人员资质的规章，目前无任何法规对第三方环境监测加以规范。

1. 国家和上海层面为加强环境监测管理出台的法规

环境监测管理是环保部门或受环保部门委托的官方环境监测机构运用科学方法对一定区域、部门或领域的环境监测活动加以计划、组织、指导、协调、监督等，以提高环境监测的质量和效率[①]，最终是为了保证环境监测数据的代表性、完整性、准确性、精密性、可比性。为了对各级环保部门和环境监测机构在环境监测中的责任界定、环境监测点位设置、环境监测机构的建设标准、环境监测质量管理（包括技术规范）、环境监测报告发布和信息公开等作出规定，国家和上海市有关部门出台了一系列法规。1983年，当时的城乡建设环境保护部颁布了《全国环境监测管理条例》。2009年，环保部又发布了《环境监测管理条例》（征求意见稿），相对于1983年的条例，大幅增加了环境监测质量管理和环境监测报告发布、信息公开的内容，允许委托取得环境监测资质的非官方检测机构承担环境质量和污染源监测任务并对其资质管理作出规定，删去了因经济发展和通货膨胀而变得不合理的经费标准规定，并且为适应机构变迁（如城乡建设环境保护部、省级城乡建设环境保护厅已不复存在）对条

---

① 吴邦灿等：《环境监测质量管理》，中国环境科学出版社，2011。

例内容作了相应调整。环保部在 2009 年发布《环境监测管理条例》（征求意见稿）之前，为应对 1983 年版条例中的主管机构设置已发生变化、经费标准落后于时代等问题，于 2007 年颁布了《环境监测管理办法》，但除此之外，该办法的主要精神与 1983 年版条例并无二致，未对环境监测质量管理、环境监测报告发布和信息公开等做出较详细规定，未涉及第三方环境监测。

此外，环保部或原环保总局还颁布了《环境监测报告制度》（1996 年）、《污染源监测管理办法》（1999 年）、《污染源自动监控管理办法》（2005 年）、《环境监测技术路线》（2006 年）、《环境监测人员持证上岗考核制度》（2006 年）、《环境监测质量管理规定》（2006 年）、《全国环境监测站建设标准》（2007 年）、《全国环境监测站建设补充标准》（2007）、《污染源自动监控设施运行管理办法》（2008 年）、《环境监测质量管理技术导则》（2011 年）等规章制度，以及大气、水环境、土壤、噪声、辐射等领域的监测技术路线和监测方法标准。

在上海市层面，《上海市环境保护条例》（2005 年）对环境监测作了若干原则性规定，如："市环保局应当根据国家环境监测技术要求，统一组织编制本市环境监测技术规范。环境监测专业机构应当根据国家和本市环境监测技术规范开展环境监测，保证监测数据的准确性，并对监测数据和监测结论负责"，要求"逐步推进排污单位污染物排放的在线监测"，并对环境监测专业机构数据失真或故意弄虚作假的行为设置了处罚条款。该条例对环境监测（数据）质量的管理并未做出具体规定。该条例并未禁止或限制非官方机构开展第三方环境监测，但是也没有规范第三方环境监测的条文。只是在第三十二条规定："对污染物排放未实行在线监测或者在线监测未包含的污染物，排污单位应当按照市环保局的规定，定期进行环境监测，并向环保部门报告监测情况"；"环保部门设立的环境监测机构不得接受本行政区域内排污单位的委托，提供与前款规定的环境监测报告有关的监测服务"。该条款为第三方环境监测机构向排污单位提供污染源监测服务打开了市场。

在官方环境监测机构的能力建设和监测行为技术规范方面，上海市环保局、市环境监测中心遵循环保部所颁布的监测站建设标准、监测行为技术路线和方法标准，在地方层面建立了若干操作性的规章制度。如 2007 年，上海市环保局发布了《上海市区县环境监测站能力建设标准》和《上海市区县环境监测站建设和达标验收实施方案》，2009年3月开始实施《上海市环境监测技术人员持证上岗考核实施细则》。根据上海市标准化工作联席会议办公室出台的《上海市环境保护标准化行动计划（2008~2010年)》，市环保局牵头，市质量技监局、市水务局等部门和单位合作研究和拟定了"VOCs监测采样分析方法""苯胺类化合物的测定（气相色谱－质谱法)""挥发性有机物采样系统（VOST）吸附柱解析物分析""化学需氧量在线监测方法""水质－阿特拉津除草剂的测定（高效液相色谱法)""土壤、沉积物－有机物的提取（超声波提取法)"等技术标准。

在环保部和上海市环保局的努力下，国家和上海市环境监测管理的法规和制度日趋完备，这些法规和制度对环保系统以外的监测机构也有一定约束力。如宝钢等企业监测站的人员也要通过上海市环境监测技术人员持证上岗考核。对第三方环境监测而言，虽然，环保部《环境监测管理条例》（征求意见稿）和《上海市环境保护条例》都为引入第三方环境监测留下了空间，环保部《关于做好政府购买环境公共服务的指导意见》（征求意见稿）和上海市政府《关于加快推进本市环境污染第三方治理工作的指导意见》等政府文件也提到要促进第三方环境监测的发展，但目前，除了环保部《环境监测人员持证上岗考核制度》《上海市环境监测技术人员持证上岗考核实施细则》等法规规范相关执业人员资质外，并无一部法规对第三方环境监测市场加以规范。我国曾经出台《环境污染治理设施运营资质许可管理办法》，其中包括规范自动连续监测资质的条款，但2014年7月已废止。

2. 能力建设

上海市环保系统的监测机构连续实施《上海市环境保护标准化行动计划（2008~2010)》、环保部《环境监测质量管理三年行动计划（2009~2011)》、《上海市环境监测"十二五"规划》、《加强本市环境监测应急能力实施方案》，在完善管理体制、加强人才培养、购置先进设备等方面加强能力建设，取得了较大进步、较好成绩。到2014年，上海环保系统的环境监测机构已经完成《上海市环境监测"十二五"规划》中饮用水源地水质自动站建设、重点工业区环境空气自动监测网络建设、崇明岛生态环境质量预警监测体系建设、区县环境监测站标准化建设、应急监测车辆及车载式应急监测仪器设备购置、无组织排放监测仪器设备购置等重点任务。

上海在环境监测能力建设中的成绩得到了环保部和中国环境监测总站的认可。2014年4月，上海市环境监测系统标准化建设通过了环境保护部监测司、中国环境监测总站等机构组织的整体验收。以上机构组成的验收组认为：上海市环境监测系统监测能力整体水平较高，在空气质量预报、源解析监测研究、重点产业园区自动监控预警、轨道交通结构噪声和振动监测、实验室信息管理等方面居国内先进水平。上海市环境监测中心也获得了国家有关机构授予的高等级专业资质，包括国家级实验室资质认定（计量认证）证书和中国合格评定国家实验室认可证书，即认证认可"二合一"资质，并以97.5分的高分，通过了上述部门组织的国家东部地区一级站验收。

此外，上海市环保局、市环境监测中心重视加强区县环境监测站的能力建设。2007年，市环保局出台《上海市区县环境监测站能力建设标准》和《上海市区县环境监测站建设和达标验收实施方案》。根据这些规章，上海市环境监测机构在"十二五"期间对区县环境监测站对人员编制与结构、监测经费与用房、仪器设备、监测能力和业务水平、内部管理等五方面开展达标验收；到2014年，17个区县环境监测站的"双达标"（同时达到环保部《全国环境监测站建设标准》、《全国环境监测站建设补充标准》和《上海市区县环境监测站能力建设标准》）验收全部完成。

3. 质量控制

上海市环境监测中心根据《全国环境监测管理条例》（1983年）、《环境监测管理办法》（2007年）、《环境监测质量管理规定》（2006年）和《环境监测质量管理技术导则》（2011年）等国家层面规章的要求，配合上海市质量技术监督局或单独对下属官方监测机构以及纳入上海环境监测网络的行业、企业、园区监测机构的环境监测（数据）进行质量检查和比对考核[1]，以保证监测数据达到前文提到的准确性、精密性、完整性、代表性、可比性要求。

在组织上，上海市环境监测中心设立专门的质量管理科，全面负责上海环境监测体系的质量控制工作。其主要任务包括：①制订全市环境监测质量管理的发展规划和年度计划，并组织、督促其实施。②编制上海环境监测数据有效

---

[1]　王向明、黄文：《上海市环境监测质量管理规划探讨》，《环境监测管理与技术》2010年第3期。

性审核的技术规范文件，如《上海市水污染源在线监测数据有效性判别技术规范（试行）》。③对于各区县环境监测站以及纳入全市环境监测网络的企业监测点（如宝钢、上海石化），提供质量管理方面的技术指导。④对于环境监测工作人员，组织技术培训并加以考核、颁发上岗证。⑤开展具体的环境监测数据验证工作，包括监督性监测和有效性审核，尤其是对企业在线监测数据的监督性监测和有效性审核。如上海市环境监测中心根据环保部有关规定，按10%的比例对区县实施的污染源在线监测系统进行质控抽测，每月开展现场抽测、比对监测等工作，全年要组织20余次实验室间比对活动，规范污染源自动监测设备维护的第三方管理，确保设备正常运行。此外，市环境监测中心还组织区县环境监测站开展环境监测质量交叉检查。

（三）监测领域和监测点位设置

上海环境监测机构根据国家相关技术标准或规范布置监测点位、覆盖全市，对上海的水质和水污染源、空气质量和大气污染源、生态系统、农村环境和土壤、声环境和辐射等进行监测，以全面而准确地掌握全市环境状况。但是，上海相关监测点位的设置和国际先进做法仍有差距，导致在许多时候监测结果和民众切身感受有差异，有损于环境监测信息的公信力。

1. 水质和水污染源

在水质监测方面，上海现有市控地表水常规监测断面/测点159个（见图3），分布在长江口、黄浦江、苏州河、蕴藻浜、淀浦河、淀山湖、集中式水源地、省界来水断面等重要点位。部分点位的水质监测已经实现了自动化，上海市环境监测中心在黄浦江上游建有松浦大桥、大泖港2个市级自动监测站，环保部在东太湖下泄通道急水港设置了国控自动监测站，部分区县还在水源地和主要入境断面建有区级自动监测站。在自动监测站以外，手动监测点位一般每月监测1次。

而且，近年来上海市的水质监测工作从地表水向地下水延伸，目前已完成对浦东、虹口、杨浦、宝山、闵行、崇明等区县加油站以及上海市化学工业区等重点工业区的监测点位现场踏勘工作，先期开展了上海市固体废物处置中心及周边地下水的监测工作。

在水污染源方面，上海市环境监测中心对100多家市级以上重点监控企

图 3　上海市地表水水质监测断面分布

资料来源：《2013 年上海市环境质量报告书》。

业——包括 46 家废水国家重点监控企业和 46 家国家重点监控污水处理厂——进行在线监测，同时组织区县环境监测站对其他 2000 多家企业直接排放河道的废水进行排污申报复核监测和不定期抽样监测，采用手工采样、实验室分析的方法。

2. 空气质量和大气污染源

在空气质量监测方面，上海市的监测系统由连续自动监测和连续采样实验室分析（化学法）两部分组成，覆盖全市所有区（县）。鉴于上海市较高的空气质量监测能力，以及上海本身的中心地位，长三角区域空气质量预报预警中心落户上海。

上海空气质量连续自动监测系统主要包括 57 个自动监测站和 1 个数据处理中心，除了市财政投资建设的自动监测站，还将宝钢、上海石化等大型企业已建空气自动监测站纳入全市监测网络（见图 4）。其中，10 个自动监测站为环境空气质量国控点（含清洁对照点 1 个），这些国控点分别布设在大中型工业区、小工业集中地、城区居民区、文教区、商业和交通繁忙区、混合区等处，其监测结果反映不同功能区的空气环境质量。余下 47 个环境空气质量自动监测站中，有 39 个是市控自动监测站。这 57 个自动监测站的常规监测项目包括二氧化硫、二氧化氮、可吸入颗粒物（PM10）、一氧化碳和臭氧等，其中大部分自动监测站具备监测细颗粒物（PM2.5）功能。自动监测站的监测频率为每小时 1 次，全年累计监测总时数在 8000 小时以上。

就连续采样（手动）监测点而言，上海布设总悬浮颗粒物监测点 23 个（其中 20 个监测点加测铅），降尘监测点 271 个，降水监测点 22 个（其中 4 个为国控点），此外，还有硫酸盐化速率、氟化物和可燃物监测点各 39 个。在手动监测点，除了降水是逢雨必测，其他监测项目每个月监测 1~2 次。

在空气质量监测点位的布局中，上海市环境监测中心注意应对近年来有所升级的、围绕大气污染的厂群矛盾。目前，已建成"8+2"重点工业区（8 个大型产业园区和 2 个厂群矛盾较突出的工业区，包括高化、宝钢、上海石化、金山二工区、上海化工区、化工区奉贤分区、吴泾、吴淞、星火、老港）空气特征污染监测网络建设，按照兼顾厂区监控点、边界监控点和敏感监测点的要求配置监测网络。而且，"8+2"重点工业区的空气质量监测网络具有超标报警功能。

在大气污染源监测方面，上海市环境监测中心已经在 32 家废气国家重点监控企业等处布设了在线监测装置；而大多数污染企业则需要每年根据《环境统计报表制度》和《环境统计技术要求》等，向市或区县环保部门提交大

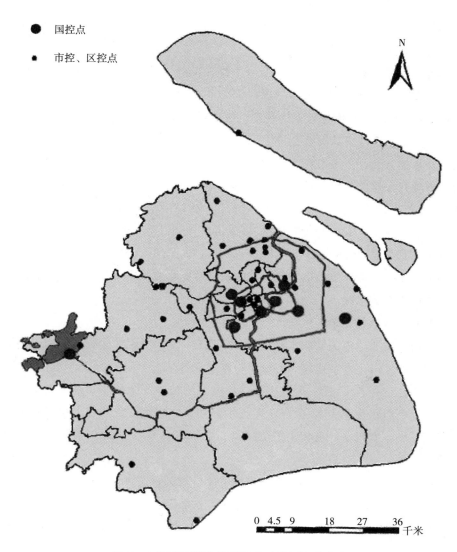

图4 上海市环境空气质量自动监测点位分布

资料来源：《2013年上海市环境质量报告书》。

气和水污染物年度排放数据，并由上海市环境监测中心或区县环境监测站进行
排污申报复核监测。

建筑工地是 PM2.5、PM10 等污染物的主要来源之一，为了掌握建筑工地
粉尘排放情况，上海市环境监测机构在全市 34 个工地试点建立建设工程污染

在线监控系统，以反映其扬尘污染管理水平。

3. 生态系统

上海市环境监测中心每年根据当年环保部的《全国生态环境监测工作计划》的要求，依照《生态环境状况评价技术规范（试行）》（HJ/T 192 - 2006）等技术标准，以 TM 影像数据为基础，通过对土地利用类型进行遥感分析，对上海市进行生态环境状况综合评价。

在水体方面，上海市环境监测机构常年开展苏州河生态恢复监测（7 个断面，各项目每年监测 3 次）、黄浦江水质致突变性监测（3 个断面，每年监测 6 次）、淀山湖富营养化监测（13 个点位，每年 12 次）以及长江口南岸（4 个断面，每年 1 次）和杭州湾北岸（3 个断面，每年 1 次）滩涂生物学监测。不同点位生物学监测针对的主要问题各有侧重，如黄浦江松浦大桥水质致突变性监测主要是为了保障水源地安全，淀山湖富营养化监测主要是为了掌握该水体受生活污水影响状况。

4. 农村环境和土壤

农村环境质量事关饮用水安全和食品安全。为了及时、全面掌握农村环境质量现状，上海市环境监测中心每年根据《全国农村环境监测工作指导意见》等的要求，选择若干（5～6 个）区县环境监测站，合作开展农村环境质量监测工作。一般选择 10～12 个村庄实施水源地、地表水、空气和土壤等要素的监测；其中，农村水环境和土壤监测点一般各 10～12 个，大气监测点一般有 5～6 个。

在土壤方面，上海市环境监测机构每年进行例行监测，而农用地专项监测以及高桥石化、上海化工区、金山二工区、桃浦工业区等高污染区域监测是其中的重点工作。

5. 声环境和辐射

在噪声污染方面，上海声环境质量监测点覆盖 17 个区（县）约 1000 平方千米的建成区面积，其监测点位包括 249 个区域环境噪声监测点位、199 个道路交通噪声监测点位和 56 个功能区噪声监测点位，其监测频率均为每季度 1 次；另有 70 个道路交通噪声禁鸣市控点位，监测机动车与非机动车的车流量与鸣号比例，每月监测 2 次。

在辐射污染方面，上海市环境监测机构根据《全国辐射环境监测方案

（暂行）》和《辐射环境监测技术规范》（HJ/T 61 - 2001）等的要求，对空气中的 γ 射线、水汽中的氚、气溶胶和沉降物中的 α 和 β 射线以及水和土壤中的铀等放射性物质进行监测。①

6. 监测点位设置与国际先进做法有差距

上海市的监测点位设置符合国家相关标准，但是和国际先进做法有差距，导致和民众切身感受有差异；这说明我国监测点位的设置标准或理念和国际先进理念有差距。

以环境空气质量监测为例，根据《环境空气质量监测点位布设技术规范（试行）》（2013 年），上海每 50 ~ 60 平方千米建成区应设一个环境空气质量评价城市点，以上海的建成区面积，即使按每 50 平方千米设一个计算，设置 31 ~ 32 个环境空气质量评价城市点就达到要求了。而根据《2013 年上海环境质量报告书》，上海纳入分区环境空气质量评价的自动监测站就有约 40 个。而且，其采样口的设置——包括采样口高度、离建筑物墙面、屋顶距离等指标也都符合《环境空气质量监测点位布设技术规范（试行）》。然而，即便如此，上海环境空气质量的监测结果有时与民众切身感受仍有差异；这是因为我国环境空气质量监测点位设置标准和国际先进理念有差距，没有做到以对民众健康影响为导向设置监测点。

本文就我国环境空气质量监测点位设置标准和纽约市"社区空气质量普查"（Community Air Survey）中的做法作了比较，后者遵循以对民众健康影响为导向的理念，在对人体健康有直接影响的地方布设点位和采样口。就采样口高度而言，我国相关标准规定，手工采样的采样口离地面高度应在 1.5 ~ 15 米范围内，自动采样的采样口或监测光束离地面高度应在 3 ~ 20 米范围内，若所选监测点位周围 300 ~ 500 米范围内建筑物平均高度在 25 米以上，采样口高度可以在 20 ~ 30 米范围内选取。而根据饶鹏辉和吴大卫于 2013 年的研究，离地面 15 米处的环境空气中污染物浓度要比离地面 1.5 米处减少 25% ~ 44%②。在现行国内标准下，监测机构完全可以通过将采样口布设在高处，而人为地使

---

① 上海市各领域环境监测点位布点及监测频率等信息来自《2013 年上海环境质量报告书》和上海市环境监测中心网站。

② 饶鹏辉、吴大卫：《机动车尾气污染分布规律调查》，《资源节约与环保》2013 年第 5 期。

监测结果变得更好。可是，真正让民众感受到的、对民众健康有直接影响的环境空气是在近地面处，在高处采样获得的监测结果自然和民众切身感受有差异。而在纽约市"社区空气质量普查"中，采样口被设置在离地面 3 ~ 3.6 米处，这一高度更能反映行人感知到的空气质量。就采样口离交通线距离而言，我国《环境空气质量监测点位布设技术规范（试行）》要求采样口偏离交通线一定距离，以避免车辆尾气对监测结果的干扰。但是，直接让民众感受到、直接影响其健康的环境空气恰恰在其出行会经过的交通线附近。而在纽约市"社区空气质量普查"中，一部分监测点被布设在公交车站、轮渡口、交通要道交叉口，以真实反映民众在通勤或出行时遭受的空气污染。而且，就监测点位密度而言，纽约市"社区空气质量普查"更加精细化，在社区或街区层面布设监测点，在该市 789 平方千米陆域上共设 150 个点位[1]。

（四）环境监测信息公开

上海市环保部门已经在环境监测信息公开方面做了大量工作，但是和国际先进做法相比信息公开力度仍显不足，除了不利于公众监督外，更不利于科研机构对环境监测信息科学价值的发掘。

1. 通过四大主要渠道发布监测信息和预报信息

目前，上海市环保部门通过四大主要渠道发布环境监测信息和预报信息。

其一，通过每年的"环境状况公报"发布水环境质量、环境空气质量、声环境质量、辐射环境质量等方面主要监测项目及其合成指数的信息，该报告可从"上海环境热线"等网站查阅。

其二，在"上海环境"网站（上海市环保局官网）上设置"污染源环境监管信息公开"栏目，可进入（上海市重点监控）"企业自行监测信息发布"或"监督性监测信息发布"界面。

其三，在上海市环境监测中心网站、"上海环境热线"和"上海环境"（上海市环保局官网）等网站上发布空气质量实时和预报信息。

其四，利用新媒体向市民发布空气质量实时和预报信息，主要是新浪、

---

① 纽约市"社区空气质量普查"相关信息来自其官方网站，http：//www. nyc. gov/html/doh/html/environmental/community – air – survey. shtml。

腾讯、新民、东方四大网站上的"上海环境"政务微博和"上海空气质量"手机应用（App）。对于那些不善于使用网络和新媒体的市民（如老年人），地铁和公交车上的移动电视也是一条发布上海空气质量实时和预报信息的重要渠道。

2. 信息开放力度不足，对监测数据科学价值的挖掘不足

和国际先进做法相比，上海环境监测信息的公开力度仍显不足，不仅不利于公众监督，而且不利于科研机构挖掘监测信息的科学价值。

上海环境监测数据中的相当大一部分尚未公开，如生态环境遥感分析数据、农村和土壤环境监测数据、大气环境中的氮氧化物排放数据等。有些数据虽公开，但不够详尽或具体。如水环境中未公开各断面的水质综合污染指数和主要污染物超标倍数（个别断面以图形形式公开水质污染综合指数，但不公开数据），大气环境中公开了二氧化硫排放量，但未公开脱硫率（脱硫量）、脱硫装置数等更具体数据。还有些数据虽公开，但公众不容易找到接入端口或链接。如"上海环境"网站（上海市环保局官网）上就无法找到"污染源环境监管信息公开"栏目的接入端口，民众一般只有通过网络搜索引擎才能找到这个栏目。

环境监测信息公开力度不足，不利于公众了解当下环境保护的现状及问题所在，其参与必然是盲目的、低效的。更重要的是，不利于科研机构挖掘环境监测数据的科学价值，利用这些数据研究关于污染物产生、转移、变化及对人体健康、生态系统影响等的规律来指导环境管理实践。

纽约市的环境监测信息公开力度和利用环境监测信息展开的科学研究值得上海借鉴。如在纽约市环保局空气质量监测网页上公布的"北河"（North River）硫化氢监测报告中，将每一个监测点的原始数据全部附上[①]。纽约市"社区空气质量普查"是由纽约市卫生局和纽约市立大学皇后学院合作的，从2008年启动至今，已经根据监测结果发表了6本综合报告、8份专题报告、6篇期刊论文[②]。

---

① 纽约市环保局网站空气质量监测网页，http：//www. nyc. gov/html/dep/html/air _ pollution_ monitoring. shtml。
② 纽约市"社区空气质量普查"官方网站，http：//www. nyc. gov/html/doh/html/environmental/ community – air – survey. shtml。

（五）第三方环境监测市场

随着环境监测任务量越来越繁重，将来大量监测任务需要由第三方环境监测机构来承担，在这方面，上海已经作了一些探索。但是，目前尚未建立起规范第三方监测机构的监管体系，而且存在环保系统监测机构既当"裁判员"，又当"运动员"的问题。

近年来，随着一些新的环境热点、难点问题出现，亟需加大监测工作力度，解决此类问题"底数不清、机理不明"的问题。然而，环境监测任务量的增长和事业单位编制刚性之间构成一对矛盾，将来更多监测任务需要由第三方监测机构来承担。例如，上海市环境监测中心正在开展采样时间为 2012～2013 年、2013～2014 年的 PM2.5 "源解析" 研究，这是一项非常繁重的工作。监测工作就至少要持续一年，还有大量后续的实验分析、模型演算工作要做。在采样工作中，污染源分类要非常细致，饭店当中中餐馆和西餐馆，中餐馆中本帮菜和其他菜系，汽车、船舶等移动源中不同车（船）型、车（船）龄、吨位、控制技术的排污系数都不同。在"源解析"工作完成后，将来还要开展 PM2.5 污染源的常规监测，监测对象包括电厂锅炉、工业锅炉、工业窑炉、工艺过程等点源，机动车、船舶、火车、飞机、非道路用机械设备等移动源，扬尘、植被、生活民用、农业等面源。这些工作都是非常繁重的，需要环境监测机构投入更多人力去完成。然而，作为事业单位，环保系统监测机构的编制是刚性的，无法根据监测需求量或任务量的上升及时增加工作人员数量，导致这些机构在人力上捉襟见肘、不堪重负[①]。在这种情况下，未来上海有大量监测任务需要外包给第三方监测机构承担。

上海已经在引入第三方环境监测机构方面作了一些探索。企业购买第三方环境监测的市场早已开放，近年来，国务院、环保部、上海市政府对包括第三方环境监测在内的环境污染第三方治理越来越重视。2014 年 10 月 24 日举行的国务院常务会议要求"推行环境污染第三方治理，推进政府向社会购买环境监测服务"。在 2014 年，环保部正在草拟《关于做好政府购买环境公共服务

---

① 赵岑、陈传忠：《影响我国环境监测系统效能的问题及建议》，《中国环境监测》2013 年第 29 卷第 6 期。

的指导意见》，并向各方征求意见。上海市政府于 2014 年 10 月发布了《关于加快推进本市环境污染第三方治理工作的指导意见》，提出"探索推进污染治理设施竣工验收第三方监测评估和污染源监督监测、污染源自动连续监测的政府购买服务"。

但是，目前尚未建立起规范第三方环境监测市场的监管体系，而且存在环保系统监测机构既当"裁判员"，又当"运动员"的问题。从《环境保护法》到《上海市环境保护条例》，从 1983 年的《全国环境监测管理条例》到 2007 年的《环境监测管理办法》再到环保部正在草拟的《环境监测管理条例》（征求意见稿）都没有禁止或限制第三方机构承担监测任务。其中的有些条款还为第三方环境监测打开市场，如《上海市环境保护条例》第三十二条规定，"对污染物排放未实行在线监测或者在线监测未包含的污染物，排污单位应当按照市环保局的规定，定期进行环境监测，并向环保部门报告监测情况"；"环保部门设立的环境监测机构不得接受本行政区域内排污单位的委托，提供与前款规定的环境监测报告有关的监测服务"，这有利于第三方环境监测机构进入为排污单位提供污染源监测服务的市场。根据《环境监测管理条例》（征求意见稿），第三方机构可以参与环境监测，但不得未经批准发布环境监测信息（见该条例第八十一条）。虽然现有相关法规没有禁止或限制第三方机构承担监测任务，但是，除了环保部《环境监测人员持证上岗考核制度》、《上海市环境监测技术人员持证上岗考核实施细则》等法规规范相关执业人员资质外，迄今国家或上海市并未出台一部法规或规章制度对第三方环境监测市场加以规范。

而且，目前环保系统监测机构也在承担受企业委托的监测业务，如排污申报复核监测、环境影响评价监测、建设项目污染治理设施验收监测、安全优质农产品产地环境监测、环保产品环保指标监测、室内环境检测。将来在第三方环境监测市场发展起来后，由环保系统监测机构对第三方监测机构进行监管，必然会形成前者既当"裁判员"，又当"运动员"的问题。

三 改进环境监测的对策建议

针对上海环境监测中存在的问题，提出以下若干建议，希望借此规避环境

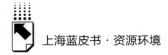

监测可能受到的行政干预，充分调动和利用全社会的环境监测资源来摸清环境问题"底数"，让环境监测结果更贴近民众切身感受、更好地反映对民众健康的影响，最大限度挖掘环境监测结果的科学价值。

（一）将环保部门直属监测站改制为独立的环境监测主管部门

为了尽可能减少环境监测受行政干预的可能性，建议将原环保部门直属的环境监测站从中剥离出来，改制为独立的、一定行政区域的环境监测主管部门；不仅独立于环保部门，而且相对独立于地方政府。

关于新的环境监测主管部门的行政隶属关系如何安排，可以有两种选择：第一种可能是实行垂直管理，即下级环境监测主管部门在行政上隶属于上级环境监测主管部门，最终隶属于中国环境监测总站[1]。但如果过多的行政事务实行垂直管理，就会造成中央政府权力过度集中、负担过重等负面效果。另一种可能更好的选择是，让环境监测主管部门直属于各级政府，但对于同级政府又具有相对独立性，在很多情况下可以直接向同级人大汇报工作，如审计署（厅、局）。

上述环保部门直属监测站的改制方案有利于规避对环境监测的行政干预，为进一步防止环境监测数据因人为干预而失真的现象，建议加大对环境监测弄虚作假的惩罚力度，严重者应追究相关人员刑事责任，而不是像《上海市环境保护条例》规定的那样仅仅对机构罚款 5 万 ~ 20 万元。

（二）赋予环境监测主管部门对辖区内所有环境监测机构的公共管理权

对于新的环境监测主管部门，建议立法赋予其对辖区内所有环境监测机构的公共管理权，其公共管理权力和责任应当包括（但不限于）以下几个主要方面。

第一，计划和组织辖区内的环境监测工作。

第二，汇总辖区内所有环境监测机构的监测数据。建议规定包括非环保部

---

[1]　李世龙、田贻燕：《当前地方环境监测工作面临的困境及其改善》，《科学咨询》2014 年第 20 期。

门监测机构，企业、行业、园区监测机构以及第三方监测机构的监测数据都要上报给环境监测主管部门，该部门就可充分利用辖区内所有的环境监测资源和监测信息。

第三，对辖区内所有环境监测机构——包括非环保部门监测机构，企业、行业、园区监测机构以及第三方监测机构——进行质量控制。

第四，规范第三方环境监测市场。

改制后，环境监测主管部门和环境监测体系中其他主体的关系如图5所示。

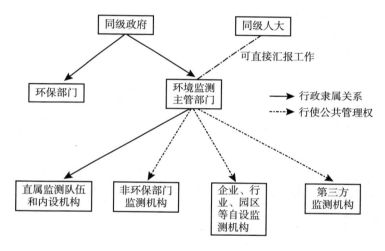

图5　改制后环境监测体系各主体关系

（三）监测点位设置标准与国际先进做法接轨，以健康影响为导向

建议和国际先进做法（如前述纽约市"社区空气质量普查"）接轨，调整我国环境监测点位设置标准的设计理念，修改我国相关标准，以能够真实反映对民众健康的影响为导向设置监测点位。如环境空气质量监测点位就应该设置在近地面处、近交通干线处，并提高监测点位密度，在社区或街区层面设置点位。

（四）加大监测信息公开力度，让更多科研机构挖掘其科学价值

建议上海市人大或政府出台法规，规定凡是不存在国家安全、国防设

施、商业机密等保密需求的环境监测数据，包括从监测点位（断面）获得的原始数据，应一律向社会公开。建议将经整理的环境监测数据传输、集中到某一数据库，并允许民众在不需要账号和密码的情况下进入数据库查询数据。而且，要在"上海环境"（上海市环保局官网）、"上海环境热线"和上海市环境监测中心等网站主页上设置容易让民众找到的接入端口或链接。

环境监测数据向社会全面开放后，其科学价值就能被充分挖掘出来、利用起来。环保部门的人手有限，其中专职的科研人员更少，很难对环境监测数据进行大量、深入、专业的分析。这些数据向社会全面开放后，就会有为数众多的大学、科研院所对其加以专业分析，从不同方面揭示出关于污染产生、转移、变化及对人体健康、生态系统影响的客观规律，以更好地指导环境管理实践。

对于一般民众而言，获得更为充分的环境监测信息，有助于减少其在参与环境治理中的盲目性，提高理性参与的水平。例如，在政策、法规、规划的公示环节或听证会中，提出质量更高的政策建议。

其实，对公众开放环境监测数据是一种"末端"的信息公开，而国际先进做法是在监测计划制定环节就向公众公开信息。美国各州环保局每年都向联邦环保署提交年度监测计划，在提交之前必须至少公示 30 天，公众可在公示期间对监测计划提出意见和建议。此外，美国在环境监测质量控制方面对公众开展宣传和教育，以充分发动公众对环境监测质量加以监督①。

（五）培育、规范和利用第三方环境监测市场

要解决监测任务量不断增长与官方监测机构编制刚性之间的矛盾，有两种方法可供选择，一是增加自动化监测设备，包括增设水环境质量和环境空气质量自动监测站，在企业中推广污染源在线监测装置，二是培育和规范第三方环境监测市场，积极购买第三方环境监测机构的服务。具体而言，上海市有关部门可以从以下几方面着手开展这一工作。

---

① 李培、陆轶青、杜譞、李健军：《美国空气质量监测的经验与启示》，《中国环境监测》2013 年第 29 卷第 6 期。

其一，建立健全第三方环境监测机构的资质认证体系，在管理体系、人员素质、设备配置等方面设定合理标准，构建准入制度和分级制度。

其二，建立健全第三方环境监测机构的诚信管理体系，构建征信系统，并与第三方环境监测机构的执业资格和资质等级挂钩，还可与全国企业征信系统、中国人民银行征信系统等联网。可组建第三方环境监测机构的行业协会，将这一市场的征信系统交由行业协会运行，以发挥其行业自律作用。

其三，在全国统一的环境监测点位设置和样本采集、分析技术标准基础上，针对包括第三方监测机构在内的辖区内所有监测机构，制定和完善环境监测设备安装、验收和运行管理以及监测数据报告和传输的技术规范①。

其四，加强对第三方环境监测机构监测行为的质量控制，如每月开展现场抽测、比对监测等工作。

其五，政府向第三方环境监测机构购买监测服务，既为官方监测机构减轻负担，也为第三方监测机构提供扩展业务、积累经验和资金的机会。如美国部分州环保局的环境分析实验室主要负责质量管理，大量采样和分析工作以合同方式委托给"合同实验室"，而这些"合同实验室"都经过美国环保署的资质认证②。

其六，处理好环境监测主管部门和第三方环境监测机构的关系。环境监测主管部门对第三方环境监测机构行使公共管理权，包括资质管理、诚信管理、标准和技术规范设定、质量控制等。为防止环境监测主管部门"既当裁判员，又当运动员"，建议规定该部门直属监测队伍不可承担受企业委托的环境监测业务，其中原先承担此类业务的人员和资产可剥离出去，成为市场化运营的国有企业。

参考文献

陈玲：《环境监测》，化学工业出版社，2008。

---

① 王秀琴、陈传忠、赵岑：《关于加强环境监测顶层设计的思考》，《中国环境监测》2014 年第 30 卷第 1 期。
② 柏仇勇、胡冠九、袁力：《创新我国环境监测质量管理体系初探》，《中国环境监测》2008年第 24 卷第 4 期。

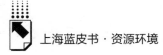

奚旦立、孙裕生：《环境监测（第四版）》，高等教育出版社，2012。

吴邦灿等：《环境监测质量管理》，中国环境科学出版社，2011。

王向明、黄文：《上海市环境监测质量管理规划探讨》，《环境监测管理与技术》2010 年第 22 卷第 3 期。

刘卫先：《我国现行环境监测体制述评》，《中国环境监测》2009 年第 25 卷第 3 期。

饶鹏辉、吴大卫：《机动车尾气污染分布规律调查》，《资源节约与环保》2013 年第 5 期。

赵岑、陈传忠：《影响我国环境监测系统效能的问题及建议》，《中国环境监测》2013 年第 29 卷第 6 期。

李世龙、田贻燕：《当前地方环境监测工作面临的困境及其改善》，《科学咨询》2014 年第 20 期。

李培、陆轶青、杜譞、李健军：《美国空气质量监测的经验与启示》，《中国环境监测》2013 年第 29 卷第 6 期。

王秀琴、陈传忠、赵岑：《关于加强环境监测顶层设计的思考》，《中国环境监测》2014 年第 30 卷第 1 期。

柏仇勇、胡冠九、袁力：《创新我国环境监测质量管理体系初探》，《中国环境监测》2008 年第 24 卷第 4 期。

蔡守秋：《中国环境监测机制的历史、现状和改革》，《宏观质量研究》2013 年第 1 卷第 2 期。

纽约市环保局网站空气质量监测网页，http：//www.nyc.gov/html/dep/html/air/air_pollution_ monitoring. shtml。

纽约市"社区空气质量普查"官方网站，http：//www.nyc.gov/html/doh/html/environmental/community – air – survey. shtml。

长三角区域雾霾协同治理机制与对策

刘召峰 *

摘　要：　长三角雾霾污染是区域一体化面临的主要环境问题之一。但是当前的松散的区域环境管理模式已经不能够满足区域一体化需求，需要向区域环境协同治理转型，促进区域转型发展。区域环境协同治理参与主体不仅包括政府，也包括市场和社会。根据从国家气候中心发布的 2013 年全国霾日数分布，长三角区域为全国雾霾污染最重的区域之一，区域内年均 PM2.5 浓度呈现由西北到东南逐渐递减特征，正好与长三角经济格局与重化工业布局较为一致。工业污染和汽车尾气是区域雾霾产生主要因素。但是，近年来，区域内主要工业产品产量和私人汽车拥有量以相对高速度增长，这对雾霾治理产生了不利影响。长三角区域雾霾协同治理机制开展较早且较为完善，并在区域举办大型活动时发挥了积极作用。但是仍然面临着许多问题，如区域发展不平衡、统一主体功能区划规划不协调、地方博弈、行政壁垒、松散的合作机制、区域内环境标准不一致、区域环境服务市场不统一等问题。为了促进区域一体化，改善区域环境质量，长三角区域应该采取协同治理的模式。应制定和落实统一主体功能区划规划、建立坚实有力的长三角环境保护合作机制、统一区域能源布局，发展清洁能源、统一区域环境服务市场建设和建立区域碳交易体系。

关键词：　长三角　雾霾　协同治理　市场

---

* 刘召峰，上海社会科学院生态与可持续发展研究所，博士。

长三角区域空间范围是不断演变的。1957 年法国地理学家简·戈特曼首次提出了包括以上海为中心的长三角在内的世界六大都市圈。在 1982 年，长三角区域空间仅指上海、南京、宁波、苏州和杭州。到 20 世纪 90 年代，长三角区域指由江浙沪组成的"长江三角洲城市经济协调会"中 15 个城市，在 2003 年，台州市也被纳入该协调会，形成了"15＋1"城市格局。国家发改委在 2010 年公布的《长江三角洲地区区域规划》中，长江三角洲地区包括上海市、江苏省和浙江省，区域面积 21.07 万平方千米。

一 区域环境协同治理是长三角区域一体化的基本要求

我国的区域发展经历了改革开放之前的均衡发展、改革开放后 20 年的非均衡发展以及 20 世纪末提出的协调发展三个阶段。当前，我国在区域经济发达区域已在区域协调发展的基础上，更上一层楼，向区域一体化推进。所谓的区域一体化即融入一体共同发展，具有相同政策、统一的市场，生产要素可以自由流动等。正是由于先前的区域发展中，对经济发展过于重视，忽略了生态环境建设，致使环境污染负面影响不断积累，反过来又影响了区域一体化发展。由于环境问题是跨行政区域的，因此需要从区域层面解决环境问题，保障居民健康，更能通过倒逼机制促进区域整体经济转型，从而促进区域协调发展。

关于区域环境协同治理的概念界定。在现代公共管理理论中，治理强调了参与主体的多元化，即政府、市场、社会等机构共同参与，相互调和矛盾，并促进整体效益达到帕累托最优状态。关于协同治理的理念，通常理解为"合作治理"，其实是一种比合作和协调更高层次的集体行动，它是强调参与主体多元性，即包括政府，也包括市场和社会。此外，协同治理还需要自愿平等协作、权威的分散性及非集中、参与主体关系是对等的、非单向的与有自组织的协调性等。而区域环境协同治理是协同治理在环境领域的应用，强调了各参与主体，在政策法规要求下，通过治理机制的完善，目标实现区域环境质量提高，以及区域内各地方环境治理体系的协调。区域环境协同治理，将打破现有的以单行政区为基础环境管理模式，吸引更多的利益相关者参与，更符合环境污染治理的科学规律，能够降低区域内环境保护交易成本，促进区域生态环境效益提升，进而促进区域经济转型发展。

当前我国的环境管理正处于转型关键期，正由政府主导的环境管理向环境治理转变。未来，消费型、生活型等环境污染问题可能更加突出；产业结构升级以及传统重化工业持续推进会使环境污染更加复杂，环境压力更加巨大。在区域环境领域，大气污染、流域污染突出，而造成这些环境问题的污染物来源广泛、形成机理复杂，难以治理。这些问题都亟须环境管理转型。

长三角作为我国最为发达地区之一，区域一体化程度较高，且对区域外辐射能力较强，正处在转型发展关键期。然而区域内的环境问题特征是区域性的，如大气污染、流域水污染等。再加上随着区域经济一体化进程加快，区域内各地方在环境管理各自为政的机制已经不能满足形势需要。而区域内经济发展不平衡特征，环境保护标准和环保投入不一致、环境市场不统一、区域环境合作的松散，缺乏约束力，以及现有的政府考核制度及财税制度都对区域环境协同治理产生了不小挑战。因此，需要从区域环境协同治理来解决当前面临的困境，这不但需要继续发挥政府作用，建立区域间有效合作机制，更需要发挥市场的决定性作用。

二 长三角区域雾霾特征及主要影响因素趋势分析

雾和霾是可以使能见度降低的自然现象，且能见度的水平距离小于 10 千米。区分雾与霾的关键指标是相对湿度，相对湿度小于 80% 的可判识为霾，大于 80% 的，再根据其他指标判断。霾主要由人类活动导致的干气溶胶粒子组成。区域内能见度的下降既有霾的影响，也有雾的影响，两者之间可以在同一天或同一区域变换角色。因此，一般情况下，区域能见度低于 10 千米的空气普遍污浊的现象称为"雾霾"天气。而当前雾霾的根源是各种颗粒雾污染，且 PM2.5 为主要污染物。

（一）长三角雾霾现状及特征分析

2013 年，京津冀、长三角、珠三角等区域及直辖市、省会城市和计划单列市共 74 个城市实施新的《环境空气质量标准》（GB3095－2012）。其中，长三角内各地级及以上城市全部覆盖。除舟山市外，长三角其他城市空气质量均未达标。2013年，长三角区域25个地级及以上城市平均达标比例为64.2%，年均PM2.5浓度为67微克/立方米，年均PM10浓度为103微克/立方米。在超标天数中以PM2.5为首要污染物的天数最多，占80%。

从国家气候中心发布的2013年全国霾日数分布示意图（见图1）中看出，雾霾污染呈现区域特征。长三角区域为污染最重的区域之一，平均霾日数超过100多天，污染类型为复合型。

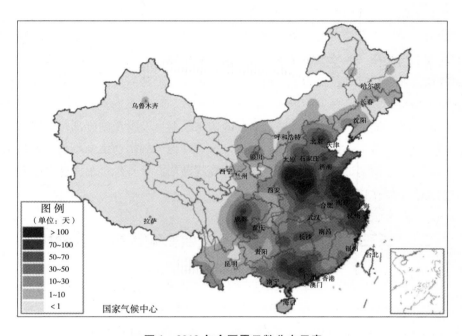

图1 2013年全国霾日数分布示意

资料来源：《2013中国环境状况公报》。

1.雾霾区域特征明显，且区域内相互影响

从长三角内部看，细微颗粒物污染程度从西北到东南逐渐递减。2013年，PM2.5年浓度以徐州—宿迁—淮安—扬州—南京—泰州—镇江—常州—无锡—南通—湖州区域最高，以连云港—盐城、苏州—上海—嘉兴—杭州—衢州—金华—绍兴区域PM2.5年均浓度是国家环境空气质量（GB3095-2012）二级标准的1.7~2倍；宁波—台州—丽水—温州区域PM2.5年均浓度是国家环境空气质量（GB3095-2012）二级标准的1.4~1.7倍（见图2）。

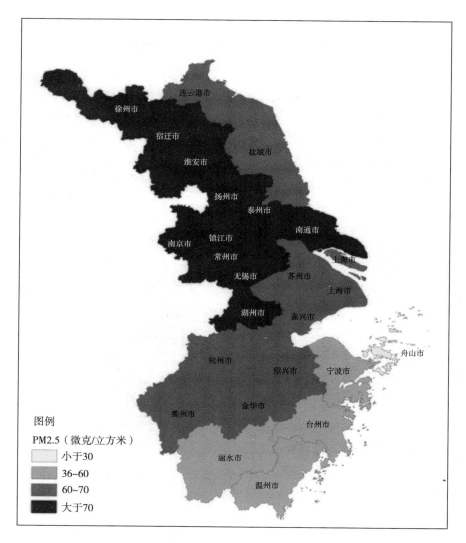

图 2　2013 年长三角地级及以上市 PM2.5 年均浓度示意

资料来源：整理自各市 2013 年环境状况公报。

从泛长三角区域格局看①，总体上，西北的可吸入颗粒物污染高于东南。2013 年，南京、镇江、马鞍山、无锡、徐州的可吸入颗粒污染年浓度最重，

① 由于安徽在 2013 年未纳入新环境质量标准实施范围（合肥除外），因此选择 PM10 指标。

117

超过了环境空气质量（GB3095 - 1996）二级标准的20%，超过了环境空气质量（GB3095 - 2012）二级标准的75%～93%。其次是宿州、连云港、宿迁、盐城、蚌埠、淮南、滁州、淮安、扬州、泰州、南通、合肥、安庆、湖州和杭州市的可吸入颗粒物年浓度超过了环境空气质量（GB3095 - 1996）的二级标准；上海、苏州、嘉兴、宁波、绍兴、金华、衢州、台州、温州、淮北、亳州、阜阳、六安、芜湖、铜陵、池州、宣城的可吸入颗粒年浓度达到环境空气质量（GB3095 - 1996）的二级标准，但未达到环境空气质量（GB3095 - 2012）二级标准。黄山市、丽水市和舟山市的可吸入颗粒年浓度达到环境空气质量（GB3095 - 2012）二级标准（见图3）。

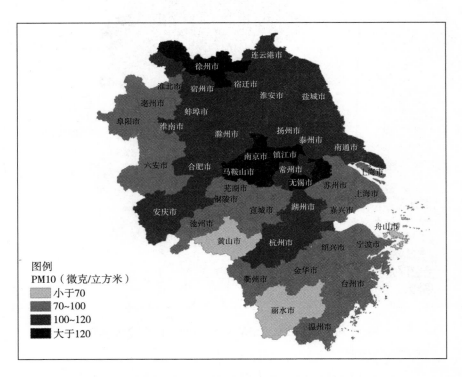

图3　2013年泛长三角区域PM10年均浓度示意

资料来源：整理自各市2013年环境状况公报。

从时间尺度看，长三角区域在冬季与春季受内陆污染、北方沙尘和本地不利气象条件等综合影响，雾霾现象严重。在初夏深秋季节，秸秆焚烧对区域大气 PM2.5 污染贡献显著，常引发区域性的大范围霾污染，使长三角城市空气质量出现同步变化趋势。以上海为例，受季风影响，城市空气污染扩散较迅速，从 3 月份到 9 月份，PM2.5 浓度逐渐下降。在冬天，受北方冷空气影响，来自区域北面的细微颗粒输送至上海，造成 PM2.5 浓度快速上升（见图 4）。

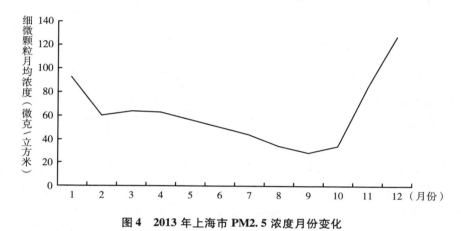

图 4　2013 年上海市 PM2.5 浓度月份变化

资料来源：2013 年上海环境质量报告。

2. 长三角区域细微颗粒污染同构现象明显

根据雾霾污染严重程度由西北向东南分布特征，在长三角区域选取上海、南京和杭州，分析细微颗粒构成。根据对三地污染物构成进行分析，南京市与上海市的细微颗粒物构成中相似度很高，都是以有机物、硫酸根和硝酸根为主，而杭州与南京或杭州与上海的污染物构成相似度比上海与南京的细微颗粒物构成相似度要低。据上海市环境监测中心分析，上海 PM2.5 的主要成分是有机物（28%），其次是硫酸根分子（22%）、硝酸根分子（16%）、铵根分子（13%）等。从排放源对上海贡献度看，工业生产贡献度最高为 36%、机动车、船舶和飞机等占 25%，其次是建筑工地、道路和堆场扬尘占 10%，而区域对上海的影响占 20%。根据江苏省环境监测中心丁铭等 2014 年对南京 PM2.5 成分分析，认为有机物质量分数高，约占 25%，硫酸根分子和硝酸根分子分别占到了 25% 和 21%。而从排放源对南京贡献度看，工业排放机动车尾气二次污染和扬尘约占 PM2.5 颗粒物组分的 60% 左右。杭州市环境监测中心的包贞等 2010 年对杭州市 PM2.5 来源进行了分析，认为各主要源类的贡献

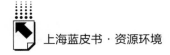

率依次为机动车尾气尘、硫酸盐、煤烟尘、燃油尘、硝酸盐等，总共占77.2%。由上可见，三地的主要污染源除了污染物从区域外输送外，主要是工业排放、机动车与扬尘。

（二）影响区域雾霾的主要因素分析及趋势分析

长三角区域是我国人口集聚度最高、城市化发展最快、经济活力最强的区域。当前，长三角面积占全国的1/50，人口约占全国1/10，但创造了占全国1/5以上的GDP，始终走在全国改革开放和现代化建设的前列。但同时，长三角区域能源消费总量占全国的17%，主要污染物排放量占全国的10%以上，远远超过了区域生态承载力，生态赤字严重。而环境问题是区域性的，因此从区域层面解决将更为有效。

1. 区域经济规模持续增长，且以重工业为主

近五年来，长三角区域生产总值规模占全国比重维持在20%左右，其规模总量不断增长。其中，工业规模也不断增长，从2009年到2013年增长了51%（名义增加值），但工业增加值占地区生产总值的比重从2009年的44.5%下降到41.6%。其中，以江苏省工业增加值规模最大，其次是浙江与上海（见图5、图6）。

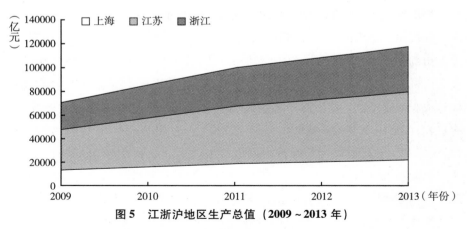

图5　江浙沪地区生产总值（2009～2013年）

资料来源：根据《中国统计年鉴》各年度数据整理。

长三角区域自然条件相似，发展水平相当，经济发展路线接近，产业按照行政区域分散发展，产业结构比较相近，易于形成产业竞争发展的局面。其

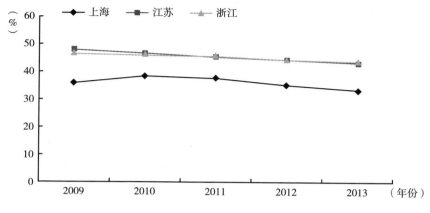

图6 江浙沪工业增加值比重（2009～2013年）

资料来源：整理自江浙沪历年国民经济和社会发展统计公报。

中，江苏与上海制造业结构相似度较高，相似系数在0.9左右，浙江与上海制造业产业结构相对较低，在0.7左右，江苏与浙江制造业相似系数在0.85左右。

从水泥、钢材和化学纤维三种主要工业品看，2013年区域总产量分别占全国的12.9%、17.4%与77.2%。从2005年到2013年，水泥、钢材和化学纤维产量分别增加了63%、168%与172%。重化工业快速发展，再加上环境治理设施的相对落后，加剧了区域的大气污染（见图7）。

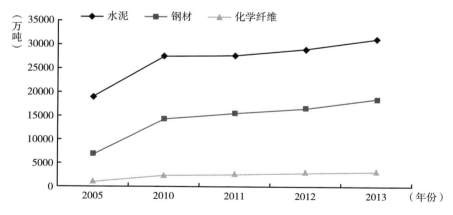

图7 长三角区域三种主要工业产品产量变化（2005～2013年）

资料来源：根据中国及江浙沪各年份统计年鉴数据整理。

长三角区域重工业规模不断增加，且占工业比重也逐渐提高。从2005年到2013年，长三角的重工业总产值规模增长了3倍多，重工业总产值占工业的比重也增加了6%以上。可见未来，长三角区域的重工业规模与比重仍将进一步上升。

2. 区域能源消费不断增长，但以煤炭为主

近年来，长三角能源消费总量呈不断增长趋势，从2000年到2013年年均复合增长率为8.1%，2013年，长三角区域能源消费总量为6.11万吨标准煤。其中江苏消费了超过3亿吨标准煤，浙江消费了1.88亿吨标准煤，上海消费了1.17亿吨标准煤。根据各省发布的规划和公文估算，长三角区域到2017年能源消费总量可能会达到峰值（见图8）。

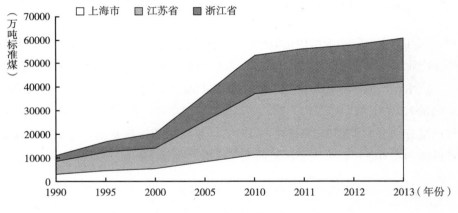

图8　长三角区域能源消费情况（1990~2013年）

数据来源：根据上海、江苏和浙江统计年鉴相关数据整理。

长三角能源结构中，以煤炭为主，且煤炭比重不断下降。从空间格局看，江苏、浙江和上海煤炭消费占能源消费总量比重依次下降。2013年，江苏省煤炭比重最高为69.1%，其次是浙江省比重为56.8%，上海比重为38.7%。从煤炭消费规模上看，江苏省煤炭消费总量约是上海的5倍，是浙江省的2倍。而区域内石油消费量，以江苏省最多，其次是浙江和上海，但消费量同属一个数量级，相差不多。此外，包括天然气的清洁能源所占的比重非常小。

3. 长三角区域雾霾发展趋势判断

细微颗粒物的主要排放源主要来自工业和交通领域等。长三角区域是我国工业最发达的地区之一，尤其是苏南沿江工业带，上海以及杭州、宁波等地。

工业生产中产生了大量的废气，长三角区域工业废气排放量约占全国的13.5%，且总体呈增长趋势，从2005年以来，区域内工业废气排放总量增加了106%。其中，江苏省工业废气不仅排放量最大，约占区域总废气排放量的一半以上，且增长速度也最快（见图9）。

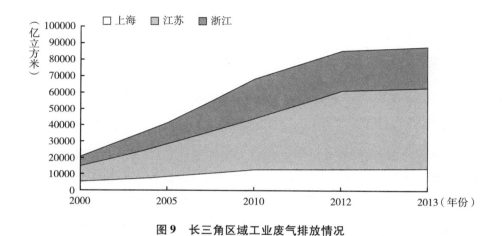

图9 长三角区域工业废气排放情况

资料来源：根据各年度江浙沪统计年鉴数据整理。

长三角区域作为我国经济最发达的区域，人均收入水平较高，私人汽车等耐用品拥有量较高。长三角是我国私人汽车拥有量较高区域之一，占全国私人汽车拥有量的16%左右。从2005年至2013年，长三角区域汽车拥有量以年均复合增长率为25.9%的速度增长，到2013年私人汽车拥有量为1706万辆。区域内江苏省的私人汽车拥有量最高，上海汽车拥有量最少。但是上海每辆私人汽车拥有的公路里程最短，且江苏每辆私人汽车拥有的公路里程是上海的3.1倍，浙江每辆私人汽车拥有的公路里程是上海的2.2倍。从地级及以上城市看，苏南地区、上海与浙江东部地区的城市私人汽车拥有量较多。由于私人汽车的快速增长，加上油品标准相对较低且区域内不统一，致使区域内汽车尾气大量排放，是造成区域内城市雾霾天气增多的原因之一（见图10）。

长三角区域工业基础雄厚，且生产工艺与技术在国内领先，这表明工业发展将会在长期领跑全国。2014年前三季度，长三角工业增速明显，其中，上

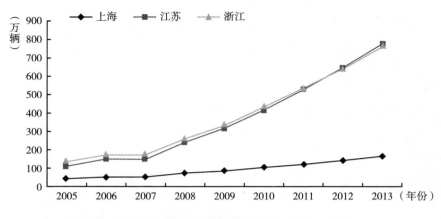

图10　长三角区域私人汽车拥有量情况（2005～2013年）

资料来源：根据中国统计年鉴各年度数据整理。

海市工业总产值为25027亿元，比2013年同期增长了2.6%，江苏省工业增加值为23351亿元，比2013年同期增长了10.1%、浙江省工业增加值为9028亿元，同比增长了6.6%。工业增长产生了额外的环境负荷，增加了区域雾霾污染的产生概率。同时，2014年前三季度全国汽车销售1700万辆，同比增长7%。可以看出，2014年长三角区域私人汽车保有量继续增加。从区域工业发展和私人汽车保有量看，未来影响雾霾产生的污染源头并未得到有效控制。

　　同时，由于区域内各地经济发展水平不同，各地环保规划也存在差距。如南京市"十二五"环保规划要求在2012年完成燃煤电厂的脱硫工作，而上海在"十一五"就要求实现燃煤电厂脱硫。在环保投入方面，区域内存在较大差距。上海市环保投入从2000年以来，占同期GDP的比重一直在3%左右，而区域内经济较落后地区的环保投入与上海相差较远。在环境标准方面，区域内环境标准也不一致。以2014年出台的锅炉大气污染物排放标准为例，江苏与浙江采用国家标准，而上海采用了严于国标的地方标准。此外，环境影响评价、"三同时"、排污许可和排污收费制度等在区域内存在差异。这使得区域内在环境管理上并未形成合力，不利于区域环境问题解决。综上，在大气污染源头尚未得到有效控制，再加上环保规划、环保投入、环境标准和环境管理上存在的较大差异且不能满足雾霾治理需要的背景下，可以断定未来相当长一段时间内，雾霾污染仍然困扰着区域发展。

三 当前长三角雾霾协同治理现状及面临问题

当前，长三角区域已在全国率先建立了较为完善的大气污染防治协作机制，并取得了一定的成绩，特别是在保障大型活动上。但同时，长三角雾霾协同机制也面临着地区发展不平衡、缺乏统一主体功能区划规划、地方博弈、行政壁垒、松散的合作机制以及区域内环境标准不一致的问题。

（一）当前长三角大气污染防治协作机制演变

得益于区域内大型活动的举办，如上海世博会和南京青奥会举办，长三角大气污染防治协作机制从无到有，从弱到强，为区域环境协同治理打下了良好的基础。

近年来，区域环境保护一体化一直为区域努力推动，并取得了一定的成绩和积累了许多经验。2008年12月，江浙沪两省一市为贯彻国家发改委《关于进一步推进长江三角洲地区改革开放和经济社会发展的指导意见》（国发〔2008〕30号）和保障上海世博会签订了《长江三角洲地区环境保护合作协议（2009～2010年）》，推进长三角环境保护一体化进程。该合作协议确定了6个方面重点工作，即提高区域环境准入和污染排放标准、创新区域环境经济政策、重点推进太湖流域水环境综合治理、加强区域大气污染控制、建立全区域环境监管与应急联动机制、完善区域环境信息共享与发布制度。从组织形式上，江浙沪还确定建立两省一市环境保护合作联席会议制度，每半年召开一次会议。

2009年，江浙沪借助区域环境合作平台，实施了"2010年上海世博会长三角区域环境空气质量保障联防联控措施"，划定了以世博园区为核心、半径300千米的重点防控区域，加强合作沟通，严格控制污染物排放。该联防联控机制取得了明显的成效，尤其是世博会期间，上海空气质量创十年最佳水平。主要包括六方面内容，联合制定联防联控措施、联合控制重点污染源、建立信息沟通渠道、联合控制农田秸秆焚烧、开展联合监测预报、制定区域联动高污染应急预案。该机制是区域环保合作的有益尝试，为区域环境保护一体化进行有益探索，并为国内举行大型活动的环境保障提供了经验借鉴，但是该机制仅涉及末端治理环节，尚未触及污染源头，仅以行政手段推动协作。在实施过程中，出现了一些问题，如信息未实现完全共享，对空气质量联合预报准确性产生不利影响。另外，缺乏一个综合机构作为牵头单位，统筹三地环保部门，提高决策和行政效率。

2012 年 10 月，国家发改委、环保部和财政部联合发布了《重点区域大气污染防治"十二五"规划》（环发〔2012〕130 号）对包括长三角在内的重点区域大气污染治理做了科学部署。

长三角于 2012 年 11 月 16 日宣布联合试发布 PM2.5 监测信息，并于 2012 年 12 月 1 日在全国率先统一发布，促进区域环境空气质量数据共享。2013 年 9 月国务院发布了《大气污染防治行动计划》（国发〔2013〕37 号）对区域大气污染防治提出了要求，要求建立区域大气污染防治协作机制，并提出到 2017 年，长三角区域细微颗粒物浓度比 2012 年下降 20%。为了贯彻国务院要求，上海、江苏、浙江和安徽于 2014 年 1 月 7 日，在上海召开长三角区域大气污染防治协作机制第一次工作会议，三省一市主要领导以及国务院八部委有关负责人参加了此次会议。会议明确了大气污染防治协作机制的五项具体职能，讨论了《长三角区域落实大气污染防治行动计划实施细则》，提出近期十个方面的协作和联合行动，如表 1。与先前建立的区域环境保护协作机制相比，该机制范围更广，规格更高，覆盖面更广，从污染源开始控制，实现区域标准对接，注重运用法律、技术、经济等多种手段。

表 1　《长三角区域落实大气污染防治行动计划实施细则》提出的十项工作

方面	具体内容
煤炭消费	严控燃煤消耗总量、燃煤锅炉清洁替代
产能过剩	污染企业结构调整、高标准治理
交通污染	油品升级、黄标车淘汰、推广清洁能源汽车
扬尘控制	对建设工地、道路保洁、渣土运输、堆场作业落实扬尘控制规范措施
秸秆燃烧	通过法律、技术、经济等多种措施推进秸秆禁烧
重污染预警	区域空气重污染预警和应急预案的对接，建立长三角区域大气污染预测预报体系
环境标准	针对油品标准、机动车污染排放标准、重点污染源排放标准进行对接
第三方治理	构建开放统一的环境服务市场
科研合作	共同组织区域大气污染成因溯源和防治政策措施等科研合作
落实责任	根据《大气污染防治目标责任书》要求，做好责任分解落实，加强跟踪评估和考核，确保各项措施落到实处

自长三角区域大气污染防治协作机制建立以来，国家、三省一市主要领导高度重视，不断推出更严格、高标准的大气污染治理政策措施，为区域环境协同治理打下良好基础。2014 年 4 月，为保证青奥会在南京顺利召开，展示国家形象，环保部、三省一市环保厅（局）和南京市环保局在南京召开协作小组办公室专题会议，讨论《长三角区域协作保障青奥会环境质量工作方案》及配套方案编制工作。2014 年 8 月，在大气污染协作机制保障下，南京青奥会取得了圆满成功。

（二）长三角雾霾协同治理面临问题

虽然长三角大气污染协作机制促进了雾霾的治理，可是仍有一些问题对区域雾霾协同产生不利影响。

1. 区域发展不平衡制约了长三角雾霾协调治理

长三角雾霾协同治理面临的主要问题依旧是如何处理经济发展和环境保护之间关系。区域内经济发展不平衡，区域内总体上呈北部与南部经济较落后，中间经济较发达。例如苏南地区的人均 GDP 是苏北地区的 2.5 倍，工业规模远小于苏南地区。而在经济发展路线上，落后地区仍以快速工业化为方向，而发达地区则努力实现转型发展。因此，由于区域发展不平衡，落后地区与发达地区对待环境保护的重视程度也不相同。经济发达地区通过环境保护来实现增长方式转型，而落后地区希望借助相对宽松的环境标准来吸引更多的投资。这也表现为环保投入差异，上海于 2013 年在节能环保方面公共财政支出 55.2 亿元，而同年徐州市用于节能环保的公共财政支出仅为 2.17 亿元，相差很大。

2. 区域内缺乏统一主体功能区划规划，致使生态环境保护处于条块分割状态

生态文明建设规划主要依据区域主体功能区划。区域主体功能区化规划不仅涉及环境保护本身，更对区域空间布局、经济社会发展等通盘考虑，是一个复杂的系统工程。当前针对长三角区域主体功能规划仅存在于学术层面，并未形成正式的区域规划。由于缺乏区域主体功能区和规划，各地产业准入门槛不同、"两高一资"企业仍在区域内大量存在甚至在落后地区大规模建设，同时，环境基础设施缺乏统一规划，致使有些地方污染物处置能力过剩，而有些地方污染物处理能力不足。主体功能区划是根据不同资源环境承载力、现有开发密度和发展潜力，统筹人口、经济、国土开发布局。当前，江浙沪各省市都

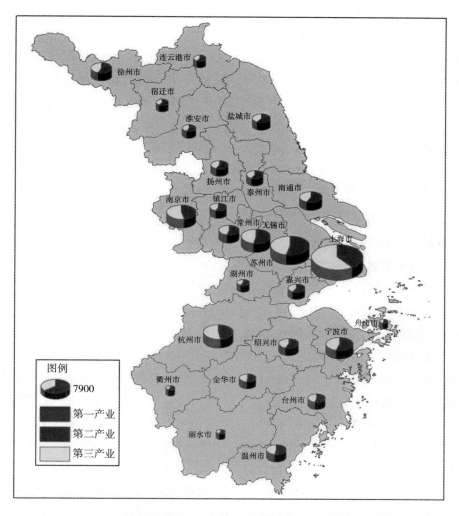

图 11　2013 年长三角各地级及以上城市国内生产总值结构示意

资料来源：根据江浙沪统计年鉴各年度数据整理。

是按照自己发展要求设定主体功能区，而未考虑周边地区的生态诉求，致使各地在产业准入和淘汰标准、补偿标准和保护范围存在差别。在现实中，行政边界的污染往往是最重的。因此，生态文明建设规划缺乏使得地方从地方发展要求出发，并未充分考虑区域生态文明要求，使得区域生态环境保护不完整，处于条块分割状态。

3. 地方博弈、行政壁垒导致低效率高成本的雾霾治理

长三角都市圈经济以市场为导向、无行政边界、利益共享和经济中主体地位对等的特点与行政区经济以政绩为导向、有行政边界、利益非共享和经济中主体地位不对等的特点之间的差异造成了长三角一体化进程中的矛盾。可以说，行政壁垒是阻碍长三角区域一体化的最大障碍。地方政府出于政绩考虑，短期行为动机强烈。在招商方面陷入"倾销式"竞争，不惜降低产业准入门槛等方式来吸引投资，这种恶性竞争浪费了大量人力、财力，提高了区域环境保护成本。例如，区域内发达地区不符合产业导向或被淘汰的产业，被以优惠的政策条件引入区域内落后地区继续生产。出于对地方环境保护考虑，向周边地区转嫁污染，常在地方行政边界布局重污染产业。而对区域环境公共物品，各方投资并不积极。同时，区域内重化工业相似度高且规模大增加了污染治理难度。造成这一问题的主要原因是现行领导干部考评制度和现行的分税制财政制度等。"唯GDP论"的政绩考核指标是导致区域重复建设和恶性竞争的罪魁祸首。虽然当前领导干部的考评内容和内涵正在发生变化，不再以GDP论英雄，增加了民生改善、社会进步、生态效益等指标，但是这需要经历较长时间来转变思想，统一认识，且可能在执行过程会遇到各种问题，仍会使"唯GDP论"抬头。此外，现行的分税制财政制度，使得地方事权和财权严重不匹配，致使地方热衷于"招商引资"和建设项目开发，来发展经济，这容易造成地方政府轻视环保工作。同样，地方干部的收入水平与经济增长挂钩，也使得追求高速增长容易获得当地干部的普遍支持。

4. 松散的生态环境合作机制

虽然区域形成了涵盖3个层次的协调机制，涵盖经济、能源、环保、交通等合作专题，但是这种松散型的行政磋商，缺乏强有力的组织保障和财力支持，致使环境规划、重大政策难以落实，并且在地区经济发展与区域生态环境建设发生矛盾时，往往会牺牲后者。同时，这种松散的机制与领导重视程度密切相关，难以确保机制长效化。此外，联合执法机制弱，缺乏约束性，表现为统一执法的目标、法规和标准还有待建立，等等。

5. 区域内环境空气质量标准不一致

当前，区域内环境空气质量标准并不统一。环境空气质量标准（GB3095－

2012）的实施范围为长三角内设区市，而长三角区域内县及县级市仍按照环境空气质量标准（GB3095 - 1996）执行，这也就意味着区域内存在环境准入标准差异，一些地方政府为了政绩，引进大量高耗能、高污染企业。区域内各行政单元不能形成合力，甚至抵消一些城市控制大气污染的努力，难以从源头控制大气污染（见表2）。

表2　环境空气质量标准 GB3095 - 1996 与 GB3095 - 2012 中关于颗粒物规定

项目	GB3095 - 1996				GB3095 - 2012				单位
	一级		二级		一级		二级		
PM2.5	未作要求				年平均	15	年平均	35	
					日平均	35	日平均	75	
PM10	年平均	40	年平均	100	年平均	40	年平均	70	
	日平均	50	日平均	150	日平均	50	日平均	150	
总悬浮颗粒物	年平均	80	年平均	200	年平均	80	年平均	200	
	日平均	120	日平均	300	日平均	120	日平均	300	
									mg/m³

从地方出台的大气环境标准看，区域内也存在着标准不一致的现象。以锅炉大气污染物排放标准看，上海执行的是严于国家标准的地方标准，而江浙两省执行的是国家标准。从严格程度看，上海出台的锅炉大气排放标准要整体上严于国家标准（见表3）。

表3　国标与沪标关于新建锅炉大气污染物排放限值

单位：mg/m³

污染项目	国标(GB13271 - 2014)：江浙实行			沪标(DB31/387—2014)			
	燃煤	燃油	燃气	燃煤	燃油	燃气	燃生物质
颗粒物	50	30	20	20	20	20	20
二氧化硫	300	200	50	100	100	20	20
氮氧化物	300	250	200	150	150	150	150
汞及其化合物	0.05	—	—	0.03	—	—	0.03
一氧化碳	—	—	—	—	—	—	100
烟气黑度(林格曼黑度,级)	1	1	1	1	1	1	1

6. 区域环境服务市场不统一，难以发挥市场作用

当前，区域环境服务市场不统一，存在地方保护主义现象。由于政府考核制度以及财税制度的影响，区域内重复建设现象严重。为了避免本地区资源外流，地方政府经常采用行政等手段限制外地资源和商品流入本地。这一点在环境基础设施的建设上尤为明显。虽然长三角区域越来越意识到区域合作的重要性，但是地方保护主义的行为仍以或明或暗的形式出现，加大了建立区域市场的难度。此外，由于区域内经济发展不均衡，以及环境保护水平不一致，不同地区领导干部对环境保护的理解也存在差异，这些因素都不利于对环境服务市场的统一。

四　长三角区域雾霾协同治理对策建议

区域雾霾协调治理是一个系统工程，涉及规划、产业、能源、合作保障机制等。然而，区域内发展不平衡，使得雾霾协同治理应建立在区域发展的基础上。当前，长三角区域正在经历产业转型升级，大量污染企业向区域内和区域外梯度转移，在一定程度上减轻了区域内环境污染。因此，为了治理区域雾霾污染，应从以下几个方面开展协同治理。

（一）建议政府制定和落实统一主体功能区划规划

主体功能区战略是生态文明路径之一。虽然各省份都是以全国主体功能区划为基础，来制定自己的主体功能区域，但是各省份制定各自的主体功能区规划和生态环境保护规划，相互之间缺乏统一协调和有效衔接，只关注自身经济发展而未关注由发展带来负外部性对周边地方影响。江浙沪三省的主体功能区划规划往往将经济发达地区列为优先发展地区，而将相对落后的地区列为限制或禁止开发区域，没有根本上从生态环境角度来划分空间格局，同时区域间存在一个地区限制和禁止的开发区域与另一个地区优先开发区域相毗邻，这就使得区域间环境和发展保护处于相互矛盾状态。从空间上看，各省份行政边界区域往往是污染最为严重。因此，需要从区域层面制定主体功能区规划，统筹区域空间布局，统一制定差别化的财政、投资、产业、土地、环境和人口标准与政策。同时，应通过国家立法形式将主体功能区域规划确定下来。而优先开发

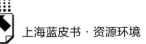

区域在产业政策投资政策等方面比限制或开发区域有很大的优势，致使区域发展不平衡状态难以得到解决，因此区域间要完善生态补偿机制，优先发展地区对以生态服务功能为主的上游地区予以合理补偿。

应建立考核制度，督促区域内行政机关严格执行主体功能区划规划，控制空间布局，遵守各项政策和标准。

（二）应从区域立法、统一环境监测网络与环境执法方面建立区域环保合作机制

坚实有力的长三角合作机制依赖于紧密且权威的协调机制、统一的监测网络、联合执法机制。

1. 以区域立法形式建立紧密且权威的协调机制

当前的长三角区域大气污染防治协作机制主要由行政部门牵头，成立长三角区域大气污染防治协作小组，以区域规范性文件形式，推动区域环境治理。但是，这种机制较为松散，容易受到各种因素的影响。可通过区域立法形式来建立紧密且权威的协调机制。区域立法协作的模式有三种，一是松散模式，二是协商互补型模式，三是联合立法模式。三种模式区域合作程度不同，以联合立法模式程度最高。2014 年 5 月，协作小组在上海举行立法论证会，尝试协调互补模式①。因此，区域环境立法应先基于协商互补型模式，待到时机成熟时采取联合立法模式。

2. 统一的环境监测网络

长三角区域具有联合监测的基础。2004 年长三角 16 个城市建立了国内第一个一流的跨省、跨地区气候生态环境监测评估网络。这一监测网主要是针对长三角区域的省市生态、湿地和湖泊生态以及农业生态开展监测。而当前需要建设的统一的环境监测网络主要是针对环境污染物的，而环境监测结果可通过智慧城市实现环境信息共享；设立专门的监测协同机构定期、定向地向区域有关部门通报生态环境动态监测结果和跟踪管理信息，及时形成环境监测形势分析报告，为区域政策制定提供决策依据。引入第三方环境监测机构，以实现当

---

① 区域各方共同协商确定一个示范性条款文本作为协作基础，具体到地方的立法在表述上允许个性化差异，最终形成若干个不同版本的立法文件。

前行政部门主导的环境监测网络在覆盖面、数据真实性和时效性方面的改善。同时，采用地理信息系统、遥感等先进技术来进行环境监测。针对区域内环境监测基础设施建设不平衡，可通过区域内环境基础设施共享的方式来改善。

3. 区域联合的执法机制

当前的区域联合存在执法缺乏法律依据，多流于形式、缺乏工作主动性等问题，而跨行政边界的环境问题必须通过联合执法的形式解决。应建立长三角联合监测和执法队伍，对行政边界地区的重点废气排放源进行联合监测和执法。完善区域常规性联合检查机制、突发性污染事件的事故处置机制。

（三）能源基础设施互联互通，积极发展清洁能源

长三角区域是我国能源消费最多的地区之一，且主要以煤炭为主。从区域布局上看，发电厂相对集中，主要分布在沿海、长江沿岸等水路交通便利的地区，也是区域内经济发达地区，使得工业废气排放在狭长地带过于集中，不利于污染物扩散，区域的环境负荷极大。因此，区域内应建立统一的能源供应体系来支撑区域经济发展和环境保护。首先，区域内能源设施的互联互通。打破能源投资、流通壁垒，建立统一区域能源交易市场，推动跨省份能源企业合作，促进能源中介机构和节能服务公司的发展。加强区域间多边电力互供合作，实现电力错峰、水火互济、跨流域调节、互为备用等资源优化配置，保障能源供应安全。通过智能电网技术，增加区域内外来电比重。其次，积极发展清洁能源。对区域内煤电厂积极发展天然气发电替代燃煤替代。发展 IGCC，提高燃煤发电效率。积极发展分布式能源供应体系。努力提高区域内光电、风电、核电比重。

（四）统一区域大气污染相关标准

由于区域内大气污染相关标准的不统一，造成区域间产业准入标准的不统一，这使得单个行政地区的大气污染保护的努力很难奏效。因此，需统一区域大气污染相关标准。首先，工业领域要统一锅炉大气排放标准，以沪标为准。由于区域内发展水平不一致，在区域内较落后的地区可以分阶段的实施；其次，统一区域油品标准，全部实施国 V 汽油标准。

（五）统一区域环境服务市场建设

当前，环保基础设施的建设以地方政府投入为主，当地方政府财力有限时，常常会放弃环境基础设施建设。同样，企业在污染设施建设中也会为节约成本放弃环境设施建设。为此，区域落后地区常出现环境污染治理严重落后于经济发展现象。环境服务业模式主要目的是第三方向政府提供环境服务，政府利用财政支付费用，这成为政府财政有限或企业资金不足情况下实现污染治理的有效途径。但地方环保市场存在地方保护主义现象，只允许资金进入，而对包括设计、施工、设备等方面进行限制，造成这些领域的外地企业很难进入，甚至极端情况下会产生寻租现象。再加上发展水平不同的地区对环保理念认识也参差不齐。地方保护主义的存在，阻碍了先进环保技术扩散，不利于环境服务业发展和区域环境治理。因此，必须建立统一区域环境服务市场，促进要素正常流动，使区域环境污染治理成本逐渐下降。积极通过 PPP 机制，鼓励私营企业与政府进行合作，参与环境公共基础设施的建设。

（六）建立统一的区域碳排放交易体系

碳交易是以成本最小化的方式实现温室气体减排所采用的一种市场机制，对能源节约和环境保护具有重要的意义。上海作为全国七个碳交易试点城市之一，于 2013 年 11 月 26 日启动，到 2014 年 6 月已完成第一个履约期，碳排放交易市场总体运行平稳，基本实现试点初步目标：减排效果明显，推动了产业结构调整和转型发展，市场减排工具作用初步显现。2013 年碳交易涵盖的本市工业企业碳排放量比 2013 年降低了 531.7 万吨，煤炭消费量占比减少 62.3%，天然气上升至 11.1%，环境污染物大量减少。当前，长三角区域尤其 16 个核心城市产业结构相似，且工业发展水平差距不太明显，再加上长三角区域大气污染协作机制建立都是建立区域碳交易体系的有利条件。而上海应在不断完善自身交易制度和运行机制的基础上，推进区域碳交易体系的建立。

创新环境保护市场机制篇

Reports on Innovation of Environmental Protection Market

B.6
碳排放交易绩效评价及政策建议

嵇 欣*

摘　要：　目前，我国经济社会发展正处于转型阶段，环境管理也处在战略转型的关键时期，如何适当引入市场机制来改善环境质量、提高环境管理效率尤为重要。我国已在 7 个试点省份开展了碳排放交易，上海也是其中之一。对上海碳排放交易的制度框架体系、市场交易情况、减排效果与减排成本等三个方面进行现状梳理和绩效评价，得出的主要结论如下：第一，上海碳排放交易已初步形成基本的制度框架体系，但也存在一些问题，如缺乏法律保障，未建立基础数据统计体系，在配额总量、具体分配计划、碳排放监测与核查等方面缺乏信息透明度，缺乏配额拍卖的机制设计等。第二，碳市场流动性不足。其主要原因在于配额总量目标设定较为宽

---

* 嵇欣，上海社会科学院生态与可持续发展研究所，博士后。

松，行业覆盖范围过宽，对投资主体开放程度较低，以现货
交易为主等。第三，由于信息不透明、碳市场运行时间尚短
等客观因素，目前还较难准确判断上海碳排放交易体系的减
排效果和减排成本。为弥补上述不足，通过美国排污权交易
和欧盟碳排放交易在减排效果、减排成本、技术投资和创新
等方面的评价，指出合适的排污权交易制度设计可以达到成
本有效性。第四，针对目前上海碳排放交易体系存在的问
题，提出了相应的政策建议，包括确立碳排放权交易的法律
地位、建立碳排放的基础数据统计体系、建立配额拍卖机
制、建立信息披露机制、增强市场流动性。另外，上海碳排
放交易以及国外排污权交易的实践经验对上海今后进一步开
展排污权交易有较强的借鉴意义。

关键词： 碳排放交易　市场流动性　减排效果　减排成本

随着人们对环境问题的日益关注，如何采取有效的措施减少环境污染成为
各国政府环境管理的重点。以往，由于环境质量的公共物品属性，政府更偏好采
用控制－命令式的行政手段来治理环境。然而，西方发达国家从 20 世纪 60 年代
就开始在环境保护领域引入市场机制（如排污权交易等），而且在理论与实践上
都证实了引入市场机制可以较好地达到环境目标、降低治理成本等。目前，我国
经济社会发展正处于转型阶段而且环境管理也处在战略转型的关键时期，如何适
当引入市场机制来改善环境质量、提高环境管理效率尤为重要。本报告对上海碳
排放交易体系进行现状梳理和绩效评价，并结合国外排污权交易的绩效评价结
果，对上海碳排放交易体系以及今后进一步开展排污权交易提出相应的政策建议。

一　上海市碳排放交易体系的现状与绩效评价

在《联合国气候变化框架合约》和《京都议定书》的推动下，全球越来

越关注气候变化问题。政府间气候变化专门委员会（IPCC）指出，如果我们持续现在的温室气体排放，那么很有可能会导致全球气温上升超过2摄氏度，而且在21世纪末可能会上升超过4摄氏度①。气候变暖会威胁到人们的日常生活（如水、食品、身体健康等）并且可能会带来其他灾难风险（如极端气候等）。

为应对全球气候变暖，越来越多的国家或地区开始建立碳排放交易体系，期望以较低的成本来控制温室气体总量，如欧盟、瑞士、新西兰、澳大利亚、RGGI（美国）、WCI（加利福尼亚州和魁北克省）、日本东京、中国的7个试点地区等。

在全球温室气体减排的格局中，中国扮演着重要的角色。据世界银行统计，2006年中国二氧化碳排放量已超过美国跃居世界第一②；2010年中国二氧化碳排放量为82.87亿吨，占世界排放总量的1/4左右，且人均二氧化碳排放量③已高于世界平均水平并接近欧盟人均排放水平（具体见图1）。

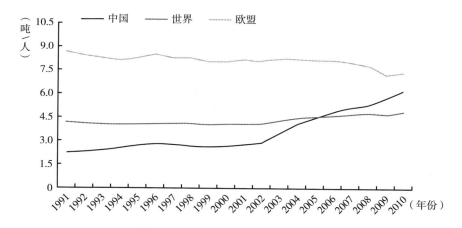

图1　中国的人均二氧化碳排放量（1991~2010年）

资料来源：世界银行。

作为碳排放和能源消耗大国，我国在碳减排方面做出了相应的承诺：2009年11月，国务院常务会议提出，到2020年单位GDP的二氧化碳排放量比

---

① World Bank, "State and Trends of Carbon Pricing 2014", Washington D. C. , 2014.

② 2006年中国二氧化碳排放量为64.14亿吨，美国为57.38亿吨。

③ 2010年中国人均二氧化碳排放量为6.19吨。

2005 年下降 40% ~45%；2011 年 12 月，国务院印发了《"十二五"控制温室气体排放工作方案》，明确指出到 2015 年全国单位 GDP 的二氧化碳排放比 2010 年下降 17% 的目标。2011 年 10 月底，国家发展和改革委员会批准了 7 个试点地区①开展碳排放权交易，上海作为 7 个试点地区之一，于 2013 年 11 月 26 日正式启动碳排放交易。

本章的第一部分将对上海碳排放交易体系进行现状梳理和绩效评价，主要关注制度框架体系、市场交易情况、减排效果与减排成本等这三个方面。

（一）碳排放交易的制度框架体系

经过近两年的前期准备，上海市建立了一系列规章制度：2012 年 7 月，上海市政府发布了《关于本市开展碳排放交易试点工作的实施意见》，这是全国首个碳排放交易试点的规范性文件；2013 年 11 月，上海市政府颁布了全国首个政府规章《上海市碳排放管理试行办法》，上海市发展和改革委员会发布了《上海市 2013 ~2015 年碳排放配额分配和管理方案》。这些规章从总量控制、配额分配、报告核查、市场交易、监督管理等各方面为上海的碳排放交易提供了制度保障。

1. 总量控制

上海市配额总量控制目标的确定是根据国家碳强度的约束指标、结合本市的经济发展状况和能源控制总量目标并对试点企业的碳排放水平进行盘查而得出的。根据 2011 年 12 月国务院发布的《"十二五"控制温室气体排放工作方案》，到 2015 年上海市碳排放强度（单位 GDP 二氧化碳排放）要比 2010 年下降 19%，能源强度要比 2010 年下降 18%。2011 ~2014 年，上海市人民政府每年印发《上海市节能减排和应对气候变化重点工作安排的通知》，明确了各年的二氧化碳减排目标，2011 年的碳排放强度比上一年下降 3.6% 以上，2012 年比上一年下降 3.2% 以上，2013 年比上一年下降 3.5% 左右，2014 年规定二氧化碳排放增量控制在 850 万吨左右。

---

① 2011 年 10 月底，国家发展和改革委员会公布了《关于开展碳排放交易试点工作的通知》，其中 7 个试点地区为北京、天津、上海、重庆、湖北、广东、深圳。

据统计，2010 年上海市温室气体排放总量为 2.4 亿吨 CO_2e，试点覆盖范围的温室气体排放量估计为 1.1 亿吨 CO_2e，约占 45% 左右[1]。2013 年上海市的配额总量约为 1.6 亿吨[2]，其中，电力、钢铁、石化企业所获得的配额数量最多，分别占总配额的 39.6%、28.9%、12.9%（具体见图 2）；另外，2013年度的 14 个新增项目获得的配额数量约为 241 万吨[3]。

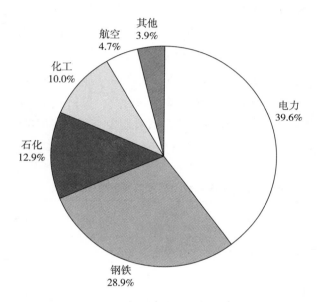

图 2　上海市碳市场的配额分配情况（按行业分）

资料来源：上海环境能源交易所，《上海碳市场快讯》2014 年 10 月（第 43 期）。

然而，需要注意的是，上海市并未在政府文件或政府官方网站上公布配额总量和具体分配计划的相关信息和数据，上文描述的数据是从媒体上获得的；可见，政府在配额总量和具体分配计划的信息公布上缺乏透明度。

---

① World Bank，"Mapping Carbon Pricing Initiatives：Developments and Prospects"，Washington D. C.，2013.

② 水晶碳投：《首年履约期至　中国碳市场流动性盘查》，2014 年 5 月 21 日，http：// www. cco2. com. cn/plus/view. php？aid = 886。

③ 上海环境能源交易所：《上海 2013 履约年数据：82 家企业参与交易，电企配额占四成》，《上海碳市场快讯》2014 年 10 月（第 43 期）。

2. 配额分配

在试点期间，上海市的碳排放初始配额实行免费发放，并一次性向企业发放 2013 年、2014 年、2015 年三年的配额，当年配额可以全部进行交易，未来年度配额可以交易的比例为 50%。考虑到不同行业的特征，上海市碳排放交易体系主要采取以下两种配额分配方法①（具体见表 1）：①历史排放法，适用于产品类别多、缺乏行业统一标准，包括工业（钢铁、石化、化工、有色、建材、纺织、造纸、橡胶、化纤）和非工业（大型公共建筑，如宾馆、商场、商务办公及铁路站点等）；该方法是基于企业历史排放水平，结合先期减排贡献来确定各年度配额。②基准线法，适用于产品（服务）形式比较单一、能够按单个产品（服务）确定排放效率基准的行业，包括工业（电力）和非工业（航空、机场、港口）；该方法主要是通过制定企业各年度单位业务量排放基准，并根据实际业务量来确定企业各年度碳排放配额。

表 1　上海市碳排放交易体系的配额分配方式

分配方法	行业	计算公式	排放基数/排放基准	先期减排配额	新增项目配额
历史排放法	工业（钢铁、石化、化工、有色、建材、纺织、造纸、橡胶、化纤）	企业排放配额=历史排放基数+先期减排配额+新增项目配额	2009～2011 年历史排放水平的平均数；并考虑到企业在 2009～2011 年的排放边界发生重大变化等因素	2006～2011 年，试点企业完成节能量审核的节能技改或合同能源管理项目，按照经审核的节能量换算的二氧化碳排放量的 30% 纳入，分三年发放	对于达到以下新增项目标准的企业，可以发放新增项目配额：①2013～2015 年，企业投产主要生产或用能设施，或在既有设施上进行扩能改造的项目；②项目新增年综合能耗达到 2000 吨标准煤以上；③相关审批程序完整清楚
	非工业（大型公共建筑）	企业排放配额=历史排放基数+先期减排配额	与工业行业（除电力外）相同	与工业行业（除电力外）相同	—

---

① 上海市发展和改革委员会：《上海市碳排放管理试行办法》和《上海市 2013～2015 年碳排放配额分配和管理方案》，2012 年 12 月。

分配方法	行业	计算公式	排放基数/排放基准	先期减排配额	新增项目配额
基准线法	工业（电力）	配额总量＝排放基准×年度综合发电量×负荷率修正系数	根据上海市电厂《DB31/507－2010燃煤凝汽式汽轮发电机组单位产品能源消耗限额》的分类和能效先进值等设定	—	—
	非工业（航空、机场）	企业排放配额＝单位业务量排放基准×年度实际业务量＋先期减排配额	以试点企业2009～2011年平均排放强度为基础，并结合行业节能降耗要求确定	与工业行业（除电力外）相同	—
	非工业（港口）	企业排放配额＝单位吞吐量排放基准×年度实际业务量＋先期减排配额	以试点企业2010～2011年平均排放强度为基础，并结合行业节能降耗要求确定	与工业行业（除电力外）相同	—

资料来源：《上海市2013～2015年碳排放配额分配和管理方案》。

　　虽然大多数试点地区都对初始配额进行免费发放，但需要注意的是历史排放法和基准线法都有各自的优势以及可能产生的问题。

　　历史排放法的优点是操作简单、较为客观、可接受性强，但也会产生以下问题：①由于个体间的差异，历史数据或基准年的选择并不一定适用于所有个体；采用历史排放水平可能会导致初始配额与实际排放水平不一致；②历史排放数据没有考虑到新增产能和早期减排行动等[①]。为了弥补历史排放法的缺陷，并考虑到目前我国正处快速发展时期，企业的排放边界、生产规模、技术水平等都在不断变化，上海市在配额分配方案中明确规定如果企业排放边界发

---

① 李雪梅：《全国统一碳市将至　配额分配难题待解》，《21世纪经济报道》2014年9月23日。

生重大变化，取接近现有边界年份的排放数据。③另外，考虑到先期减排行为和新增产能的问题，上海市在采用历史排放法进行计算时既包括了先期减排配额也包括了新增项目配额。

基准线法的优点是可以体现出行业内的公平性，鼓励企业在碳排放交易体系建立之前就提高能效和减少排放，与实际产量结合时可以按产量变化进行修正；而其缺点在于操作较为复杂（尤其是在制定基准时），且没有解决成本效率损失的问题①。目前，深圳市是唯一大规模采用基准线法进行配额分配的试点城市，对电力、供水、燃气行业采取基准值的方法，对工业行业采取基于碳排放强度（即单位工业增加值碳排放）的方法。其他试点地区主要对电力和热力行业采用基准线法，上海市还采用基准线法对航空、机场和港口进行配额分配。

与免费发放方式相比，拍卖法的操作简单、公平且成本效率较高，拍卖收入可用于资助温室气体减排项目。然而，拍卖会给具有履约责任的企业带来额外的负担，尤其是那些国际竞争压力较大的企业；因此，无论是国外还是国内的碳排放交易体系，在其实施初期都考虑配额分配以免费发放为主。目前，我国的配额拍卖制度仍在尝试中：广东省和湖北省建立了配额拍卖制度，深圳市和上海市在第一个履约期尝试拍卖配额来促进试点企业完成其履约责任。以广东省为例，其 2013～2014 年配额的免费发放和有偿发放比例为 97% 和 3%，2015 年比例提高到 90% 和 10%；另外，广东省 2014 年度配额分配方案的规定有所变动，不再强制要求企业购买足额的有偿配额②，而且配额拍卖底价不再固定为 60 元/吨，而是呈阶梯式上升③。在此变化下，广东省 2014 年度的配额拍卖中出现了最终成交价高于拍卖底价的情况；可见，逐步减少免费配额比例、配额底价呈阶梯式上升等措施有利于促进试点企业参与配额拍卖。

总的来看，目前上海市的配额分配采取免费发放方式，为了弥补历史排放法的缺陷，上海在配额分配时不仅考虑到了企业排放边界发生重大变化等情

---

① 吴倩、Maarten Neelis、Carlos Casanova：《中国碳排放交易机制：配额分配初始评估》，ECOFYS，2014。

② 广东省 2013 年度配额分配方案中规定，如果企业没有购买足额的有偿配额，其免费配额不可用于交易和清缴。

③ 广东省 2014 年度配额分配方案中规定，配额拍卖底价为 25 元/吨、30 元/吨、35 元/吨、40 元/吨。

况，还考虑到先期减排行为和新增产能等问题；另外，上海除了对电力行业采用基准线法，还尝试在航空、机场、港口等采用基准线法进行分配。然而，虽然上海市曾在履约期到期日将近时尝试了一次配额拍卖，但还未建立相应的配额拍卖机制。

3. 报告核查

2012 年 11 月，上海市发展和改革委员会发布了试点企业的名单，并结合不同行业特征发布了《上海市温室气体排放和报告指南》以及电力和热力、钢铁、化工、有色金属、航空等 9 个行业的温室气体核算和报告方法；并于2013 年 3 月完成了试点企业排放情况盘查。

另外，上海市已经基本建立了监测、报告、核查（MRV）机制（具体见表 2），要求企业按规定制订监测计划、对碳排放进行监测，编制并提交年度碳排放报告，并接受第三方机构对其碳排放量进行核查。目前，上海市已经建立了第三方核查机构备案管理制度，并公布了首批备案的第三方核查机构①。

表 2　上海市碳排放交易的监测、报告与核查（MRV）

时间	主体	任务
每年 3 月 31 日前	控排企业	编制上一年度碳排放报告，并报市发展改革部门
每年 4 月 30 日前	第三方核查机构	核查碳排放报告，并向市发展改革部门提交核查报告
自收到第三方机构出具的核查报告之日起 30 日内	市发展改革部门	依据核查报告、碳排放报告，审定年度碳排放量，并将审定结果通知控排企业
每年 6 月 1 日～6 月 30 日	控排企业	根据审定的上一年度碳排放量，通过登记系统提交配额、完成清缴义务
每年 12 月 31 日前	控排企业	制定下一年度碳排放监测计划，明确监测范围、方式、频次等，并报市发展改革部门

资料来源：上海市发展和改革委员会，《上海市碳排放管理试行办法》和《配额分配方法》解读，2012 年 12 月。

---

①　上海市首批公布的碳排放核查第三方机构一共有 10 家，分别是上海市信息中心、中国质量认证中心上海分公司、中环联合（北京）认证中心有限公司上海分公司、上海市节能减排中心有限公司、上海同际碳资产咨询服务有限公司、上海市环境科学研究院、上海市建筑科学研究院、上海市能效中心、上海泰豪智能节能技术有限公司、上海同标质量检测技术有限公司。

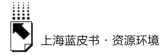

虽然上海市已经明确规定了9个行业的温室气体核算方法并对试点企业的碳排放进行盘查，但由于长期以来缺乏碳排放水平的基础统计，因而其历史数据与实际排放量之间可能存在一定的偏差。另外，虽然《上海市碳排放管理试行办法》中明确规定了企业监测、报告碳排放并接受第三方机构核查的义务，但相关的监测、报告和核查的信息和数据并未向公众公布。

4. 交易规则

上海环境能源交易所制定了碳排放交易规则，对会员管理、结算、信息管理、风险控制管理、违规违约处理等方面做出了明确的规定（具体见表3），并建立了注册登记系统和交易系统等。

表3　上海市碳排放交易规则

交易规则	具体内容
交易产品	碳排放配额:SHEA2013,SHEA2014,SHEA2015
	国家核证自愿减排量(CCER)
交易方式	挂牌交易
	协议转让
会员制度	自营类会员:可进行自营业务
	综合类会员:可进行自营业务和代理业务;代理客户交易和结算
结算制度	二级结算制度:交易所对会员统一进行清算和划付;综合类会员负责对其代理的客户进行清算和交割
	净额结算制度:在一个清算期中,会员就其买卖的成交差额、手续费等于交易所进行一次划转
	交易资金银行存管制度:指定结算银行与交易系统共同办理碳排放交易资金的结算业务
风险控制制度	涨跌幅限制制度(±30%)
	大户报告制度
	配额最大持有量限制制度
	风险警示制度
	风险准备金制度
信息披露制度	即时行情:包括配额代码、收盘价、成交价、最高价、最低价、成交量、成交额、涨跌幅等
	公开信息:与碳排放交易有关的公告、通知或重大政策信息
	报表:定期发布反映市场成交情况的周报表、月报表、年报表
违规违约制度	对会员、客户、结算银行等违规违约的处理

资料来源：上海环境能源交易所，《碳排放交易规制及实施细则解读》，2013年12月。

5. 监督管理

根据《上海市碳排放管理试行办法》，上海市对企业、第三方核查机构、交易所的违规行为做出了明确规定。对于未履约企业，处罚措施主要包括罚款、将其违规行为记入企业信用记录并向社会公布、取消相关财政支持和评比资格、不予受理相关评估报告；对于第三方机构和交易的违规行为，主要处罚措施为行政罚款（具体见表4）。

表4　上海市碳排放交易体系对违规行为的处罚

对象	行为	罚款	行政处理措施
企业	未履行报告义务	1万~3万元	记入该企业信用记录，通报工商、税务、金融等部门，并向社会公布；取消其享受当年度及下一年度本市节能减排专项资金支持政策的资格以及3年内参与节能减排先进集体和个人评比的资格；不予受理其下一年度新建固定资产投资项目节能评估报告表或者节能评估报告书
	未按规定接受核查	提供虚假资料、隐瞒信息:1万~3万元；抗拒、阻碍核查:3万~5万元	
	未履行配额清缴义务	5万~10万元	
第三方机构	出具虚假报告	3万~10万元	—
	报告出现重大错误		
	擅自发布或使用有关保密信息		
交易所	未公布违法信息	1万~5万元	—
	收取手续费		
	未建立风险管理制度		
	未向发改委报送有关文件、资料		

资料来源：《上海市碳排放管理试行办法》。

虽然企业的未履约行为会向公众公布，而且上海市于2014年4月30日设立了"碳排放信用管理服务应用"，将控排企业、第三方核查机构、各交易参与方在碳排放监测、报告、核查、清缴和交易过程中的违法违规行为记入上海市公共信用信息服务平台中，但是企业的碳排放监测、报告和核查的相关信息和数据并未向公众公布。

6. 小结

总的来说，上海已经初步形成了基本的制度框架体系，从总量控制、配额分配、报告核查、市场交易、监督管理等各方面为碳排放交易提供了制度保障，但仍然存在以下几个方面的问题。

第一，缺乏法律保障。上海市以政府令（规章）对碳排放交易进行规制，其法律约束力较弱，缺乏法律保障。而目前7试点地区中，只有深圳市的碳排放交易通过了地方人大立法，北京市通过了人大决定①。

第二，缺乏基础数据统计体系和信息披露机制。在设定配额总量目标和配额分配基准时，都需要碳排放水平的基础数据进行统计，虽然目前上海已制定了9个行业的温室气体核算方法并对试点企业的碳排放量进行盘查，但还未建立全市的碳排放基础数据统计体系。另外，虽然上海明确规定了不同行业的配额分配方式、计算公式、分配基准等，向公众发布碳市场交易数据并定期公布月报、年报等，而且建立了碳排放信用管理体系，但是关于配额总量、配额分配计划以及碳排放监测、报告、核查等方面的数据和信息仍缺乏透明度。同样，在其他试点地区中也有类似的问题存在（具体见表5）。

表5　中国7个试点地区碳排放交易的信息公开情况

试点地区	配额总量*	配额分配计划	配额分配方式**	市场交易数据	公布监测、报告、核查数据	违法违规行为记入公共信用信息***
上海	×	×	√	√	×	√
深圳	×	×	×	√	×	√
北京	×	×	√	√	×	×
广东	√	×	√	√	×	×
天津	×	×	√	√	×	×
湖北	√	×	√	√	×	√
重庆	×	×	√	√	×	√

＊ "√" 表示政府在相关规章制度中有明确的配额总量；"×" 表示没有。

＊＊ "√" 表示政府专门颁布了关于配额分配和管理的规章制度；"×" 表示没有颁布。

＊＊＊ "√" 表示政府在碳排放交易的相关规章制度中明确规定了将违法违规行为记入到公共信用信息平台中；"×" 表示没有相关规定。其中，上海已于2014年4月底实现碳排放信息管理与公共信用信息服务平台对接。

资料来源：根据7个试点地区交易所网站中的相关信息整理而得。

① 田春秀、冯相昭、刘哲等：《促进碳交易市场健康发展》，中国环保网，2014年8月14日。

第三，配额分配采取免费发放方式，还未建立配额拍卖机制。目前，上海市在采用历史排放法时不仅考虑了企业排放边界发生重大变化等情况，还考虑到先期减排行为和新增产能等问题，而且还尝试对电力、航空、机场、港口等采用基准法进行配额分配。虽然为了促进试点企业履约，上海市曾进行了一次配额拍卖，但还未建立相应的配额拍卖机制。

（二）碳市场交易情况

该部分主要对上海市碳市场交易情况（包括市场价格、交易量、交易额等）分两个阶段进行描述，即第一个履约期（2013 年 11 月 26 日至 2014 年 6 月 30 日）和第二个履约期（2014 年 7 月 1 日至 2014 年 10 月 31 日），并将其交易情况与其他试点地区进行比较。最后，在此基础上，对上海碳交易的市场流动性进行评价。

1. 配额价格

在第一个履约期内，上海市的配额价格（收盘价）较为平稳，价格最高点发生在 2014 年 2 月 21 日，为 45.4 元/吨；价格最低点发生在 2013 年 11 月 26 日，为 27 元/吨。从价格趋势来看，上海碳排放交易体系的配额价格呈平稳上升趋势，在 2014 年 3 月以后，价格稳定在 40 元/吨（具体见图 3）。

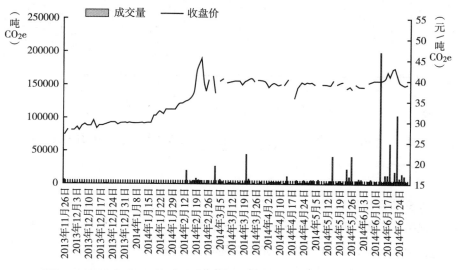

图 3　SHEA2013 的配额价格和成交量（2013 年 11 月至 2014 年 6 月）

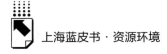

在第一个履约期结束后，大约有两个月左右的时间一直没有交易，直到2014年9月4日开始有交易，但收盘价下降为29元/吨；从9月中旬开始，碳市场有所恢复，价格也逐渐回升到35元/吨左右。

与其他试点地区相比，上海的配额价格基本稳定，目前维持在35元/吨左右；而深圳2013年的配额价格曾有较大波动，其价格是7个试点地区中最高的，有较长一段时间价格维持在75元/吨左右，目前配额价格有所下降，约为50元/吨；广州的碳价格大幅度下降，从刚开始的60元/吨左右下降到现在的25元/吨左右；北京的配额价格有较长一段时间维持在50元/吨至55元/吨之间，最高到75元/吨左右，目前维持在50元/吨左右；天津的配额价格从刚开始时的25元/吨上升至50元/吨，之后价格有所回落，基本维持在30元/吨至40元/吨之间，目前价格又下降到25元/吨左右；湖北省的配额价格最为稳定，基本维持在25元/吨左右（具体见图4）。

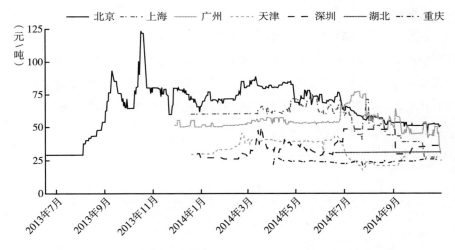

图4 中国7个试点地区的碳配额价格（2014年1月1日至10月31日）

资料来源：中国碳排放交易网。

2. 交易量与交易额

在第一个履约期内，82家试点企业在143个交易日内累计成交量155.33万吨，累计成交额为6091.7万元。交易集中在履约期（2014年6月），其成交量达到111.48万吨，占总交易量的71.77%左右（具体见图5）。其中，协议成交量为 62.44 万吨，约占累计成交量的 40% 左右，而且都发生在履约期（具体见图 6）。另外，SHEA13 的累计成交量为 153.2 万吨，占总成交量的 98.6%；2014 年和 2015 年配额的成交量分别为 1.8 万吨和 0.3 万吨，占总成交量的 1.2% 和 0.2%。

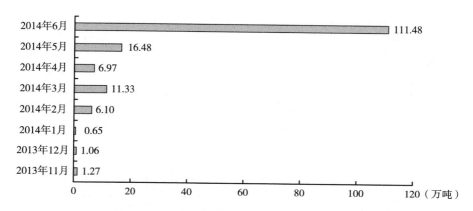

图 5　上海碳交易市场的成交量（按月份，2013 年 11 月至 2014 年 6 月）

资料来源：上海环境能源交易所。

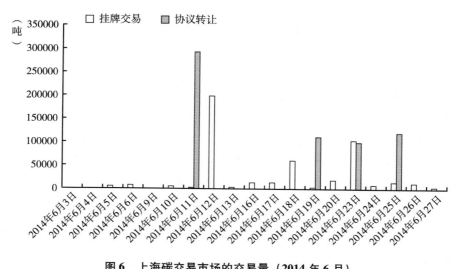

图 6　上海碳交易市场的交易量（2014 年 6 月）

资料来源：上海环境能源交易所。

在第一个履约期结束后，大约有两个月左右的时间一直没有交易，直到
2014年9月4日，有5000吨碳配额成交；随后又有多日没有交易，从2014年
9月19日至10月31日，碳市场的交易有所恢复，但日成交量仍较小，保持在
1000~5000吨之间（具体见图7）。

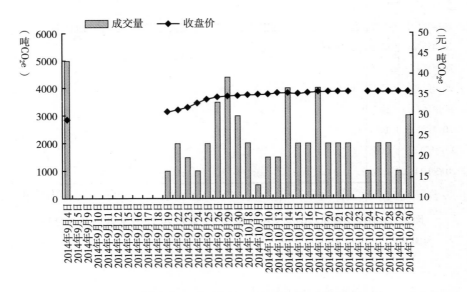

图7　SHEA2014的配额价格和成交量（2014年9~10月）

截至2014年10月31日，上海市碳排放交易的累计成交量为1609460吨，
其中挂牌交易和协议转让分别为985011吨和624449吨；与其他试点地区相
比，上海累计成交量的排名为第四，低于湖北、北京、深圳（具体见图8）。
上海的累计成交额为6284.26万元，其中挂牌交易为3830.76万元，协议转让
为2453.50万元；与其他试点地区相比，上海累计交易额的排名为第五，高于
天津和重庆（具体见图9）。

3. 市场流动性不足的影响因素分析

从上海碳市场的交易量和交易额可以判断出其市场流动性不足，主要表现
在以下两个方面：①参与交易的试点企业数量较少。在第一个履约期，一共有
82家试点企业参与交易，仅占试点企业总数的43%左右。②累计成交量较低。
在第一个履约期，累计成交量为155.33万吨，仅占配额总量的0.97%。

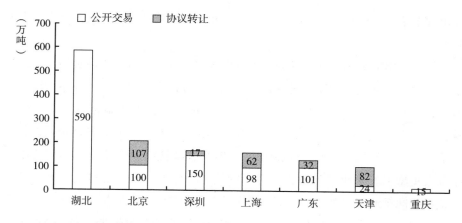

图8　中国7个试点地区碳市场的累计交易量（截至2014年10月31日）

资料来源：上海环境能源交易所，《上海碳市场快讯》2014年11月（第46期）。

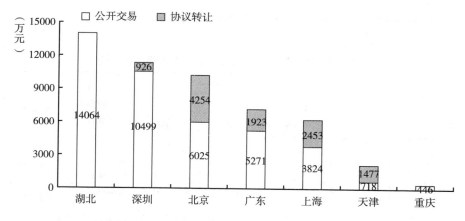

图9　中国7个试点地区碳市场的累计交易额（截至2014年10月31日）

资料来源：上海环境能源交易所，《上海碳市场快讯》2014年11月（第46期）。

影响市场流动性的主要因素可以归结为以下四个方面：

第一，配额总量。从配额总量目标来看，如果配额总量目标设定较为宽松，分配到试点企业的配额与实际排放水平一致或有富余，那么企业参与交易的积极性就较低。上海市在第一个履约期内参与交易的试点企业不到50%，在一定程度上说明其配额总量目标设定较为宽松。另外，如果配额总量规模较小而纳入试点范围的企业数量较大，那么平均配额量较小的试点地区就不太可

151

能出现单笔交易量较大的现象，如北京市和深圳市就很少有日交易量超过 1 万吨的。

第二，覆盖范围。碳市场的覆盖范围越大，其市场流动性会越强。但是由于尚未建立全国统一的碳市场且各试点地区的经济发展水平、产业结构有较大差异，一些试点地区为了形成一定规模的碳市场（试点覆盖范围的二氧化碳排放量占全省/市排放总量的比例为 40% 左右，具体见表 6），其所覆盖的行业范围会较广。例如，上海、深圳的第三产业较为发达，因而其覆盖范围除了碳排放密集型工业企业（如电力热力、钢铁、石化等）外，还包括了大型公共建筑和移动排放源（如航空、城市公共交通）。需要注意的是，如果行业覆盖范围过宽，可能会导致某个行业纳入试点范围的企业数量较少，那么企业可能会由于缺乏竞争压力而参与碳交易的积极性较低，也难以起到行业内的优胜劣汰作用；另外，行业覆盖范围过宽还会加大配额分配的难度，对排放监测、报告与核查的技术要求也较高，而且会增加监管成本。

表 6　中国 7 个试点地区的市场流动性影响因素比较

| 试点地区 | 配额总量 | | 覆盖范围 | | | 对投资者开放程度 | 交易产品 |
	配额总量（亿吨）	占全省/市碳排放总量的比重	试点企业数量（家）	覆盖行业	排放门槛		
上海	1.6	45%	191	工业；建筑；移动排放源（航空）	工业≥2 万吨 非工业≥1 万吨	控排企业；机构投资者**	SHEA2013 SHEA2014 SHEA2015
深圳	0.33	38%*	工业:635 建筑:197	工业；建筑	工业≥3000 吨 建筑≥1 万平方米	控排企业；机构投资者；个人投资者；境外投资者	SZA2013 SZA2014
北京	0.5	40%	490	工业	工业≥1 万吨	控排企业；机构投资者	BEA2013
广东	3.88	40%	242	工业；建筑	工业≥1 万吨 建筑≥5000 吨	控排企业；机构投资者；个人投资者	GDEA2013
天津	1.6	60%	114	工业；建筑	工业≥2 万吨 建筑≥2 万吨	控排企业；机构投资者；个人投资者	TJEA2013

续表

试点地区	配额总量		覆盖范围			对投资者开放程度	交易产品
	配额总量（亿吨）	占全省/市碳排放总量的比重	试点企业数量（家）	覆盖行业	排放门槛		
湖北	3.24	35%	138	工业	工业≥6万吨标准煤（综合能源消费量）	控排企业；机构投资者；个人投资者	HBEA
重庆	1.25	—	242	工业	工业≥20000吨	控排企业；机构投资者；个人投资者	CQEA－1

* 试点工业企业占全市碳排放总量的38%左右。

** 截至2014年8月底，其他试点省市都已经对机构、个人投资者开放，而上海仅对控排企业开放的碳市场；2014年9月3日，上海碳排放交易体系开始对机构投资者开放。

资料来源：World Bank（2013）；上海环境能源交易所，《上海碳市场快讯》第6期，2014年1月；上海环境能源交易所，《上海碳市场快讯》第46期，2014年11月；7个试点地区碳排放交易的相关规章制度整理而得。

第三，对投资者的开放程度。在碳排放交易体系实施初期，各试点地区的控排企业都需要一定的时间来观察和适应碳市场，因此总体上控排企业的参与积极性不高。此时，其他主体的参与对市场流动性来说尤为重要。例如，湖北省在刚启动碳排放交易时就向全社会开放，所以其交易一直较为活跃，据统计大约有20%的个人投资者、30%的机构投资者参与交易；深圳市是首个允许机构和个人投资者参与碳交易的城市，其他试点地区也逐步向社会投资者全面开放。但上海的碳排放交易体系在2014年9月才正式向机构投资者开放，在此之前的参与主体全部为控排企业，这可能是导致其市场流动性较差的原因之一。

第四，现货交易。目前，各试点地区的碳市场均采取现货交易，而现货交易的特征是其本身就不适合频繁交易。虽然，上海市尝试一次性发放了2013～2015年三年的配额量，该举措在一定程度上类似于期货交易；但在第一个履约期，仍以2013年的配额交易为主，2014年和2015年的配额交易量仅占1.4%左右。

（三）减排效果和减排成本

在第一个履约期到期时，上海市的试点企业实现了100%的履约率；可见，碳排放交易的实施对控制温室气体排放具有一定的作用。据统计，191家试点企业在2013年度的实际碳排放量在2011年的基础上下降了2.7%；其中，工业试点企业2013年度的碳排放量比2011年减少了531.7吨，下降了3.5%。在能源消费结构方面，工业企业（不包括电力）的煤炭消费量所占比例为62.3%，比2010年下降了3.2%；天然气消费量所占比例为11.1%，比2010年上升了4%①。然而，根据上述数据很难判断出实施碳排放交易对全市二氧化碳减排的贡献大小；而且由于上海碳排放交易体系运行时间较短（从2013年11月26日正式启动）以及缺乏配额总量、配额分配的具体计划、试点企业实际碳排放量等相关信息，目前较难判断碳排放交易是否对减少二氧化碳排放具有明显效果。

另外，同样由于上海碳排放交易体系运行时间尚短，无法估算出具体的成本节约。然而，在第一个履约期，有82家试点企业参与交易，且交易量达到了155.33万吨，说明碳排放交易对降低减排成本有一定的作用。但是，由于目前上海碳排放交易的市场流动性较差，在第一个履约期的累计交易量占配额总量的比例不到1%，根本不存在大量的交易活动，因而其成本节约的作用十分有限。

（四）总结

第一部分主要对上海碳排放交易的制度框架体系、市场交易情况、减排效果与减排成本等三个方面进行总结和评价，得出的主要结论如下：第一，上海碳排放交易体系已在总量控制、配额分配、市场交易、报告核查、监督管理等方面初步形成了基本的制度框架体系，但也存在一些问题——缺乏法律保障；还未建立碳排放的基础数据统计体系；关于配额总量控制目标、具体配额分配计划、碳排放的监测、报告与核查等方面的数据与信息缺少透明度；配额分配采取免费发放方式，缺乏配额拍卖的机制设计等。第二，从上海碳市场交易情况来看，截至第一个履约期到期日（2014年6月30日），配额价格稳定在35元/吨~40元/吨，累计成交量和累计成交额分别达到155.33万吨和6091.7万元；但参与交易的企业数量较少，2013年度的配额交易量仅占配额总量的1%

---

① 宋薇萍：《上海碳交易减排显著　未来将主动服务长三角》，2014年7月28日，中国证券网。
孟群舒：《上海碳排放交易按期且100%履约》，《解放日报》2014年7月29日。

左右，而且在第一个履约期结束后有很长一段时间没有交易，可见目前企业参与碳排放交易的积极性不高、市场流动性不足。其主要原因在于配额总量目标设定较为宽松，行业覆盖范围过宽，对投资主体开放程度较低，以现货交易为主等。第三，在第一个履约期，191 家试点企业都完成了其履约责任，即履约率为100％；但由于企业碳排放的统计数据、配额总量及分配情况等信息不透明，以及考虑到碳市场运行时间尚短等客观因素，目前还较难准确判断上海碳排放交易体系的减排效果和减排成本。

二 国外对排污权交易的绩效评价

虽然由于信息不透明、碳市场运行时间较短等客观因素的影响，难以判断上海碳排放交易体系的实施是否能够明显减少碳排放并降低减排成本，但是从理论上排污权交易是可以达到成本有效性的。排污权交易的理论基础可以追溯到科斯的产权理论。在完全竞争、信息完备的市场条件下，只要明确界定产权，且交易成本为零或者很小，那么无论初始产权如何配置，市场交易可以使资源配置达到帕累托最优。Dales（1968）[①] 和 Crocker（1966）[②] 分别将产权概念引入水污染和大气污染的控制研究。Montgomery（1972）[③] 从理论上证明了排污权交易优于其他传统的环境治理政策（如排污收费），而且如果排污权交易市场是完全竞争的，那么其减排成本是最低的。Tietenberg（1985）认为排污权交易能够使减排成本高的企业向减排成本低的企业购买排放权，促使企业在追求自身利益最大化的同时通过市场手段进行减排，当市场达到均衡时，所有企业的边际减排成本相等，因而实现了帕累托最优[④]。Wakabayashi 和 Sugiyama（2008）[⑤] 总结了

---

① Dales J. H., *Pollution*, *Property and Prices*, Toronto：University Press, 1968.

② Crocker T. D., "The Structuring of Atmospheric Pollution Control Systems", In Wolozin H. (Ed.), *The Economics of Air Pollution*, New York：W. W. Norton and Company, Inc., 1966.

③ Montgomery W. D., "Markets in Licenses and Efficient Pollution Control Programs", *Journal of Economic Theory*, 1972, 5（3）.

④ 崔连标、范英、朱磊等：《碳排放交易对实现我国"十二五"减排目标的成本节约效应研究》，《中国管理科学》2013 年第 21 卷第 1 期。

⑤ Wakabayashi M., Sugiyama T., "Are Emission Trading Systems Effective?", Central Research Institute of Electric Power Industry, 2008.

排污权交易在理论上的优势：①减排是有效的。排放权作为有经济价值的资产可以在市场进行交易，这会激励企业减少排放；配额的市场价格越高，激励减排的效果越大。②降低减排成本。假设企业 A 和企业 B 的减排成本不同，减排成本较低的企业 A 可以通过自身努力减少更多的排放，并将多余的减排量在市场上出售给减排成本更高的企业 B，因而排污权交易使得这两个企业都获得了收益，以较低的成本进行减排。③节约管理成本。在传统的命令—控制型政策下，政府要为每个污染企业制定各自的减排标准，这需要大量的技术信息（如各种污染物的治理方法及其边际成本等）而且存在严重的信息不对称问题；但是，建立排污权交易体系后，政府只需要确定一个合适的排放总量目标，而不需要达到该目标的详细技术信息，这可以节约管理成本。④激励技术创新。从长期来看，排污权交易可以激励企业加大对低排放技术的投资并鼓励技术创新。

因此，第二部分主要关注美国排污权交易和欧盟碳排放交易的绩效评价，包括减排效果、减排成本、技术投资和创新等，并证实了合适的排污权交易制度设计可以达到以较低成本控制污染物排放总量的目的。这在一定程度上弥补了难以准确评价上海碳排放交易体系的减排效果和减排成本的不足。

（一）美国排污权交易的绩效评价

美国的排污权交易制度起源于对空气污染领域的控制，随后被扩展到流域污染、固体污染的控制中①。以空气污染领域为例，美国从 20 世纪 70 年代后期就开始实施排污权交易（具体见表 7）。在《清洁空气法》的推动下，为了达到规定的空气质量标准，美国国家环保局（EPA）和各州制定了四种机制来增加灵活性并减少履约成本，即容量节余（Netting）、补偿（Offsets）、气泡（Bubble）、储存（Banking），这四种机制构成了排污权交易体系（EPA ET）。在 80 年代中期，EPA 对汽油生产中的铅含量进行限制，并允许炼油企业之间进行交易。在 90 年代初期实施了针对移动源的平均、储存和交易计划（ABT），该计划与汽油铅的排污权交易类似。在《清洁空气法》修订以后，

---

① 封凯栋、吴淑、张国林：《我国流域排污权交易制度的理论与实践——基于国际比较的视角》，《经济社会体制比较》2013 年第 2 期。

美国于 1995 年建立了 SO_2 排放交易体系，主要针对电力行业，也称之为酸雨计划。同样在 20 世纪 90 年代中期，美国加利福尼亚实施了区域清洁空气激励市场（RECLAIM）项目，主要针对 NOx 和 SO_2 的排放。在 20 世纪 90 年代后期，美国东北部开展了 NOx 排污交易预算计划。

表 7　美国的排放权交易体系

排放权交易体系	部门	排放物	来源	范围	实施年份
EPA 排放交易计划	EPA	多种	固定	美国	1979 年
汽油铅	EPA	铅	汽油	美国	1982～1987 年
酸雨计划	EPA	SO_2	电力生产	美国	1995 年
RECLAIM	南部海岸空气质量管理区	NOx,SO_2	固定	洛杉矶盆地	1994 年
平均、储存和交易计划（ABT）	EPA	多种	移动	美国	1991 年
东北部 NOx 排放交易预算计划	EPA,12 个州	NOx	固定	美国东北部	1999 年

资料来源：Ellerman et al.（2003）。

对上述排污权交易的评价，大致可以归纳为以下三个方面[①]。

第一，排污权交易可以降低成本。实践经验显示，与命令—控制方式相比，排污权交易可以降低履约成本，然而，很难精确测量成本的节约。在美国的实践中，与其他排污权交易相比，酸雨计划（SO_2 排放交易体系）有确凿证据可以证明排污权交易确实节约了成本，且这些收益主要是从空间交易和跨期交易中获得的；Ellerman et al.（2000）[②] 估计了不同类型交易的成本节约（具体见表 8）。虽然其他排污权交易没有进行事后评估，但如果有大量的交易活动，也可以在一定程度上说明存在成本节约。

第二，排污权交易有助于达到环境目标。这主要是因为：①减排目标是分阶段的，参与企业可以储存排放配额，如铅交易计划、酸雨计划、ABT、东北部 NOx 预算交易计划，这有助于加快企业减少排放。②边际减排成本较高或

---

①　Ellerman D.，Joskow P. L.，Harrison Jr. D. "Emissions Trading in the U. S.—Experience, Lessons and Considerations for Greenhouse Gases"，PEW Center on Global Climate Change，2003.

②　Ellerman A. D.，Schmalensee R.，Joskow P. L.，Montero J. P.，Bailey E.，*Markets for Clean Air：The U. S. Acid Rain Program*，Cambridge，UK：Cambridge University Press，2000.

表8　SO₂排污权交易体系的减排成本与成本节约

单位：百万美元（按1995年现值）

项目	进行交易的减排成本	无交易的减排成本	来自排污权交易的成本节约				
			第一阶段的空间交易	储存	第二阶段的空间交易	总的成本节约	成本节约所占比例(%)
第一阶段（1995～1999）	735	1093	358	—	—	358	33
第二阶段（2000～2007）	1400	3682	—	167	2115	2282	62
合计	14875	34925	1792	1339	16919	20050	57

数据来源：Ellerman et al.（2000）。

者技术不可行的企业可以通过向边际减排成本较低的企业购买配额来完成环境目标，这就避免了命令—控制方式所遇到的问题——在命令—控制方式下，经济困难或技术障碍只能通过放松排放标准来解决，然而经常调整标准会降低规制的环境有效性。③当排污权交易具有灵活性时，它不仅具有较强能力达到环境目标，甚至可以接受更高的目标。

第三，储存配额在改善排污权交易体系的环境表现和降低履约成本上起到重要的作用。尤为重要的是，在面临许多不确定性（生产水平、履约成本、其他影响抵消信用或配额需求的因素）时，配额的储存可以提供灵活性。

（二）欧盟碳排放交易体系的绩效评价

欧盟碳排放交易体系（EU ETS）于2005年正式启动，是目前全球最大的碳排放交易体系。已有研究对EU ETS的评价主要集中在以下三个方面①：

第一，减排效果与成本有效性。大多数研究采用了计量模型来估计减排效果，将没有引入EU ETS时的二氧化碳排放量与审核的排放量进行比较来评价EU ETS的减排效果。研究结果表明，EU ETS对减少二氧化碳排放具有显著效

---

① Laing T., Sato M., Grubb M., Comberti C., "Assessing the Effectiveness of the EU Emissions Trading System", *Center for Climate Change Economics and Policy*, 2013.

果（具体见表9）。另外，从成本有效性来看，Brown et al.（2012）[①] 指出 EU ETS 具有明显的成本有效性，即以最低成本达到减排目标，且已有研究表明在区域、国家和企业层面，EU ETS 对温室气体减排具有明显的贡献（除了2009年的经济衰退以外），从2005年至2009年 EU ETS 减少了约4.8亿吨 CO_2，这些减排都是以相对较低的成本完成的。

表9　EU ETS 的减排效果估计

研究	方法	主要结论
Ellerman and Buchner（2008）	计量模型	第一阶段的减排范围为1.2亿~3亿吨
Delarue et al.（2008）	计量模型	电力部门在2005年减排9000万吨,2006年减排6000万吨
Anderson and Di Maria（2011）	动态面板数据模型	第一阶段的总减排量为2.47亿吨
Abrell et al.（2011）	计量模型	2007~2008年排放减少了3.6%,其减排量大于2005~2006年
Egenhofer et al.（2011）	计量模型	2008~2009年,每年有3.35%的排放强度改善是来自 EU ETS

数据来源：Laing et al.（2013）。

第二，对投资和创新的影响。除了以较低的成本控制温室气体排放总量外，EU ETS 的另一个目的是影响低碳技术的决策、推动低碳技术发展、激励对低碳资产的投资、减少对碳密集型产品和生产过程的投资。虽然，一些研究开始尝试定量分析 EU ETS 对投资的影响，但面临着较大的挑战——一方面，基准情景的计算非常复杂而且难以证实；另一方面，缺乏实际投资的相关数据。因此，对投资的影响大多会采用调研和访谈数据（具体见表10）。已有研究显示，EU ETS 会影响投资决策，但其效果有限。

第三，对价格和利润的影响。在第一阶段（2005~2007年），由于配额总量目标设定过于宽松以及不允许配额跨阶段储存，因而导致配额价格大幅度下降并接近于零；之后，由于过于宽松的配额分配方案以及受到全球经济危机、金融危机的影响，EU ETS 存在大规模的配额冗余，配额价格再次经历了大幅

---

① Brown L. M., Hanafi A., Petsonk A. "The EU Emissions Trading System: Results and Lessons Learned", Environmental Defense Fund, 2012.

表 10　EU ETS 对投资和创新活动的影响

研究	方法	主要结论
Martin et al.（2011）	对制造业企业的调研	大部分企业会采取一些措施来减少温室气体排放；企业对总量控制严格性的期望与减少生产过程中的温室气体排放或产品创新之间存在较强的正相关
Rogge et al.（2010）	对德国电力部门的调研	对创新的影响较小，现在 CO_2 成为电力部门建设的投资评估中的一部分
Hoffman（2007）	对德国电力部门经理的调研	EU ETS 对于小规模的短期投资决策来说已经成为一个重要动力；在电力企业或研发的大规模投资决策中的作用较小
Petsonk and Cozijnsen（2007）	法国、德国、荷兰和英国的案例研究	在 EU ETS 涵盖范围内的许多部门以及未涵盖的一些部门，其创新行为都受到了碳价格的推动
Anderson et al.（2011）	对爱尔兰参与 EU ETS 企业的调研	发现 EU ETS 能够成功地激励企业进行适当的技术改进
Herve-Mignucci（2011）	5 个受到碳排放限制的欧盟企业的调研	在 EU ETS 实施早期，企业投资部门并没有考虑气候因素；在 EU ETS 的第二阶段，企业投资部门具有较为清晰的、与低碳投资有关的回应

数据来源：Laing et al.（2013）。

下降，从 30 欧元/吨下降到目前的 6.5 欧元/吨左右。可见，碳排放交易体系的具体政策设计（如配额总量目标的设定、配额储存等）对配额价格有一定的影响。另外，配额总量目标过于宽松、配额的免费发放可能会产生"意外收益"。已有研究显示，在 EU ETS 的第一阶段和第二阶段存在明显的"意外收益"（具体见表 11）。为了解决上述问题，从第二阶段开始，EU ETS 逐步提高配额拍卖比例，到 2027 年实现 100% 拍卖，其中对电力部门的要求尤为严格。

表 11　欧盟电力和非电力部门的意外收益估计

研究	部门阶段	碳价格的假设	意外收益估计
Sijm and Neuhoff（2006）	第一阶段，德国、英国、法国、比利时、荷兰的电力部门	€20/tCO$_2$	每年 53 亿～70 亿欧元
Martin et al.（2010）	第三阶段，欧盟所有部门	€30/tCO$_2$	每年 70 亿～90 亿欧元
Maxwell（2011）	第二阶段，英国电力部门		每年 10 亿英镑

研究	部门阶段	碳价格的假设	意外收益估计
Point Carbon, WWF (2008)	第二阶段, 德国和英国的电力部门	€ 21 – 32/tCO$_2$	德国为140亿~340亿欧元; 英国为50亿~150亿欧元
Lise et al. (2010)	EU 20 的电力部门	€ 20/tCO$_2$	350亿欧元
Sandbag(2011b)	第二阶段, 欧盟碳排放量排名前10位的企业	€ 217.03/tCO$_2$	41亿欧元
CE Delft(2010)	第一阶段, 炼油、钢铁部门		140亿欧元

数据来源: Laing et al. (2013)。

（三）总结

从美国和欧盟的排污权交易实践经验中，我们可以发现，对排污权交易的评价主要集中在以下四个方面，即减排效果、减排成本、具体政策设计（包括配额总量目标的设定、配额分配方式、配额储存等）、对低碳投资和技术创新的激励。其结论可以归纳如下：第一，从减排效果来看，排污权交易有助于减少排放、达到环境目标；第二，从减排成本来看，排污权交易有助于以较低的成本完成减排目标；第三，从政策设计来看，配额总量设定、配额分配方式、配额的储存等具体政策设计的不同会影响到减排效果和减排成本，甚至会产生"意外收益"等问题；第四，从技术投资和创新来看，排污权交易对低碳投资的激励以及技术创新的作用有限。

三　政策建议

在对上海碳排放交易体系进行现状梳理和绩效评价的基础上，第三部分将针对目前存在的问题提出相应的政策建议。另外，上海碳排放交易以及国外排污权交易的实践经验对上海今后进一步开展排污权交易有较强的借鉴意义。

（一）对上海碳排放交易体系的政策建议

目前，上海碳排放交易体系存在的主要问题为缺乏法律约束力，还未建立碳排放的基础数据统计体系，缺乏配额拍卖的机制设计，关于配额总量控制目标、具体配额分配计划、碳排放的监测报告与核查等方面的信息缺少透明度，市场流动性不足等。针对上述问题，提出以下五个方面的政策建议：确立碳排放权交易的法律地位，建立碳排放的基础数据统计体系，建立配额拍卖机制，建立信息披露机制，增强碳市场流动性。

1. 确立碳排放权交易的法律地位

如果没有强制的法律约束，碳排放交易制度就难以顺利实施。目前，国家法律法规中没有明确赋予碳排放权的法律地位，从总量控制、配额分配、配额交易、监督管理等各个环节都缺乏法律保障，因而难以确保碳排放交易的具体实施。

2. 建立碳排放的基础数据统计体系

建立基础数据统计体系对于碳排放交易的具体制度设计尤为重要，也是政策有效实施的重要保障之一。总量控制目标的确定、配额分配都需要良好的数据统计作为基础。如果仅通过对企业的历史排放水平进行盘查，所获得的数据可能在质量上存在一定问题，这会对具体政策的制定产生一定的偏差，如排放总量设置过高、排放基准设计不合理等。

3. 建立配额拍卖机制

从配额分配方式来看，与免费发放相比，拍卖配额是较为公平、效率较高的分配方式。但是考虑到配额拍卖会给强制减排企业带来额外负担，尤其是那些面临国际竞争压力较大的行业，目前主要以免费发放配额为主。因此，今后应考虑逐步减少配额免费发放的比例，建立配额拍卖机制。但需要注意的是，配额拍卖中仍有许多问题有待解决，如减少政府干预、拍卖总量和拍卖底价的设置、拍卖收入的使用等。

4. 建立信息披露机制

如果碳排放交易的信息不透明，则不利于保证政策的长期稳定性和市场的可预测性，也不利于公众对违法违规行为的监督。因此，今后可以从以下三个方面逐步建立信息披露机制：第一，公布碳排放交易制度设计的相关信息，如配额总量及其分配计划等；第二，公布控排企业的排放数据，包括监测、报告和核查相关的数据等；第三，公布碳排放信用信息，将控排企业、第三方核查机构以及交易参与方在排放监测、报告、核查、清缴和交易过程中的违法违规行为记录到公共信用信息平台，发挥失信惩戒机制的作用。

5. 增强碳市场流动性

确保市场流动性需要较大的碳市场规模、多元化的参与主体等；而且增强市场流动性可以起到市场价格发现的功能，有利于降低企业履约成本。上海可以从以下三个方面来提高市场流动性：第一，建立长三角区域或全国统一的碳排放市场。在碳排放交易体系建立初期，行业覆盖范围过宽并不利于企业积极参与碳交易，而是应该考虑将覆盖范围集中在碳排放密集型的工业企业，这有利于在同一行业内起到优胜劣汰的作用；而且碳排放交易的范围不仅仅局限于上海市，而应该考虑建立长三角区域或全国统一的碳市场来增强市场流动性。第二，合理设定总量控制目标。由于缺乏历史排放数据以及考虑到经济发展的速度，在实施碳排放交易的起步阶段很有可能产生排放总量设置过于宽松的问题，这会导致企业参与交易的积极性不足。因此需要政府及时调整配额总量，避免配额发放过多。但需要注意的是，频繁调整政策会给企业带来不确定的预期，也会影响到政策实施的效果，因此在碳排放交易体系实施之前应做好充足的准备工作并进行事前评估，合理设定总量控制目标。第三，逐步扩大市场开放程度。可以通过扩大市场交易主体、开发碳期货等金融产品来增强市场流动性，吸引更多的资金进入碳市场。但在增强市场流动性同时，还需要加强市场监管。

（二）对上海进一步开展排污权交易的启示

中国最早的排污权交易发生于1987年，上海市闵行区进行了水污染物排放权交易。2002年，国家环保总局在全国7个地区（包括江苏、山东、山西、河南、上海、天津、柳州）开展了二氧化硫的排污权交易试点，发布了《关于开展"推动中国二氧化硫排放总量控制及排污交易政策实施的研究项目"示范工作的通知》。之后也有多个省市开展了水污染物和大气污染的排污权交易试点。经过二十多年的实践，我国在排放权交易中积累了一定的经验。然而，上海在排污权交易（包括二氧化硫和水污染物）的试点进展较为缓慢。已经实施近一年的上海碳排放交易体系和国外排污权交易的经验对上海今后开展排污权交易具有较强的借鉴意义，主要包括以下方面。

第一，确立排污权的法律地位。目前，国家层面的法规中没有在法律上确认排污权，也没有将排污权作为环境产权进行界定，因而难以形成一套完善的

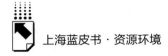

法律体系来保障排污权交易的实施。

第二，建立长三角区域或全国的排污权交易市场。排污权交易市场需要一定的规模才能确保其市场流动性，起到价格发现的功能并降低减排成本。

第三，完善排污权交易制度设计。这需要从总量控制、配额分配、市场交易、监督管理等多个方面建立完善的制度框架，还需要建立连续监测体系、基础数据统计体系来确保制度设计的合理性，建立信息披露机制来保障制度的顺利实施。

参考文献

World Bank，"State and Trends of Carbon Pricing 2014"，Washington D. C.，2014.

World Bank，"Mapping Carbon Pricing Initiatives：Developments and Prospects"，Washington D. C.，2013.

水晶碳投：《首年履约期至 中国碳市场流动性盘查》，2014 年 5 月 21 日。

上海环境能源交易所：《上海 2013 履约年数据：82 家企业参与交易，电企配额占四成》，《上海碳市场快讯》2014 年 10 月（第 43 期）。

李雪梅：《全国统一碳市将至 配额分配难题待解》，《21 世纪经济报道》2014 年 9 月 23 日。

吴倩，Maarten Neelis，Carlos Casanova：《中国碳排放交易机制：配额分配初始评估》，ECOFYS，2014.

田春秀、冯相昭、刘哲等：《促进碳交易市场健康发展》，中国环保网，2014 年 8 月 14 日。

宋薇萍：《上海碳交易减排显著 未来将主动服务长三角》，2014 年 7 月 28 日，中国证券网。

孟群舒：《上海碳排放交易按期且 100% 履约》，《解放日报》2014 年 7 月 29 日。

Dales J. H.，"Pollution，Property and Prices"，Toronto：University Press，1968.

Crocker T. D.，"The Structuring of Atmospheric Pollution Control Systems"，In：Wolozin H.（Ed.），*The Economics of Air Pollution*，New York：W. W. Norton and Company，Inc.，1966.

Montgomery W. D.，"Markets in Licenses and Efficient Pollution Control Programs"，*Journal of Economic Theory*，1972，5（3）.

崔连标、范英、朱磊等：《碳排放交易对实现我国"十二五"减排目标的成本节约效应研究》，《中国管理科学》2013 年第 21 卷第 1 期。

Wakabayashi M. , Sugiyama T. , "Are Emission Trading Systems Effective?", Central Research Institute of Electric Power Industry, 2008.

封凯栋、吴淑、张国林：《我国流域排污权交易制度的理论与实践——基于国际比较的视角》，《经济社会体制比较》2013 年第 2 期。

Ellerman D. , Joskow P. L. , Harrison Jr. D. , "Emissions Trading in the U. S. —Experience, Lessons and Considerations for Greenhouse Gases", PEW Center on Global Climate Change, 2003.

Ellerman A. D. , Schmalensee R. , Joskow P. L. , Montero J. P. , Bailey E. , "Markets for Clean Air: The U. S. Acid Rain Program", Cambridge, UK: Cambridge University Press, 2000.

Laing T. , Sato M. , Grubb M. , Comberti C. , "Assessing the Effectiveness of the EU Emissions Trading System", Center for Climate Change Economics and Policy, 2013.

Brown L. M. Hanafi A. , Petsonk A. , "The EU Emissions Trading System: Results and Lessons Learned", Environmental Defense Fund, 2012.

B.7
环境污染第三方治理的挑战与市场培育

曹莉萍*

摘　要：　环境污染治理具有公益性和外部性，传统治理模式在治理效果、效率、资金投入等方面，都存在一定的局限性。然而，以第三方治理模式取代传统治理模式，将会提高环境污染治理的效率和效果，同时培育环境污染第三方治理市场。由于具有先天的资金实力、技术优势以及国家和地方的政策支持，上海在推进环境污染第三方治理模式方面如鱼得水。但是，受到第三方治理互信、互惠、开放性等实现条件缺失的制约，上海环境污染第三方治理模式的推行在治理结构和治理机制方面存在诸多亟待解决的难题。鉴于此，上海应推动以第三方治理模式为核心的环保服务业发展。第一，要从第三方治理模式的利益相关主体入手，厘清治理结构中的责任关系，开展各部门之间的合作治理；第二，通过提高环保标准、排污处罚标准，以及减轻中小型第三方治污企业的税负压力，增强第三方治理模式中参与主体的动力；第三，创新第三方治理模式的投融资机制与资本合作模式，并搭建地方性融资平台；第四，第三方治污企业要具有自我创新机制，以不断提高其治污水平和市场竞争力；第五，严格第三方治污企业市场准入门槛，同时理顺治理服务的价格机制，避免第三方治理市场出现恶性竞争现象，并营造公平竞争的第三方治理市场环境；第六，要建立第三方治污模式的监督机

---

* 曹莉萍，上海社会科学院生态与可持续发展研究所，博士。

制，形成全社会监督排污行为的行业自律体系，促使排污责任主体提高其污染治理水平，并增强其社会诚信度。

关键词： 环境污染　第三方治理　治理结构　治理机制

近几年的雾霾唤醒了公众对环境污染治理的意识，增强了公众的环境支付意愿。作为基于市场的环境污染治理新模式，第三方治污模式不仅能够使参与环境污染治理各个主体的供求得到匹配，而且能够获得更好的环境污染治理绩效。从事环境污染第三方治理服务业的环保企业将改变其原有业务模式，将其主营业务由环保设备制造、技术转让、工程建设等领域转向提供综合的环境污染治理方案，包括环境污染治理咨询、治污设施建设、设备制造集成、工程建设、监理、运营管理、项目投融资等多个业务领域。转型后的环保服务企业须具备强大的投融资能力，并拥有核心治污技术和运营管理能力以重新设计环保产品服务系统，整合环保服务产业链。为此，国家和上海相继出台相关政策加快推进环境污染第三方治理模式，以市场机制的手段促进上海市环境保护战略转型。

一　推进环境污染第三方治理模式的必要性

20世纪90年代之前，"谁污染、谁治理"的治污思路为我国的环境保护事业做出了应有的贡献。然而，进入21世纪，这种老旧治污思路的局限性不断凸显。作为环境污染治理第一主体的排污单位和参与治理的第二主体——环保部门，由于治污技术水平、治理能力等因素的限制，两者进行治污的效率和效果都非常有限。而环境污染第三方治理模式，作为环境污染治理的一条新思路，多年来是被实践所检验的，能够提升环境污染治理效率，获得多赢效果的一种市场化模式。这条新思路揭示了环境污染问题产生的经济性根源在于环境服务本身的稀缺性，因此需要以市场经济手段兼顾行政手段一起来解决当前的环境污染问题。第三方治理模式作为市场经济手段之一，既可以控制地方政府规模，又可以协助政府履行环境公共服务供给和监督管理的责任，最终实现善治①；既能减轻排污单位环境责任压力、提高治污效率，又可以激发民间投资活力，拓展环保企业发展空间，从而提升经济增长动力，最终推动经济结构调整和转型升级；既能提升环境污染治理效果和环境民主监管效率，又可以缓解和消除环境治理中的邻避矛盾，最终实现社会、经济与环境和谐发展。

以第三方治理模式为核心的环境服务业是环保产业化发展的高级阶段，不仅有利于实现污染治理专业化，还有利于保持环境质量稳定，防范环境风险。2014年十八届四中全会落幕之际，国务院常务会议决定：重点推行环境污染第三方治理模式。在这样一个大背景下，上海推行环境污染第三方治理模式正当其时。未来，环境污染第三方治理模式将着重发展基于市场契约的环境服务外包与合同环境服务，这两项服务将成为环境污染第三方治理产业中最具发展潜力的领域。

二　上海环境污染第三方治理模式的现状

作为具有较强外部性的环境问题，其传统的治理模式存在较多的局限性，这是技术进步所不能解决的。本部分对上海环境污染第三方治理产业的市场领域与现状、第三方治理模式的政策支持及其主要领域与运行模式进行分析，从而对上海环境污染第三方治理模式的现状有一个深入了解。

（一）第三方治理产业的市场领域与现状

上海的环保企业在20世纪90年代末就开始涉足环境污染第三方治理模式。至2014年底，上海市的环境污染第三方治理产业产值已超过50亿元，占上海市工业和市政环保投入总额的20%②。预计到2017年，上海市环境基础设施第三方建设和运行领域的产业规模将再增加10亿元。

2014年是上海市第五轮环保三年行动计划完成的最后一年，也是制定上海市环保"十三五"规划和第六轮环保三年行动计划的开局之年。从环保投入上看，环境污染第三方治理的政府资金投入主要体现在污染源防治和环保设

---

① 陈潭：《多中心公共服务供给体系何以可能》，《学术前沿》2013年第9期。
② 《聚焦环境污染第三方治理沪：多个重点领域试点》，《解放日报》2014年11月23日。

施运转方面。从图1可以看出，上海在污染源防治和环保设施运转方面的两项资金支出占到总环保投资的42.8%。

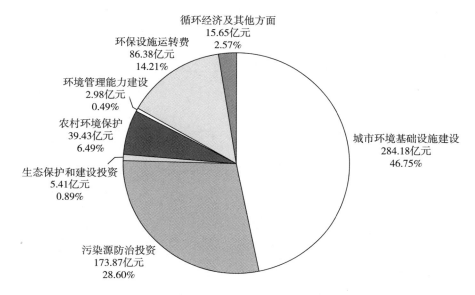

图1 2013年上海市环保投资结构

资料来源：《上海市环境状况公报2014》。

而且，"十二五"期间，上海市在污染源防治上的投资力度不断加大，在环保设施运转费支出上一直保持着较高投入（见图2）。可以说，上海在环境污染第三方治理方面的资金投入相当巨大，培育了一大批专业化的第三方治污企业，治污技术与管理服务水平不断提高，服务领域不断扩大。

（二）第三方治理模式的政策支持

除了资金投入，上海推行环境污染第三方治理模式离不开国家和地方政策的支持，这些扶持政策对治污企业、第三方治理市场起到了激励和规范作用。

1. 国家政策方面

"十二五"期间，国家为规范环境污染治理服务市场，于2011年修订了《环境污染治理设施运营资质许可管理办法》，并印发了《环境污染治理设施运营资质分类分级标准（第1版）》等8项标准规范。之后，在制定的《节能减排

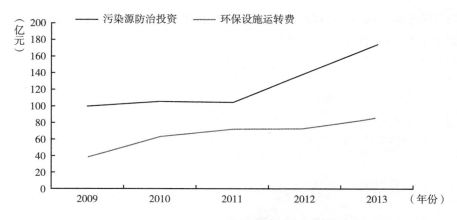

图 2　2009～2013 年上海市污染源防治投资与环保设施运转费变化

资料来源：2010～2014 年度上海市环境状况公报。

"十二五"规划》《"十二五"节能环保产业发展规划》中，分别将推广节能减排市场化机制和节能服务业培育工程列为"十二五"规划的保障措施和重点工程。同时，还制定《环保服务业试点工作方案》，确定了环保服务业的试点范围和重点领域。2013 年，环保部制定《关于发展环保服务业的指导意见》，将市场化、专业化和社会化——这"三化"作为发展环保服务业的指导思想，并在财政、融资方面制定相应的支持政策。同年，《中共中央关于全面深化改革若干重大问题的决定》明确提出了推行环境污染第三方治理模式所需要的思想转变和具体政策措施。至 2014 年，我国环保服务业试点全面展开，为上海发展环境污染第三方治理服务提供了良好的市场环境，之后，环保部第 27 号令进一步取消和下放污染治理设施运营行政审批权，扩大环境污染治理第三方市场，国务院制定的《关于创新重点领域投融资机制鼓励社会投资的指导意见》也为环境污染第三方治理服务业的发展提供了良好的融资环境。

2. 上海政策方面

为响应国家推行第三方治污模式的号召，上海也出台了推行环境污染第三方治理模式的相关政策文件。2012 年，在《上海市战略性新兴产业发展"十二五"规划》中已经提出发展环境服务业，建设"三化"节能环保服务体系。《上海市节能环保产业发展"十二五"规划》对上海市发展环保服务企业和产业发展目标做了具体规定，其中，提出了发展环境污染治理设施多种特许经营模式的建议，指明了环境污染治理设施运营向第三方发展的方向。同时，上海市制定了《上海市主要污染物排放许可证管理办法》，对于持证单位的基本义务做出了详细规定，以便于环保部门对城市污染物排放行为进行监管。2014年，上海又对《上海市主要污染物排放许可证管理办法》进行修订，进一步规范了持证单位的排污行为。同年，上海市政府主管部门制定了《关于加快推进本市环境污染第三方治理工作的指导意见》，全面推进和深度落实上海市环境污染第三方治理模式的发展工作。

（三）第三方治理模式的主要领域与运行模式

经过16年的发展，上海环境污染第三方治理模式涉及较多的环境领域，也形成了比较成熟的运行模式。

1. 主要领域

十六年来，上海环境污染治理在"谁污染、谁治理"分散治污思路遇到效率、效果瓶颈时，以第三方治理模式产生的污染治理服务得到了较快发展。2004年，环保部制定了《环境污染治理设施运营资质许可管理办法》，自此以来，上海环境保护设施运行服务收入年均增幅达到21%，至2012年，上海市获得环境污染治理设施运营资质许可证的单位在30家左右，污染治理服务供给主体从起初个别外资企业，扩展到国企和民企等各类企业1000多个项目，污染治理服务需求主体主要以工业废水为主，包括市政、社会污染治理、电厂脱硫除尘等各个领域（见图3）。

2. 运行模式

目前，上海地区环境污染第三方治理服务的运行模式主要有三种类型，包括特许经营模式、委托治理模式和托管运营模式。最先实施的运行模式是脱硫、脱硝特许经营模式。脱硫、脱销特许经营模式的第三方治理运行模式应用主要集中在火电行业领域。由于火电业生产规模大，又有较大的减排压力和政策支持的减排动力，自2005年以来该运行模式得到了广泛推广。而其他两种运行模式类似于合同能源管理的运行模式，分别为：委托治理服务型运行模式和托管运营型运行模式，这两种运行模式的第三方治污服务也被称为"合同环境服务"。根据治理服务交易内容的不同，这两种运行模式又可以细分为五种交易类型，如图4、图5所示。

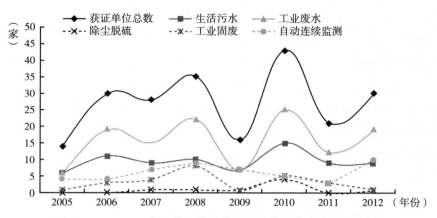

图3　2004～2012年上海环境污染治理设施运营资质许可获证
单位总数及各业务获证单位数量

资料来源：根据上海环保局2005～2012年相关数据整理而成。

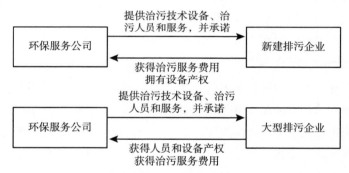

图4　委托治理服务交易方式

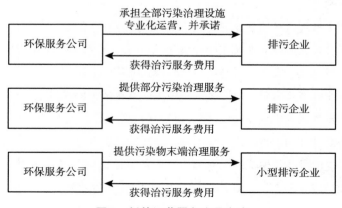

图5　托管运营服务交易方式

（四）政府与排污、治污企业三方博弈分析

笔者采用博弈的方法，通过博弈树分析发现：引入第三方治污企业进行环境污染治理，污染治理的整体效率要比仅由排污单位自治的效率高。如图 6 所示，排污单位自行治理污染（包括由排污单位环保事业部分离出来成立的污染治理企业），环境得以改善的概率为 1/3，而由第三方治污企业进行污染治理，环境得以改善的概率为 2/3。从政府、排污单位和治污企业三方博弈的分析中可以看到，如果既要环境污染得到有效治理，又要培育第三方治污市场，政府推动作用不可或缺，而且其中存在许多制约机制，包括动力机制、价格机制、融资机制、创新机制、诚信机制、竞争机制、监督机制等。从上海市现有的环境污染第三方治理模式来看，其治理结构并不完善，需要重新构建多方主体参与、主体之间可以相互制衡的产业治理结构。

（五）第三方治理参与主体关系与治理绩效

环境污染第三方治理模式是指通过引入市场机制，排污单位（第一方）通过与独立于自身和环保部门（第二方）的第三方治污机构订立污染治理服务的付费合同，将治理污染设施的建设、运营维护移交给专业化的第三方治污机构来完成，从而实现付费合同所约定的环境污染治理目标。根据定义，环境污染第三方治理模式将实现环境污染治理在责任主体、污染物监测与统计内容、污染物管理方式上的三大改变。

而环境污染第三方治理模式的治理绩效，通过 SPO（治理主体、过程、对象）系统研究方法[①]分析，主要体现在主体、过程、对象三个方面。

在主体方面，环境污染治理的责任主体转变为由拥有污染治理核心技术竞争力的环保服务企业、积极配合治污的排污单位与提供相关服务的民间社会主体（包括治污效果第三方评价机构、治污费第三方支付机构或项目融资机构）形成的多中心责任主体；而相关地方政府部门（如国土部门、水利部门联合环保部门）则是制定规则、标准，同时进行监督和执法的部门；行业协会、环

---

① 诸大建、朱远：《基于 OPS 的循环经济拓展模型及其应用——以上海为例》，《经济管理》2007 年第 5 期。

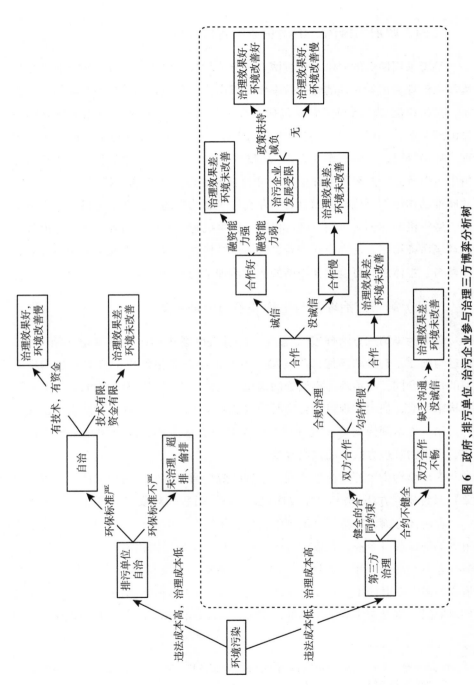

图6 政府、排污单位、治污企业参与治理三方博弈分析树

保 NGO、排污单位下游企业和民众则作为第三方监督部门。根据利益相关者理论①与网络治理理论②，比较第三方能源管理服务产业的治理结构，笔者厘清了环境污染第三方治理的主体关系（如图 7 所示），并提出，通过完善排污者责任转移、第三方担责治理、政府监管、社会监督的治理结构，形成排污者和第三方机构依合同相互制约的市场机制，来实现环境污染第三方治理的主体绩效，即主体满意度。

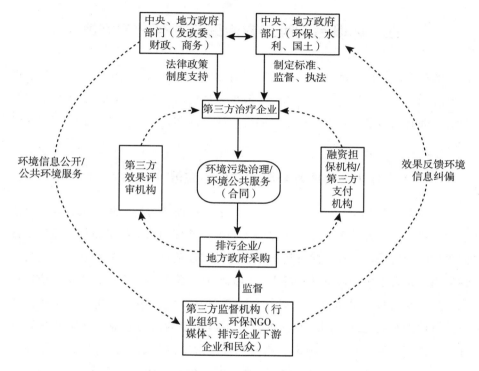

图7 环境污染第三方治理的主体关系

在过程方面，环境污染第三方治理模式的过程管理是基于 PSR（压力——状态——反应）动态分析模型③二次或多次循环的长效治理过程，因此其过程

---

① 孙国强：《网络组织的治理机制研究综述》，《经济管理·新管理》2003 年第 4 期。

② 郑兴山、王莉：《企业网络组织治理机制研究综述》，《学术研究》2004 年第 6 期。

③ PSR 研究模型是源于 OECD 和 UNEP 共同开发的可持续发展政策分析的概念模型，即压力（Pressure）——状态（State）——反映（Response）模型。这一概念模型用来描述可持续发展中人类活动与资源环境的相互作用和影响，在此理论框架下建立可持续发展指标体系。

管理绩效将体现在污染治理项目中治污效率、融资效率、成本—收益等方面。

在对象方面，环境污染第三方治理的对象除了环境污染现象，如大气、水、土壤、噪声等污染物和生态环境失衡，还包括污染源。因此，环境污染第三方治理的对象绩效主要体现在污染物总量和浓度的变化以及对污染源控制的环境优化设计等方面。

三 环境污染第三方治理模式存在的问题

通过排污单位、治污企业与政府三者之间博弈关系的分析和多方参与治理主体之间关系的梳理，笔者认为，上海推行环境污染第三方治理模式与全国推行的情况有类似之处，也存在较多亟待解决的问题，主要体现在治理结构与机制方面。

（一）责任主体不明确且治理结构不完善

通过对排污单位、治污企业与政府三者之间博弈进行分析可以看到，目前上海市污染第三方治理的责任主体尚不明确，治理结构也不尽完善。虽然，排污单位的治污法律责任通过环境服务合同转移至治污企业，并相互约定在特定情形下，各方承担相应责任；环保部门的监管对象发生了变化，其执法依据也调整为"谁排放，谁负责"①，即污染排放的法律责任由排污主体来承担。通过签订治理契约合同，超标排污的责任主体转变为治污企业，其中的违约责任，依据订立的合同加以确定。然而，若排污单位与第三方治污企业相互勾结，第三方治污企业帮助排污单位造假，治理效果不达标但环保部门抽检每次都能合格，则环保部门应追究排污单位与环保服务公司双方法律责任，对双方依法处罚。但如果发生违约纠纷，即没有达到合同约定的治污目标，但又在国家与地方标准之内，那么环保执法部门不方便作为第三方进行仲裁，又有谁能够担任污染第三方治理绩效的评审机构呢？因此，环境污染第三方治理模式的推动需要各部门不断深化改革，改变以往的政策、标准、产权、运行、价格和传统观念，尤其需要政府部门改变管理模式。

---

① 十二届全国人大常委会表决通过新修订的《环境保护法》，于2015年1月1日实施。

（二）排污单位委托第三方治理动力不足

由于违法成本低，自身环保意识不强，排污单位合规治理的外部压力不足，同时，技术上环保标准和排污行为处罚标准不严，经济上排污成本过低，许多排污单位在排污行为上存在侥幸心理，因此，其委托第三方治理的动力也不足。此外，在服务业分工细化和外包的趋势下，2012年起推行试点"营改增"结构性减税制度，将交通运输业和部分现代服务业[①]的营业税改为增值税，拥有管理咨询人才或设计研发技术的治污企业在外购治污设备或劳务时只需要缴纳增值税而不再缴纳营业税。但对于在环境污染第三方治理模式中一些不具资金实力的中小型科技治污企业来说，由于处于事业起步阶段，前期项目的开展除了需要资金的支持外，还需要尽可能地减轻税负。

（三）工业项目中第三方治污企业融资难

前已述及，在环境污染第三方治理运行模式中，委托第三方治污企业治污的模式需要治污企业对于治污设施、设备进行投资建设，因此需要解决投融资问题。对于市政环境治理项目来讲，第三方治污企业往往可以通过政府采购项目的资金拨款获得所需治污设施设备的资金和相应的土地使用权，并可将治污设施设备、土地使用权、治污服务收费权作为质押品进行银行贷款。而对于工业治污项目，其所需的治污设施、设备所有权、使用权最终要移交给排污单位，治污相关的土地使用权也属于排污单位。因而，第三方治污企业就不能将治污设施、设备、土地使用权作为质押品进行融资贷款。而仅仅依靠收费权抵押进行融资贷款，对于第三方治污企业融资来说，可谓是杯水车薪。

（四）第三方治污主体实力与竞争力较弱

目前，由于上海的环境质量相对较好，污染物的排放和污染源的分布相对

---

① 根据《营业税改增值税试点方案》的规定，试点范围包括研发和技术服务、信息技术服务、文化创意服务（设计服务、广告服务、会议展览服务等）、物流辅助服务、有形动产租赁服务、鉴证咨询服务；暂不包括建筑业、邮电通信业、金融保险业和生活性服务业。交通运输业、建筑业等适用11%的税率，租赁有形动产等适用17%税率，其他部分服务业适用6%税率。

集中，因此，导致上海地属的环境治污服务种类和第三方治污企业的技术水平也相对有限，对于应对复杂的、突发性的或长期的环境污染问题往往心有余而力不足。此外，从2013年获环境污染治理设施运营资质（甲级）认证的单位来看，上海市环境污染治理市场尚缺少优秀的第三方治污企业。同时，从2013年入选环保服务业试点的企业来看，上海地区仅有1家，且为试点企业的下属企业，可见处于全国经济技术条件领先地位的上海，其环境污染第三方治理服务市场尚有较大的开拓空间。

（五）治污效果难确定且服务价格不可比

第三方治污企业的治污效果与国家标准不统一，排污单位治污效益难以确定，导致环保服务企业的项目融资潜力受限，而且会增加治理服务的交易成本。而总量分配不合理的排污权交易，更加阻碍排污单位与第三方治污企业进行治理服务交易的意愿。目前，在市政工程中，环境污染第三方治理的服务价格已逐步趋于合理。但是在工业领域，由于污染排放标准和排污费征收标准较低，除了发电厂脱硫、脱硝、除尘领域有统一的第三方治理服务价格之外，其他工业领域的污染第三方治理服务价格千差万别，不具有可比性。

四　推动环境污染第三方治理模式发展的对策建议

针对上述上海在推行环境污染第三方治理模式过程中出现的问题，笔者根据第三方治理的实现条件，结合上海的实际情况，认为上海要促进环境污染第三方治理服务业的发展，应从治理结构入手，完善第三方治理市场的动力机制、投融资机制、创新机制、价格机制以及监督机制。

（一）厘清治理结构中的责任关系，开展各部门合作治理

为了解决可能出现的超排和污染事故排污单位与治污企业相互推诿、治理服务购买方拖延付款、不付款等违约纠纷，笔者提出如下建议。首先，由地方政府埋单，委托环保NGO成立的第三方仲裁机构客观、有效地行使仲裁职能，厘清环境污染第三方治理的主体关系与主体责任，方便执法部门追究责任主体的终身责任。其次，引入类似于"支付宝"的第三方担保支付机构或在银行

设立特别账户，完善治理结构，形成有效的多方参与联动机制。再次，相关部门通力合作，将推行环境污染第三方治理模式纳入重要议事日程，联合出台政策和办法，避免政出多门。最后，基于环境污染治理的外部性特征，需要转变环保部门的职能，重在发挥其监督、管理和独立执法等职能，包括开发、制定具有可操作性的环境治污技术和治污效果评价标准、管理体系，调整排污单位所在行业的产业链布局，奖励减排先进主体和处罚排污责任主体。

（二）提高环保标准优化收费标准，增强第三方治理动力

我国新修订的《环境保护法》加大了对违法行为的执法力度和对排污者的处罚力度，上海也应加大环境污染处罚力度①，提高排污标准，修订排污费征收标准，并按排放水平和行业类型的不同实行阶梯式、差别化收费。同时，做好环境税②替代排污费征收的衔接试点，通过提高环境资源成本价格，推动排污单位提高生产效率，减少资源、能源消费，或者通过提高排污单位产品价格，转嫁给消费者，导致减少最终消费，实现节能减排。但征收环境税也不能杜绝污染物排放，只能在一定程度上促进排污单位减少污染物排放。因此，要采用多种手段，完善排污单位委托第三方治理的动力机制。此外，基于市场化、专业化环境污染治理的优势，中央和地方财政部门需要制定财税政策安排用于推进环境污染第三方治理模式的专项资金，对以第三方治理模式开展治污项目的治污企业给予事前补助、贴息和奖励等方式的政策支持，扶持第三方治污服务市场的发展。而税收部门也需要制定环境第三方治理的税收优惠政策，在"营改增"政策基础上，类比于符合相关要求的合同能源管理服务项目"三减三免"③企业所得税的优惠政策对开展污染第三方治理项目的污染治理企业试行"五减五免"的税收优惠政策，激励治污企业在多个领域开展污染第三方治理项目。

---

① 2013 年 1~11 月，上海市环保部门共检查企事业单位 4.5 万家，实施行政处罚 1284 件，处罚金额 6335 万元。其中水务相关执法处罚 367 件，处罚金额 408 万元。水务相关执法处罚平均每起额度为 1.1 万元，远低于现在法律规定的处罚幅度。

② 税相对于费而言更好，它的法制性、强制性、规范性更强，效率更高。参见 http://money.163.com/13/0518/11/8V5GADDG00253B0H.html。

③ 对于节能减排项目实施前三年免征企业所得税，后三年企业所得税减半征收。

（三）创新投融资机制与资本合作模式，并搭建融资平台

就上海建成全球金融中心目标的而言，在环境第三方治理产业领域进行投融资机制创新尝试，责无旁贷。因此，建议上海市政府设立有关环境第三方治理的基金引导和激励第三方治污企业积极开展环境治污服务项目，帮助第三方治污企业拓宽其服务领域，进一步减轻第三方治污企业的融资压力。基金的来源可以来自政府财政预算，包括环境税税收收入、征收的排污费，也可以来自社会和民间资本。为加快推行市场化机制，对于提供合同环境治理服务的专业治污企业，政府应鼓励金融部门创新金融产品和服务，并在融资条件方面给予第三方治污企业融资优惠，如提高贷款额度、降低贷款利率、延长贷款期限等。此外，为鼓励社会资本通过第三方治理模式参与城市环境污染治理，建议政府通过政府和社会资本合作模式（Public-Private Partnership，PPP）向社会资本开放环境治理基础设施投资建设和运营服务项目，拓宽环保基建和污染治理服务的融资渠道，形成多元化、可持续的资金投融机制。同时，相关部门应帮助构建地方环境污染治理项目的融资平台，由平台公司举债，地方政府承担环境污染治理公益性项目的直接偿债责任。

（四）制定治污企业自我创新机制，提高企业市场竞争力

提高第三方治污企业的市场实力，主要是提升治污企业的污染治理技术水平和服务管理水平。这需要国家中央和地方政府的支持，更需要企业具备自我创新机制，通过治污企业的技术创新和管理创新来实现。首先，第三方治污企业应积极参与环境治理技术科研重大项目。上海第三方治污企业通过在重大专项课题和项目中成为翘楚，既有利于促进先进技术转化为具体项目成果，又有利于治污企业提升环境治理的技术服务水平。其次，通过跨国并购等方式，提升上海第三方治污企业技术服务水平。上海有一些治污企业经过16年的发展，具备了一定的经济实力与竞争力，可以通过企业之间的合作、兼并、重组等方式改变治污企业治理结构，获得国际领先的治污技术，迅速提升上海地区第三方治污企业的技术服务水平，中法水务投资有限公司就是中外合作水污染治理企业的标杆。

（五）严格市场准入门槛，理顺第三方治理价格机制

虽然有国家和地方的相关法律和政策约束，但对第三方治污企业的市场准入标准过低会导致第三方治理市场低价恶性竞争；导致第三方治污企业投资不到位、技术不过关，出现第三方治污企业违约，以及对违约结果相互推诿的现象。为了避免上述现象，建议地方政府相关部门根据现有的经济技术条件和治污企业合理的平均成本－收益水平，对不同行业领域的污染治理服务制定行业统一的门槛价格，逐步完善环境污染第三方治理服务的价格体系。需要注意的是，环境污染第三方治理服务价格还应具有地区可比性。同时，环保部门在下放环保基础设施第三方运营行政审批权的同时，要加强第三方治污过程、效果信息的公开，并形成行业统一的监管标准，让违法成本高企、守法成本更低，充分利用经济手段倒逼第三方治污主体提高污染治理服务水平，并营造公平的市场竞争环境。

（六）建立第三方治理监督机制，形成治污行业自律体系

为进一步促进上海市环境污染第三方治理服务业的发展，上海市政府既要帮助排污单位、环保服务需求方和提供方寻求好的合作伙伴，又要推动建立第三方治理的监督机制。制定相关法规，要求环境第三方治理服务交易双方，定期公开第三方治污效果和排污企业环境责任报告，从而既能防止排污单位和第三方治污单位出现违约纠纷，避免相互推诿现象，又能防止排污单位和第三方治污单位相互勾结，仍偷排漏排，欺骗环保部门。此外，除了对排污行为主体进行惩罚之外，还应将其纳入诚信单位的负面清单，限制其享有融资、担保、税收优惠等方面的政策，从而形成具有全社会监督排污行为的行业自律体系，并完善全社会的诚信体系。

参考文献

周健：《引入第三方博弈的"囚犯困境"模型研究》，《生产力研究》2008 年第 12 期。

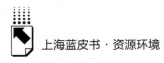
刘超:《政府、企业与公众环境保护中的三方博弈分析与数学模型的构建》,《数学学习与研究》2010 年第 23 期。

张玉:《财税政策的环境治理效应研究》,山东大学博士学位论文,2014。

厉以宁:《论环境污染治理费用的分摊》,《北京大学学报》（哲学社会科学版）1990 年第 4 期。

夏光:《环境保护的经济手段及其相关政策》,《环境科学研究》1995 年第 4 期

李建琴:《环境保护的经济手段及其应用》,《财经理论与实践》（双月刊）2001 年第 114 期。

骆建华:《环境污染的第三方治理》,《青岛日报》2014 年 6 月 11 日。

傅涛等:《蓝皮书 44：合同环境服务的框架设计》,中国水网,2013 年 6 月 4 日。

司建楠:《设立治理基金　推进第三方治污模式》,《中国工业报》2014 年 3 月 6 日。

刘静:《上海人大常委会四问政府　谈环境水污染等治理》,《中国环境报》2014 年 1 月 8 日。

余阳等:《上海固废处理现状及建议》,《污染防治技术》2003 年第 4 期。

任维彤:《日本环境污染第三方治理的经验与启示》,《环境保护》2014 年第 10 期。

张全:《以第三方治理为方向加快推进环境治理机制改革》,《环境保护》2014 年第 10 期。

刘卫平:《我国环境污染第三方治理产业投资基金建设路径探讨》,《环境保护》2014 年第 10 期。

环境污染责任保险发展的障碍与路径

胡冬雯　蒋文燕　哈　崴　张健勇 *

摘　要： 环境责任保险是一种具有市场功能的环境管理手段，在发达国家已经成为一种通用的处理污染和防范风险的有效措施，在国内各地开展了程度不一的试点。上海开展试点以来，主要在危险化学品安全责任险和内河船舶污染责任保险两大领域推广了强制环境责任险，而其他商业险进展不大，存在各种推广阻碍。建议上海根据国家要求结合本地管理需求，厘定下一步拓展环境责任保险试点的范围，并提出逐步推广的政策路径和技术路径。

关键词： 上海　环境污染　责任保险

一　开展环境污染责任保险的意义

随着环境管理从初期的末端治理逐渐向过程管理和源头控制转变，公众对环境污染问题的关注也逐渐转向对环境风险管理，然而仅靠政府的管制已不能满足社会的需求，所以市场机制的引入是社会发展到一定阶段必要采取的手段。环境污染责任保险就是一种具有市场灵活功能，同时具有一定行政管制色彩的环境管理手段，是国外大多数发达国家通用的一种处理污染问题和防范环境风险的有效措施。

---

* 胡冬雯，上海环境科学研究院，工程师；蒋文燕，上海环境科学研究院，高级法律顾问；哈崴、张健勇，上海环境科学研究院，工程师。

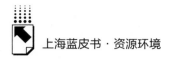
（一）背景

环境责任保险，又被称为"绿色保险"，是指以被保险人因污染环境而应当承担的环境赔偿或治理责任为标的的责任保险[①]。它分为自愿责任保险和强制责任保险。自愿责任保险是指投保人和保险人在自愿、平等、互利的基础上，经协商一致而订立的保险合同。强制责任保险是国家对一定的对象以法律、法令或条例规定其必须投保的一种保险。

上海是中国产业经济最为发达的城市之一，地处长江三角洲城市群的核心，人口特别密集、工业门类繁多、工业布局不尽合理，物流交通发达，随着经济突飞猛进的发展，中心城区不断扩张，环境风险源和人群的日常生活接触不断增加，环境风险日益凸显。尤其近年来，上海市突发环境事故数居高不下，发生了诸如"2009年30吨精对苯二甲酸焚烧泄漏事故""2010年青浦月胜废品收购有限公司火灾事故""2010年高桥地区异味事件""2011年浦东康桥儿童血铅超标事件""2012年上海金山环氧乙烷的运输车泄漏事故"等一系列具有一定环境及社会影响的突发环境事件，给上海地区的环境安全和生命财产安全造成严重影响（见图1）。在环境管理日益严格、公众环境诉求愈加强烈的趋势下，环境污染事件的损害赔偿数额往往比较巨大，对企业而言可能难以承受。由于缺乏环境污染损害赔偿的相关法律，目前相关职责大多由政府承担，对企业民事责任的追究不够，环境诉讼的执行很不到位，受害者往往得不到充分的、及时的赔偿，公民基本环境权益很难得到保障。

根据环保部门估算，我国每年由于各种各样的环境污染事故所造成的直接经济损失可达到上千亿元[②]。而在日常环境污染处置过程中，所产生的环境损失由责任认定者负责赔偿的实际数额并不多，大部分的经济损失最终只能由政府和社会来承担或兜底。造成这种现象的根本原因主要是我国目前在环境事故处理处置方面仍然偏向于"事后处理"型，方式方法上绝大部分以行政手段为抓手，离凭借市场力量和社会治理的差距还很大。所以，面对高环境风险的威胁，应对环境事故频发带来的不良后果时，越来越多的业界声音呼吁要

[①]　邹海林：《责任保险论》，法律出版社，1999。
[②]　高污企业强制投保：《谁污染，谁埋单》，《经济日报》2013年3月29日。

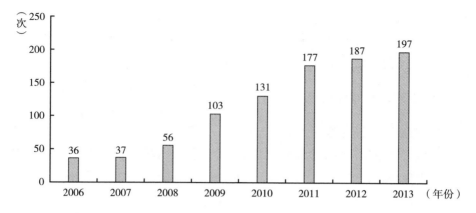

图1　2006～2013年上海市突发环境事件发生频次

借鉴国外的先进做法，引入保险机制参与到环境污染事故处理的全过程，缓解政府和社会的压力。这是环境管理改革的必然潮流，也符合生态文明体制机制革新的要求，有利于实现经济、环境、社会多赢，具体表现在以下几点。

第一，环境责任保险的机制能促使污染受害人及时获得相关经济补偿，保护受害人的正当环境权益，缓解和减少社会矛盾和事故纠纷。在环境事故发生以后，污染企业的赔偿和补救的义务往往不能得到履行，环境救助责任得不到落实，导致污染受害人的损失得不到应有的补偿。这个时候，责任保险可以成为一种促进社会安全稳定的制度安排。

第二，环境责任保险可以帮助企业分散和规避经营风险，在发生突发性环境事故时使企业尽可能免受影响，加快恢复正常生产。通常来讲，环境污染事故会对责任企业的生产行为产生较大影响，所涉及的经济损失数额也很巨大，一些经营不善、资金条件拮据的单位很难承受。环境污染责任保险从机制上将单个企业的风险分散到众多的投保企业，从"大数法则"上分摊了环境污染造成的损害，缓解了企业的经营压力。

第三，环境责任保险一定程度上减轻了政府为环保事故"埋单"的负担，从激发市场的角度促进政府的管理手段升级和行政职能转变。环境污染事故一旦发生，往往损失金额巨大，社会影响恶劣，对政府管理提出挑战。从中国国情来看，经常因为环境事故责任人没有能力负担所有的损失而最终导致国家不得不为事故埋单。如果保险机制能被适当运用，大部分环境污染事故发生后，受害人的损失就能通过社会机制进行补偿，政府的职能也能从债务背负解脱出来，真正发挥指导处置和确权管理的作用。

（二）国内外环境污染责任险的推进情况

1. 国外基本历程和经验总结

环境污染责任保险制度起源于西方工业化国家，随着全球工业化进程逐渐开始在发展中国家建立。多数发达国家的环境污染责任保险已经制度化运行了相当一段时间，在很多地区已发展得比较成熟，成为化解环境风险和解决环境损害赔偿责任的重要手段。西方很多国家已经开始开展或实现了环境责任保险的法制化，如美国在20世纪80年代就颁布了《综合环境反应、赔偿和责任法》，其中针对环境损害责任设立的"超级基金"体现了严格的环境责任，是建立环境责任保险制度的基本要求；德国、法国等欧洲国家也在20世纪中期就把环境责任体现在各种法律文件中，并在法律文件中明确了环境责任保险这一做法，在各国立法的基础上，欧盟亦通过环境责任指令对环境责任保险进行相应的立法。立法在先的保证，使各国的环境责任保险制度推行比较顺利，实现有据可依。

从欧美环境责任险的实施经验看，环境责任保险的发展体现出承保范围不断扩大的特点，从综合险对环境污染责任免除到形成各类独立险，从不承保渐进累计的环境污染逐步发展到对重大风险及噪声、臭气、振动、辐射等环境损害予以承保。而在环境责任保险模式上，有采取强制保险制度的如美国，也有像德国这样采取将强制保险与财务担保两种形式相结合的模式，抑或就像法国和一些南美国家以其他责任保险为载体的方式，实施一定程度的强制环境责任险。从承保机制来看，很多国家都纷纷开展环境污染投保再保险以分散风险，在保险公司之间寻求联合，形成联合体共同承担风险，如意大利和荷兰。此外，一些国家的政府也通过采取一些激励措施，鼓励保险人承保环境责任险，如美国政府在推广过程中专门成立了环境保护相关的专业保险公司，或者如日本那样由国家和地方政府各自分摊环境责任保险相关的经营事务成本。

总体来看，环境污染责任险在国外经历了几十年的实践，虽然各国在制度设计上有所区别，但从发展趋势上看都趋于强制性、承保范围逐渐扩大、费率个性化、服务专业化，从模式上看较为成熟的环境污染责任保险基本就是强制性保险和自愿性保险两种，基于大量案例的实践总结和评估对国内开展相关试点工作具有重要的借鉴意义。

2. 国内试点进程及效果

中国早期的环境污染责任险仅针对船舶、海洋石油勘探开发等引发的环境事故。20世纪90年代初，全国有部分保险公司开始和一些地方政府开展小范围的污染责任保险的试行。大连可以说是全国最早开展此类试点的城市，此后沈阳、长春、吉林等东北地区省市也相继开展，但由于投保企业较少，又缺少法律法规和制度的保障，该项工作未能得到有效推进。

直至2005年底发生了全国瞩目的松花江重大水污染事件，其巨大的社会效应和环境代价直接催生了环境污染责任保险制度的大步推进。2007年12月，原国家环保总局与保监会联合公开发布了《关于环境污染责任保险工作的指导意见》，确立了我国环境污染责任保险制度路线图："十一五"期间，初步建立符合我国国情的环境污染责任保险制度，在重点行业和区域开展环境污染责任保险的试点示范工作，初步建立重点行业基于环境风险程度投保企业或设施目录以及污染损害赔偿标准。到2015年，环境污染责任保险制度相对完善，并在全国范围内推广，保险覆盖面逐步扩大，保障能力不断增强，风险评估、损失评估、责任认定、事故处理、资金赔付等各项机制不断健全，使该制度在应对环境污染事故带来损失的事件中发挥积极有效的作用。

2013年1月，环保部与保监会联合发布《关于开展环境污染强制责任保险试点工作的指导意见》（以下简称《指导意见》）。《指导意见》明确了强制投保企业的范围：一是涉重金属企业，包括重有色金属矿（含伴生矿）采选业、重有色金属冶炼业、铅蓄电池制造业、皮革及其制品业、化学原料及化学制品制造业等行业内涉及重金属污染物产生和排放的企业。二是按地方有关规定已被纳入投保范围的企业，都应投保环境污染责任保险。三是其他高环境风险企业。国家鼓励石化行业企业、危险化学品经营企业、危险废物经营企业以及存在较大环境风险的二噁英排放企业等高环境风险企业，投保环境污染责任保险。《指导意见》对强制保险的责任范围、保额保费厘定、环境风险评估、环境事故理赔机制、信息公开等内容做了规定，明确了保险公司、保险经纪公司以及投保企业的责任和义务。同时还对环保部门和保监部门共同推进环境污染强制保险做出了规定。截至 2014 年初，江苏、河北、浙江、广东、福建、上海、辽宁、河南、山西、湖南、湖北、广西、内蒙古、四川、重庆、云南、陕西、安徽这 18 个省（市）已在全部或部分地区或行业开展试点（见表 1）。

表 1　全国各地环境责任保险试点情况汇总表*

地区	启动时间（年）	试点范围	保费	主要推进措施	投保现状
湖北	2008	化工厂矿、涉重等	5000 万元	业务推销	35 家参保，多为财产险客户
湖南	2008	化工、有色、矿采、冶炼、涉重	12 亿元	分摊指标到地市，考核地市政绩	2400 家
江苏	2008	船舶，风险企业等	8000 万元	环污险联席会议制度，续保优惠，未出险优惠，建立应急基金	2500 多家
广东	2012	危化、危废、涉铅、国控、省控	537 万元	每年保费收入 10% 为理赔专项基金	180 家
安徽	2013	矿采、涉重、危化、危废、化工、冶炼、冶金、炼焦、皮革、酒精、国控、省控点、前科	2.36 亿元	与环境审核工作挂钩，与征信挂钩	213 家
河北	2011	有毒有害化学品、危废生产、重金属	128 万元	与环境审批和信贷服务挂钩	57 家
四川	2010	石化、危废、危化、钢铁、有色、制药、饮用水源地	1500 万元	给试点企业投保补贴，选择保险公司"非禁即入"	700 多家
无锡	2009	水源区，敏感区，化工等行业	—	免费专家评估结合经济政策	2200 家
深圳	2012	危化、危废、涉铅、电镀、印制线路板	500 万元	四个挂钩	217 家企业

资料来源：该表根据各省市的环保局官方网站和中国环境污染责任保险网（www. china-epli. com）相关信息整理。

二　上海环境污染责任险市场分析

上海于 2008 年启动环境污染责任险相关的试点工作。与其他试点省市不同的是，上海并没有推出独立的环境污染强制责任险种，而是结合当时上海环境污染事件的发生特征，选择了个别领域和行业保险的路径。

（一）政府主导的环境污染责任保险运作情况

上海市在启动试点以来开展了多个领域的环境污染责任保险工作，目前市场中主要有政府主导的保险以及商业性保险两大模式。

1. 危险化学品安全责任险

（1）整体情况

2008 年，上海市安全生产监督管理局发布了《关于在本市推行安全生产风险抵押金和危险化学品安全责任保险试点工作的通知》，由此开始实施危险化学品安全责任保险试点工作。根据更早的《上海市企业安全生产风险抵押金管理实施办法》要求，企业可投保安全责任保险以取代缴存的风险抵押金。自此上海已逐步形成"商业保险为主、风险抵押金为辅"的安全生产风险管理模式，通过引入商业保险的社会管理功能，提升高危企业的风险管理和灾后救援水平。该险种主要针对上海全市约 11200 家涉及危险化学品生产、经营、使用、储存和废弃物处置的各企业单位推出，是社会公共风险管理的有效保障，通过建立风险评估、防灾防损机制，保险公司实行费率水平与企业的安全生产管理水平、风险隐患、事故记录等要素挂钩浮动机制，以共保体的形式承保试点企业的综合责任保险，将风险管理效能发挥到最优。

上海市推行的危险化学品安全责任险在"基本险"中包含了"对第三者的人身伤害和直接财产损失的经济赔偿"和"为排除由事故引起的环境污染危害而支付的必要的、合理的费用"，其中除污的赔付限额根据企业规模和投交保费的高低，一般为 50 万～100 万元不等。截至 2013 年底，本市累计投保危险化学品安全责任险的企业已达 4315 家、保费收入 5174 万元。2014 年 1～7 月，本市新增危化品安全责任保险投保企业 1152 家，保费收入 900 万元。

（2）险种特点

经过数年运作，从危险化学品安全责任保险实施效果看，其特点如下。

• 企业负担轻。费率水平按不同性质单位实行差异化收费模式，按照安监局的往年事故记录结合精算模型进行测算。为鼓励投保，费率水平整体略低于危化企业缴纳风险抵押金的一年期存款利率水平，从而减轻了企业的资金压力。

●责任范围广。保险保障包括危化企业因人为疏忽或者过失导致的火灾、爆炸、能量意外泄漏等造成的人身和财产损失、除污费用的损失以及产生法律诉讼的费用。保障范围大于风险抵押金的用途，可以迅速妥善解决事故发生后的抢险救灾、受害赔偿和事故场所污染清理问题。

●保障程度高。保险责任限额根据投保企业的规模大小分为300万元、600万元、2000万元、5000万元四个档次，其中每次事故人身伤亡赔偿限额为30万元/人。出险时，赔付顺序以人身伤害赔偿、医疗救护费用为第一赔偿顺序。保险责任限额高于相应的风险抵押金数额，提高了企业的赔偿能力。

●建立了风险评估、防灾防损机制和费率浮动制度。费率水平与企业的安全生产管理水平、安全生产风险隐患、安全生产事故记录等挂钩，有利于强化企业安全责任意识。

（3）理赔情况

经过近6年的试点运作，上海目前参保的企业尚未发生环境污染事故，险种的数起理赔事故也聚焦在"雇主责任部分"。这对险种运作持续保持生命力具有重要作用，因为安全生产责任造成环境污染或环境污染责任事故本身发生概率小，尤其在上海等较发达地区主管部门的大力治理下，取得了风险前段控制的效果，但不可否认风险仍然客观存在，尤其分析国内近年来的环境污染事故可以发现，一旦发生事故就会对社会经济造成重大冲击。然而，持续不赔偿的险种会给企业造成保险无用的印象，这为险种后期平稳运作带来了不小的挑战。因此，在前期保险方案中附加有针对性的保障范围，能提升企业对险种运作的认可感，保持险种生命力，也能为后续打通险种融合和创新提供基础。

2. 内河船舶污染责任保险

（1）整体情况

2010年9月，上海市启动上海水域（内河和沿海）船舶污染责任保险试点工作，该工作由上海市环保局牵头，上海市交通运输和港口管理局、上海市海事局、上海市保监局、上海市金融办以及上海市建交委6家委办局共同推行，致力于本市内河水域环境的治理和保障。

借鉴国外经验，江苏等地率先实行先行先试，开展了就内河水域的污染责任保险试点工作，上海也紧跟步伐，以"保本微利，兼顾保险公司和船东利益"为指导原则,设计制定了船舶污染责任保险方案,以应对船舶燃油、化学品、有害物质泄漏和因海上事故造成水域污染,损害公用资源的风险。以经济手段转嫁了船舶所有者和管理者的经济赔偿责任,同时也有效化解了凡事由政府托底的现实尴尬。从投保情况看,2014 年 1 ~ 7 月间上海市完成内河船舶年度污染责任保险费 73.2 万元,年度船舶投保 238 艘,航次保险费 50 万元,投保 18500 余艘次①。与此同时,在分析客户实际需求的基础上,有关部门的保险方案持续开展了调整优化。

(2)险种特点

经过数年运作,从内河船舶污染责任保险的实施效果看,其特点如下:一是保费较低,本地船舶基本保费最低 3300 元/年,外地船舶航次保费 50 元/次;二是保障额度增加,最高赔偿限额达到 500 万元;三是保障范围更广,承担了"保险事故仲裁或诉讼所发生的法律费用"以及"船舶上工作人员意外伤害的赔偿费用";四是设立了应急基金,保险公司组成共保体提供了最高 500 万元的应急基金,在污染责任事故发生时,启动应急赔付机制,从应急基金中预付资金开展施救工作。

(3)事故理赔

自船舶污染责任保险试点工作启动至今,上海共发生 5 起事故,船舶污染责任保险在事故善后方面发挥了积极作用,尤其对船舶污染的清污工作起到有效的经济后盾保障,及时补偿了受害人的经济损失,提升了环境保护效果。

- 2011 年 8 月 23 日,一艘船名为"浙德清货 1236 号"的为苏州河底泥疏浚运输淤泥的作业船发生意外,造成驾驶员身亡。船东投保了船舶污染责任保险,获赔偿 10 万元左右。

- 2011 年 8 月 24 日,塘桥董家渡码头一艘中兴 18 货轮撞上了停靠岸边的多艘疏浚船舶,导致一艘船只沉没,一艘船被顶上码头,涉及船舶均有不同程度的受损,一名中年女性在事故中身亡。船东投保了船舶污染责任保险,获赔偿 10 万元左右。

- 2012 年 5 月 18 日夜间,"通银 6"加油船在吴淞口因风浪大进水而沉没,造成部分溢油泄漏,长兴岛南岸江面发现油污带,严重威胁青草沙水库的

---

① 数据来源:上海市保险监督管理委员会。

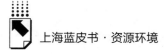

安全运行，海事部门调集大量清污船进行清污作业，本事故船东通过保险经纪公司办理了年度保单，最终得到200万元经济补偿。

• 2012年10月10日早上4点41分左右，浙湖州货2968号在海事点购买航次保险单，6点左右因海底筏失灵在蕴藻浜蕴西船闸附近沉没，造成燃油泄漏，获赔打捞及清污费用近50万元。

• 2012年12月26日18点左右，华隆290号在嘉定娄塘水域因意外沉没，之前购买航次保险，幸亏施救及时没造成污染，但沉船打捞费12万元左右获得保险赔偿。

（二）商业性环境污染责任保险的运作情况

1. 市场基本情况

伴随《国务院关于加快发展现代保险服务业的若干意见》的深化贯彻实施，保险业为政府部门职能转型提供了重要全新思路，尤其对保险业如何参与公共风险管理提出了崭新要求。参照《关于开展环境污染强制责任保险试点工作的指导意见》的整体规划，商业性环境污染责任保险产品也不断开发完善，如2014年上海老港再生能源有限公司与中国太平洋保险股份有限公司签订了环境污染责任保险合同等。经过一定范围的市场调研，发现目前上海商业性环境污染责任保险的投保率整体较低，需求非常有限。造成这种情况主要原因是：第一，企业普遍对环境污染风险的认识度不够，存在较强侥幸心理；第二，企业规模小，利润单薄无力投保；第三，有关法律法规尚需进一步完善，尤其对造成环境污染责任风险的企业处罚力度有限，同时也有个人企业维权意识薄弱的原因；第四，上海市域范围近年来暂时未出现重大环境污染事件，这也削弱了企业投保的意愿。

2. 市场品种类型和分析对比

基于对国内保险市场的调研，环境污染责任保险产品主要有两大类型：第一种是沿用国内传统的责任保险条款，第二种是适应国内的法律法规调整的国外环境污染责任保险条款。

内资保险公司使用较多的是国内传统的责任保险条款，而外资或具有外资背景的保险公司普遍使用的是后者。国内传统的责任保险条款相对较为简单明了，保障内容较单一，普遍保费收取较低；国外环境污染责任保险保障范围相对更广泛，而外资或外资背景保险公司在该产品的推进过程中态度相对审慎，尤其在前期核保过程中要求较严苛，保费收取也相对较高（见表2）。事实上，很难去定位两种类型条款的优劣性，在市场经济中企业只有选择契合自己风险特点和保费承担能力的产品，才能利用保险手段这一经济手段将企业风险管理作用发挥最优。

表2　国内外商业环境责任险条款对比

项目 \ 条款	传统国内环境污染责任保险条款	经修改的国外环境污染责任保险条款
保险基础	索赔发生制 ——无扩展报告期	索赔发生制 ——在保险期限届满后，如不再续保，被保险人可自动获得"基础扩展报告期"（根据保险公司产品不同，期限长短不同，一般30～90天），只要索赔是在延长期提出并报告至保险公司，保单责任启动 ——如被保险人有额外需要，在合理对价基础上，被保险人可获得一定期限的"附加扩展报告期"（期限长短根据保险人就被保险人风险而定，一般保险条款中有明确的最长期限，同时相应追加的保费也会设有上限）
保险范围	突发的意外事故导致环境污染，造成第三者人身损害或直接财产损失，依法应由被保险人承担的经济赔偿	因承保地点之上、之下或蔓延的污染状态引起的索赔、恢复费用以及相关法律抗辩费，依法应由被保险人承担的经济赔偿（污染状态的定义是：有害物质材料等在土地、大气、水面、地下水中扩散释放等）
保障项目	人身损害或财产损失的赔偿 法律费用	人身损害或财产损失的赔偿 恢复费用 法律费用
人身伤害定义	死亡、肢体残疾、组织器官功能障碍及其他影响人身健康的损伤。另外，主条款会以除外条款的形式将"任何精神损害赔偿责任"予以去除	包括身体伤害、疾病、精神折磨、情绪压抑以及死亡等
财产损失定义	无明确定义，但一般仅为直接财产损失，主条款以除外条款的形式将"间接损失"予以去除	除第三者的财产的物质损失外，还包括基于该财产的间接损失 未受实质损失的第三者财产的间接损失 第三者财产的贬值 野生物种、鱼虾、地下水等自然资源的损害。 （基本覆盖上述4项内容，但具体根据条款不同而稍有区别）

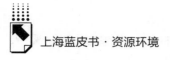

项目＼条款	传统国内环境污染责任保险条款	经修改的国外环境污染责任保险条款
恢复费用的定义	主条款无明确定义，另将"清理污染费用"和"生态恢复费用"在主条款中去除（清理污染费用可以通过增加一定合理对价，以附加险形式由被保险人扩展）	调查、量化、监测、缓解、减轻、移出、处置、治理、中和或固定污染状态，使之达到符合环境法律法规的要求，此外还包括：保险人事先书面同意的法律费用以及将不动产/动产大致恢复到未受污染之前的状态所付出的合理费用
法律费用的定义	被保险人实际支付的，事先经保险人书面同意的，与保险事故直接相关的诉讼费、律师费、仲裁费以及其他必要的、合理的费用	调查、公估或抗辩索赔/诉讼的合理费用，包括专家费
备注	两大类型的条款只针对"突发意外的污染事件"的风险提供保障，对"累进式、渐进式污染"都未提供有效保障手段 国内传统的条款相比国外条款责任范围较有限，尤其在人身损害、财产损失等措辞的定义方面，国内条款比较笼统，范围较狭窄 国内传统条款将污染事故原因进行了划分，一般主条款仅承保意外事故（且主条款以除外条款将"自然灾害"剔除），利用合理对价的附加险可将保险责任扩展至自然灾害造成的事故。国外条款包括了意外事故同时也包括了自然灾害，将"战争"和"恐怖主义"予以剔除	

三　推行环境污染责任险的障碍

虽然近几年全国推行环境污染责任的呼声很高，各地试点也层出不穷，但总体来讲，试点工作的实质性进展并不算顺利，全面拓展实施的驱动力不足，从实践中发现存在一定的障碍。

（一）法制政策基础障碍

环境污染责任保险的发展是与环保法律的制度建设密切相关的。即使在西方发达国家，环境责任保险制度的建立也是紧随着诸如环境责任法等重要法典的颁布应运而生。而在我国，尚未颁布专门的环境责任法，在2015年即将实施的新《环保法》中仅在第五十二条提出："国家鼓励投保环境污染责任保险"，环境污染责任险本身缺乏明确、具体的国家层次的法律法规依据，一些基于财产损失赔偿的法律中对于环境损害的条款约束过于原则，不具备操作性，从而导致环境事故发生后污染者很少承担赔偿责任或赔偿不到位，企业投保意愿不强。鉴于此，2013年初，环保部与保监会联合发布了《关于开展环境污染强制责任保险试点工作的指导意见》（以下简称《指导意见》），明确三类企业必须强制投保社会环境污染强制责任险，否则将在环评、信贷等方面受到影响。但从法律位阶看，《指导意见》的强制性与约束力仍显不足，要在全国范围内整合各方力量推动环境污染责任险快速取得成效仍具有一定难度。目前，有些地方政府出台了针对环境污染责任险的财政补贴政策，部分地区将企业的投保情况与其环保资质审核挂钩，但在实际执行过程中难以长久维系；而也存在部分地区虽然发布了相关政府文件，但文件比较原则性，缺乏进一步的操作细则，仅将国家相关文件在省级层面进行了传达，所以也没有实质性刺激到保险市场的发展，使大多数企业包括险企对于推行环境污染责任保险尚处于观望状态。

（二）技术障碍

环境污染责任保险的实施有赖于成熟的配套技术。尤其是环境风险的识别和量化评价、环境损失定量评估、污染责任认定机制等，因缺乏技术标准，导致环境污染责任保险的可操作性受到影响。与普通的财产险和人寿险相比较，环境污染责任保险在相关勘查、定损等技术方面要复杂得多，同时建立环境污染责任制度又是一个漫长而艰难的过程。虽然在2014年3月，环保部下发了《企业突发环境事件风险评估指南（试行）》，从而一定程度解决了环境污染保险在保前评估的技术规范问题，但其推行机制上并没有强制参照这一标准，部分地区仍然使用区域自行定制的风险评估体系，造成保前评估体系的不一致，对定保产生技术困扰。同时，出险后的损害评估工作在上海的推进一直处于较为缓慢的进程。国家从2011年起陆续推出了若干基于环境损害评估的技术文件［如《环境污染事故损害数额计算推荐方法（第I版）》和《环境污染损害评估推荐方法（征求意见稿）》］，但从具体实践推进方面看，上海尚缺乏足够的技术能力和积累经验，也缺乏针对上海地区多发事故特色的行业损害评估技术导则。与国家开展环境风险评价和损害评估试点省市不同，上海尚未建立企业环境风险评估和环境污染损失评估的第三方专业技术评估机构，从而也对相关技术的跟进和创新造成不利的影响。

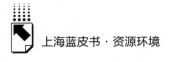

（三）市场障碍

从上海环境污染责任保险的市场看，绝大多数企业都持有观望的态度，购买意愿普遍不强。商业保险行业对于环境污染责任险的宣传力度尚显不足，关于环境污染责任保险的功能与作用、相关技术性能、获益途径等方面需要广泛的推介宣导，这方面的投入远远不足，使大部分企业对环境污染责任保险的认识还停留在初级阶段，把环责险视为企业的额外经济负担更甚于一种规避风险的保障，从而导致很多企业缺乏足够强的投保意识。同时，环境污染责任险相关的产品设计具有许多技术缺陷也在一定程度上影响了环境污染责任险的推行，如许多企业反映的由于污染事故的地区差异性和行业区别性使未细化的市场保险赔付率过低、保险责任范围过窄的问题；环境事故发生率不如其他安全事故高所造成的保险费率过高问题；环境事故的多样性造成的保险免责条款复杂、风险评估成本较高等问题。另一方面，对比其他一些污染责任险试点省市，上海的环境风险管理水平相对较高，企业的环境管理体系建设比较成熟，高风险企业数量较少，从而发生重大环境事故的频次较少，事故程度较轻，所以在试点以来几乎未有发生过较瞩目的赔付案例，缺少试点的典型性宣传，一定程度上影响了企业乃至政府推进实施环境污染责任保险的积极性。

四 上海推进落实环境污染责任险工作的路径建议

上海在开展环境责任保险方面一直保持循序推进和谨慎推广的态度。但随着国家对环境责任保险工作的越来越重视，周边省市的推进力度不断加大，上海也必须加快落实相关工作的节律，明确纳入环境污染责任险的范围，推动创建市场机制，制定实施的相关路径。

（一）扩展环境污染责任险的企业范围

1. 国家《指导意见》范围内企业

根据《关于开展环境污染强制责任保险试点工作的指导意见》（环发〔2013〕10号），明确了参加试点的省市须纳入强制保险的企业范围（详见表3）。其中，大部分的行业在上海都有分布。由于近几年全市产业结构调整力度不断增大，涉重金属企业行业中，铅蓄电池和皮革鞣制企业基本已退出上海，水源保护地内企业也由2007年的500多家减少到215家（2014年），所以上海地区参照国家要求建议进一步纳入强制环境污染责任保险的企业主要为：①危险化学品生产、储存、使用、运输类企业；②重有色金属冶炼企业；③饮用水源保护区内有污染排放的企业；④危险废物产生、收集、储存、运输、利用和处置企业。再结合目前已经实施的船舶污染责任险，基本构成了上海实施环境污染强制责任险的企业范围。

表3　国家《指导意见》明确要求纳入环境污染强制责任保险范围企业

试点范围	涉及的行业企业	相关要求
涉重金属企业（铅、汞、镉、铬、类金属砷镍、铜、锌、银、钒、锰、钴、铊、锑）	重有色金属矿（含伴生矿）：铜矿采选、铅锌矿采选、镍钴矿采选、锡矿采选、锑矿采选和汞矿采选业等	《指导意见》（2013）
	重有色金属冶炼业：铜冶炼、铅锌冶炼、镍钴冶炼、锡冶炼、锑冶炼和汞冶炼等	
	铅蓄电池制造业	
	皮革及其制品业：皮革鞣制加工等	
	化学原料及化学制品制造业：基础化学原料制造和涂料、油墨、颜料及类似产品制造等	
按地方有关规定纳入投保范围的企业	饮用水源保护区内企业和运输危险品的船舶	《上海市饮用水源保护条例》（2010）
	在上海管辖水域通行的船舶	上海六部门文件（2010）
其他高环境风险企业（鼓励）	石油天然气开采、石化、化工行业	《指导意见》（2013）
	生产、储存、使用、经营和运输危险化学品的企业	
	产生、收集、储存、运输、利用和处置危险废物的企业，以及存在较大环境风险的二噁英排放企业	
	环保部门确定的其他高风险企业	

2. 建议扩展范围的企业

由于环境污染责任保险的本质是通过众多企业参保来化解少数企业的风险事故赔偿，因此为了真正实现环境风险分担分散和保险业务的市场化合理运行，必须使参保范围具有足够的"大数法则"效应。参考其他省市的做法，对于国家《指导意见》（2013）明确范围外的企业，各省市根据各自的风险侧重类型有

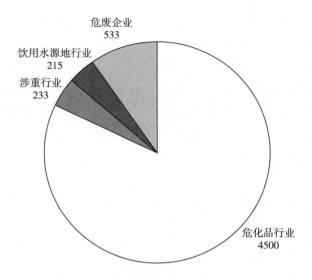

图2　上海市环境污染强制保险建议企业类型分布

各种类型的补充，结合上海环境风险特征，可以考虑鼓励其他一部分环境高风险企业率先开展环境污染强制保险，如：①已发生过环境污染责任事件的企业，纳入参保范围有助于增强这类企业的风险管理水平，同时也从经济杠杆的角度对高风险企业有所约束；②化工企业所在工业园区，因为存在集聚效应和次生风险，可能令环境风险加剧，如化工区内企业和石化企业的周边厂群等（详见图2）。

（二）试点推进路线建议

1. 政策路线

从上海的政策禀赋和市场基础看，虽然关于环境污染责任保险的试点已经开展了近六年，但由于上文所述因素和障碍，并未有实质的系统性推进。随着环保法治背景的新变化和企业社会责任意识的提升，上海在环境污染责任保险方面的发展需求会愈加明显，加之国家对该项工作的推进以及周边省市的强劲发展，无论是政府和企业都会在较短时间内做出积极的反应和具体而深入的实践，一定程度会打破政府谨慎和市场观望的局面。同时，由于环境污染责任保险这一管理工具最终将往市场化的方向发展，所以政府在开展相关制度建设和制定配套政策的时候，应当注意选择合适的路径，既不必贪急求快，也不可踟踟不前，可以借鉴其他省份的做法，也必须遵循上海的管理特色。

从政策引导上，上海市环境责任保险推进过程中首先建议考虑的政策措施应是宣传和教育。从形式上，政府主管部门，包括环保主管部门和保险监管部门，首先应该大力推广企业实施环境风险评估、将环境风险评估工作纳入企业环境管理的必要环节中，从源头上使企业重视环境风险管理；其次要通过各种形式的环境污染责任保险的宣贯和普及，对企业进行全方位的指导，将投保环境污染责任保险作为企业控制风险的必要手段，多宣传相关案例，提供义务咨询服务，提升环境污染责任保险的投保意识，为环境污染责任保险的市场发展营造良好的外部环境。

在外部环境较为成熟的基础上应采取一定的激励政策。在试点期间给予必要的财政和税收政策支持，以弥补初级市场保险成本高的不足。例如，给予环境污染责任保险参保企业以保费补贴、保费支出税前列支、税收减免等优惠政策，湖南省株洲市在开展环境污染责任保险试点之初，对参加环境污染责任保险的企业，按照其投保额度的50%在当年应缴排污费中冲抵，就取得了好的效果（见表4）。

表4 推进环境污染责任险的可采用激励措施

激励措施		主要依据
专项资金	积极会同当地财政部门，在安排环境保护专项资金或者重金属污染防治专项资金时，对投保企业污染防治项目予以倾斜	《指导意见》(2013)
信贷支持	将投保企业投保信息及时通报银行业金融机构，推动金融机构综合考虑投保企业的信贷风险评估、成本补偿和政府扶持政策等因素，按照风险可控、商业可持续原则优先给予信贷支持	《指导意见》(2013)
保费补贴	制定污染企业差异化保费财政补贴政策，对积极治污企业给予较高的保费补贴（如60%)，一般企业则不提供或给予较低的保费补贴（如30%)	试点经验，如深圳、湖北等地试点中，制定了保费补贴政策（政府补贴50%)
排污费抵扣	对参加环境污染责任保险的企业，按照其投保额度的一定比例在当年应缴排污费中冲抵	试点经验，如湖南株洲采取了排污费抵扣政策（抵扣50%)

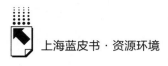

激励措施		主要依据
税收优惠	对投保污染责任险的企业或者经营污染责任险的保险公司给予税收优惠	国际经验,如日本、新加坡等国,每张保单仅仅收取1美元的营业税(我国保险业执行5%的营业税)
环境风险/保险基金	设立专项基金以应对大型突发环境污染事故的赔偿和污染清除,降低保险公司的承保风险	国际经验,如美国建立"国家溢油责任信托基金"(national Oil Spill Liability Trust Fund),对一起溢油事件可提供不超过10亿美元的援助

在试点逐渐实现规模效应以后,待时机成熟的时候建议结合上海的风险企业现状推出污染责任强制险。强制保险的法制依据除了寄希望于国家密集出台的一系列新的环保法律法规,另一方面也可仿照部分省市实现地方立法和规制。同时,污染强制险的前驱政策基础必须同步发展,如企业的环境信息披露制度的完善用以为保监部门、保险公司、第三方评估机构等掌握企业风险信息提供依据,又如,通过风险企业的环境预案执行制度,建立企业参保核保的实践平台等。

2. 技术路线

在保险产品方面,上海在继续推进开展环境污染责任险试点工作的时候应与已有险种实现衔接,主要可通过不同保险产品形式的组合加以实现。目前,污染责任险保险产品的形式主要包括:主险、附加险、专业险等。其中,主险为投保客户必须购买的基本险;附加险是主险责任的扩展,也是对主险基本保障功能的扩充,一般不能单独投保,购买附加险须以购买主险为前提,通过特约附加条款,使保障更全面;专业险是指专门适用某一行业或领域内的环境污染责任保险产品。从险种配置上,须在充分调研国内外经验及已有试点情况的基础上,各方协商确定责任范围、除外责任、责任限额等。对于现有的"危险化学品安全责任险"不能满足当前环境污染责任保险要求的部分,短期可本着"政府引导、市场运作;突出重点、循序渐进;合理负担、保本微利;风险导向、专业保障"的原则,以"主险+附加险"形式开展试点工作,满足企业在现代法律环境下新责任风险保障的需要,主要以投保过"危险化学品责任保险"的危险化学品生产经营储存单位为突破口，在危险化学品责任保险的模式上叠加扩展升级。在政策环境和市场条件成熟后，可由有关部门采取归并、取舍等方式进行统筹协调。对于"船舶污染责任保险"作为特定领域的保险产品可作为专业险承保，与其他领域的环境污染责任保险的险种无冲突，但需根据国家要求及实际需要做好产品升级等工作。

政府主导的环境污染责任保险应为行业中危险程度最高的企业提供保障，保险方案应具备普遍性、广泛性和基本性，尤其是针对"低效率"环境污染责任，保险能响应突发事件善后处置和经济赔偿；商业性环境污染责任保险应在基本保障覆盖完全的基础上，针对企业行业风险管理的个性化需要，逐渐实现全行业的覆盖，从而真正实现促进经济提质增效升级、创新社会治理方式、保障社会稳定运行、提升社会安全感、提高人民群众生活质量的目标。

另一方面，要尽早尽快完善环境风险评估和污染损害评估体系。上海无论在环境风险评估还是污染损害评估方面都还有许多路要走。环境风险评估方面，必须尽快建立基于环境风险管理的风险源等级库，使环境风险管理从应急化走向长效化，对特征行业做到一厂一评，使环境责任厘定有据可依。污染损害评估方面，不仅要明确直接损害赔偿的评估技术，更要逐步探索间接损害的赔偿，用科学的计量方法核算环境事故造成的经济损失，使保险公司的赔付更具有合理的参考范围，使保险产品发挥受害者权益维护的功能。上海市应基于环保部发布的《环境风险评估技术指南——氯碱企业环境风险等级划分方法》《环境风险评估技术指南——硫酸企业环境风险等级划分方法（试行）》《环境污染损害数额计算推荐方法》《突发环境事件污染损害评估工作暂行办法（征求意见稿）》等进一步研发环境风险评估技术及环境污染损害评估技术等，为环境污染责任险的推广提供技术保障。无论是环境风险评估还是环境损害评估，都需要首先由政府主导建立相应的第三方技术服务机构，并制定相关技术服务机构的管理配套政策，引导好市场发展。

环境保护的社会参与篇

Reports on Public Participation in Environmental Protection

B.9

环境信用体系建设现状与趋势

胡冬雯 谭 静 胡 静*

摘　要：　环境信用体系是当今国际社会用以将企业环境行为与市场经济融合的一种管理工具，它是在社会信用体系建设的大框架下诞生的，它可以为政府部门提供环境管理和公众参与监督的渠道，使银行业了解企业环境风险，从一定程度上解决环境保护中"违法成本低"的问题。目前，全国各地开展了不同程度的试点，上海也已经在体系的机制建设方面做出有益尝试，并将环境信用体系应用于绿色信贷、企业表彰、行政许可和环保核查工作中。提出了上海推进企业环境信用评价试点进程、鼓励第三方环境信用评价服务和搭建社会共同参与的平台等建议。

关键词：　上海　环境信用体系　公众参与

---

* 胡冬雯，上海环境科学研究院，工程师；谭静，上海环境科学研究院，工程师；胡静，上海环境科学研究院，高级工程师。

一　环境信用体系概述

环境信用体系，是环保部门根据企业环境行为信息，按照规定的指标、方法和程序，对企业遵守环保法律法规、履行环保社会责任等方面的实际表现，进行环境信用评价，确定其信用等级，并向社会公开，供公众监督和有关部门、金融机构等应用的环境管理手段①。其提出源于国际银行业的行业准则，亦称赤道原则——是由全球一些主要的金融机构根据世界银行和国际金融公司相关的政策和指南建立用以管理与项目融资有关的社会和环境问题的自愿性原则②。目前环境信用体系已经成为一种融资行业的国际惯例，成为企业市场价值评估的技术标准，也同时成为全球化企业履行社会责任的基准。

（一）产生背景

1. 社会信用体系建设的大环境

信用是市场经济的通行证。现代市场经济是建立在法制基础上的信用经济。没有信用就没有秩序，市场经济就不能健康地发展。中国自从进入经济高速发展时期以来，政府信用、企业信用和社会信用问题就屡屡遭到质疑，尤其进入公民权益意识突飞猛进的 21 世纪，信用状况的负面影响已经成为我国社会主义市场经济发展的一个薄弱环节，成为制约经济良性发展的不利因素。2013 年，中国社会科学院发布的《中国社会心态研究报告（2012～2013）》指出，中国人与人之间的不信任程度在进一步加深，社会总体信任程度的平均得分为 59.7 分，处于“不信任”的不及格水平。专家提出，目前社会诚信状况已经到了警戒线，由此导致社会冲突增加，中国正面临一场前所未有的诚信危机，信用体系建设势在必行③。

我们国家在整个社会信用体系建设方面的工作很早就起步了，但整体推动

---

① 第 11 届长三角科技论坛环境保护论坛论文集。
② 原庆丹、沈晓悦、杨姝影等：《环境经济政策丛书：绿色信贷与环境责任保险》，中国环境科学出版社，2012。
③ 王俊秀：《社会心态蓝皮书：中国社会心态研究报告（2012～2013）》，社会科学文献出版社，2013。

的里程碑是 2007 年国务院下发了《关于社会信用体系建设的若干意见》，随后党的十六大、十七大对诚信体系建设都提出了明确的要求。党的十七届六中全会指出："把诚信建设摆在突出的位置，大力推进政务诚信、商务诚信、社会诚信和司法公信建设，抓紧建立健全社会的征信系统，加大对失信行为的惩戒力度"。近五年来，国家建立社会信用体系建设部际联席会议制度，统筹推进信用体系建设，推动了一批信用体系建设的规范和标准制定和出台。根据国务院的相关部门工作报告，全国已经初步建成了集中统一的金融信用信息基础数据库，近几年来滚动推动小微企业和农村信用体系建设，通过这些能力建设使政府部门得以推进信用信息公开、开展行业信用评价、实施信用分类监管。同时，部分重点区域先于全国，已在不断摸索中建立了综合性的、跨省市的信用信息共享平台，并对各地区中部门及单位的信用信息的整合和应用起到了促进作用。

2014 年 1 月，国务院总理李克强主持召开国务院常务会议时，部署加快建设社会信用体系、构筑诚实守信的经济社会环境，会议原则通过了《社会信用体系建设规划纲要（2014～2016）》，这是国家在新时期对社会信用体系建设部署的具体体现，并明确将所有的社会信用体系和金融系统实现完全对接，这将切中由信用砝码来规范市场这一要害。

2. 环境信用评价形成背景

环境信用体系是社会信用体系的一个组成部分，也是在社会信用体系建设的大背景下衍生的一种信用属性。19 世纪的两次工业革命给当时的西方社会带来了生产力的巨大飞跃，当时的社会深受"社会达尔文主义"思潮的影响，企业忽视其应尽的社会责任，甚至破坏环境、剥削劳工，以求在最短的时间内成为业内强者。在这样的大背景下，各国政府开始着手完善企业制度，并颁布各项法规来抑制其对社会发展的不良影响。但是，由于当时人们对环境问题并不重视，导致法规在真正实施时对企业的约束性不大。随着时间的推移，环境问题的严重性日益显现，引起了全社会的重视。西方国家为了解决发展和环境之间的矛盾，提出了"道德投资"（也称"绿色投资"）这一概念。它将环境问题作为信贷投资的主要因素，并把企业的环境绩效作为信用的主要衡量标准进行评估，旨在鼓励投资者投资具有良好的环境意识并主动承担环境责任的企业[1]。

---

[1] 朱红伟：《"绿色信贷"与信贷投资中的环境风险》，《华北金融》2008 年第 5 期。

2002 年 10 月，荷兰银行、巴克莱银行、西德意志州立银行和花旗银行联合起草了《赤道原则》（the Equator Principles，EPs）。该原则以国际金融公司环境和社会政策为基础，旨在判断、评估和管理项目融资中的环境与社会风险。如今，《赤道原则》成为国际投资业和银行业提供投资和金融服务的操作指南。各发达国家以此为基础，并根据各自国情，逐渐摸索和发展出适合本国社会形势的企业征信体系。法国等欧洲国家采取了以中央银行建立的中央信贷登记为主体的企业征信制度；美国选用了以市场化的商业运行形式为主体的企业征信制度；日本则是采用了由银行协会建立的会员制征信机构与商业性征信机构共同组成的企业征信制度①。

随着科学技术的进步和社会经济的发展，近年来，环境问题愈发严重。针对环境的不断恶化，各国政府开始研究一系列措施，以求在经济发展的同时，减少对环境所产生的影响，寻求可持续发展。与此同时，随着企业制度和法律法规的逐渐完善，各企业也开始渐渐改变观念，由原有的"盈利至上"，逐渐转变为"在对盈利负责的同时，也要对环境和社会负责"的企业社会责任观念。由此，环境信用体系应运而生，并成为现今，乃至未来的研究热点。

（二）意义和作用

上文所述，社会信用和市场经济是两个相互依附的共生体，社会信用在发挥市场资源合理公平配置的时候，环境信用突出表现在协调好市场资源和环境资源的配置方面。如果结合当前环境管治需求和可持续发展路径，环境信用评价作为一项新型的环境管理机制，可以对企业环境信用体系的建设和公开起到促进作用，是国际化进程和市场经济发展现阶段所必需的环境管理手段，是对当前环境管理制度的重要补充和完善。

1. 作为环保部门提供的一项公共服务，方便公众参与环境监督

2014 年修订后的《环境保护法》第五十四条规定："县级以上地方人民政府环境保护主管部门和其他负有环境保护监督管理职责的部门，应当将企业事业单位和其他生产经营者的环境违法信息记入社会诚信档案，及时向社会公布违法者名单"。将环境信用公开，已成为法律对政府的强制要求，是推动环境

---

① 张同信：《加强社会信用体系建设　打造良好金融生态环境》，《现代经济探讨》2006 年第 2 期。

保护公众参与的根本基础。环境信用体系建设应作为一种面向全民的公共服务，方便公众对企业的环境行为进行监督。

2. 使银行等市场主体了解企业环境风险，作为商业决策依据

环境风险所导致经济风险是金融、投资、供应链管理等重要商务领域一直十分关注的内容之一。虽然"环保一票否决""名单管理"等制度在银行业已初步建立，但与信贷和市场运作真正实现挂钩的环保措施还是十分有限，供投资者参考的环境风险依据非常薄弱，使市场无法作出全面的企业环境风险判断。环境信用体系的建立即是将环境风险解读为市场能参照运用的信息，将专业的环境技术语言转化为市场流通信号，使环境管理真正融入市场运行主体，参与到商业战略制定和决策中。

3. 通过社会参与扭转环保领域"违法成本低"的不合理局面

环境信用评级将关系到企业能否得到银行融资、能否成功上市。一个良好的环境信用评价记录将会成为企业从银行及相关机构取得信贷的必要条件。如此一来，为了能够顺利融资，企业将会下大力气提高环境信用评级，从而影响环境行为，这比单靠环境执法和惩处对企业更有约束力。与此同时，在行政许可、公共采购、评先创优、金融支持、资质等级评定、安排和拨付有关财政补贴专项资金的过程中，企业环境信用评价结果将会被相关部门、工会和协会充分运用，以构建出一套完整的环境保护"守信激励"和"失信惩戒"机制。

二 国内外环境信用体系建设及应用经验

（一）国外发展模式总结

发达国家所发展的企业征信通常是将政策法规和监督程序有机融合，并在全国范围内形成一种合理的失信约束惩罚机制。根据企业信用管理体系的行为主体及经营方式不同，可以将其分为三种模式：政府经营、企业自由经营和特许经营[①]。

---

① 张同信：《加强社会信用体系建设 打造良好金融生态环境》，《现代经济探讨》2006年第2期。

政府经营模式是由中央政府出资，直接建立和管理的企业征信模式。这种模式只适用于小型的国家，如欧洲诸国或某些处于转型期的国家。其优点在于当公共数据分散或缺乏时，政府可以协调社会的各个方面，强迫各行政部门或企业单位上交数据，以达到在最短的时间内集中所有力量，建立全国性的征信数据库的目的。然而，由于政府并非市场经济的主体，其商业征信数据库的建立目的是非营利性的，并不在于直接参与生产信息产品，故而建立征信系统的工程将会入不敷出。并且，由政府经营管理，也就意味着征信服务机构应具有的"中立"和"高效"的特性将会缺失。

企业自由经营模式是指政府通过立法进行管理，征信企业或公司依法自由地经营信用调查和信用管理服务的模式。该模式是世界许多国家的信贷市场所采用的方式，美国是其中最典型的代表之一。从业者可以对市场需求进行调研，并根据调研结果建立相应的数据库，提供具有针对性的服务。纯市场化的竞争机制对扩大服务范围、提高服务质量、加快服务本地化起到了非常大的推动作用。但是，由于起步阶段的总体投资规模比较小，致使行业发展缓慢和从业者专业水准良莠不齐，所以在相当长的一段时间内，征信产品和服务的质量都难以保证。同时，由于初期企业征信制度上的不完善，使得本国缺少相应的法律去规范市场、保护本土企业，致使大部分的市场份额被国外的大型征信企业占领。

政府特许经营模式是指由政府建立征信数据库，再通过指定的征信企业进行商业化经营操作的模式。日本采纳的就是这一模式。该模式兼具政府经营模式与企业自由经营模式的特点。在特许经营模式下，允许依法开办经营的公司企业有：从事信用保险和信用保理的金融企业、提供信用管理咨询和市场调查研究服务的公司、开展信用管理教育和培训的企业。

从上述三种国外企业征信模式看，它们之间的差异并不体现在征信企业的管理咨询、教育、行业监管、立法等方面，而是在于企业征信数据库的经营和管理方式不同。

（二）国内发展近况

1. 全国总体情况

在欧美及日本等发达国家，企业环境行为评价已经形成了一种机制，企业

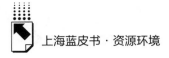

会自觉定期公布环境报告。而中国的企业环境行为信息公开还处于刚刚起步的阶段，是一种新型的环境管理模式。

比较早的是在 2000 年，江苏省镇江市和内蒙古呼和浩特市环境保护局与世界银行合作，开展了"工业企业环境行为信息公开化研究"。随后在 2003 年，国家环境保护总局与世界银行合作，在江苏、浙江、安徽、重庆、内蒙古、甘肃、广西开展了企业环境行为评价试点工作，在企业遵守法律和法规、加强污染控制、推动公众参与等方面产生了积极的推进作用。

2005 年 11 月 21 日，国家环境保护总局出台了《关于加快推进企业环境行为评价工作的意见》。其目标是"从 2006 年起，各省、自治区、直辖市要选择部分地区开展试点工作，有条件的地区要全面推行企业环境行为评价；到 2010 年前，全国所有城市全面推行企业环境行为评价，并纳入社会信用体系建设"。在增强企业的环境守法和社会责任意识，确保人民群众的环境权益，解决由污染问题引发的环境纠纷，改进环保部门的工作方式，提高环境管理的水平等方面，企业环境行为评价工作的开展产生了积极的影响。

2013 年 12 月，环境保护部、国家发展改革委、中国人民银行、中国银监会颁布了《企业环境信用评价办法（试行）》。该办法分为总则、评价指标和等级、评价信息来源、评价程序、评价结果公开与共享、守信激励和失信惩戒、附则 7 章 37 条，并已于 2014 年 3 月 1 日起实施。它的颁布与实施对推进企业环境信用评价工作，加速环境保护"守信激励、失信惩戒"机制的创立，促进社会信用体系的建设等有着积极的作用。同时，也在督促企业自觉履行环境保护法定义务和社会责任、引导公众参与环境监督、促进有关部门协同配合等方面发挥了正面的引导作用。

2. 典型省试点情况

目前，部分省市已具备了一套较为完整和成熟的企业环境信用评价体系和管理制度（见表 1）。

（1）江苏省

江苏省作为全国首个开展企业环境行为信息公开化的地区，早在 2000 年就先一步与世界银行合作，在镇江市开展"工业企业环境行为信息公开化研究"。当时只有几十家企业参与环境行为的评价。2002 年，江苏省对企业的环

表1 环保部《企业环境信用评价标准》指标体系

类别	序号	指标名称	权重（%）
污染防治	1	大气及水污染物达标排放	15
	2	一般固体废物处理处置	5
	3	危险废物规范化管理	5
	4	噪声污染防治	4
生态保护	5	选址布局中的生态保护	2
	6	资源利用中的生态保护	1
	7	开发建设中的生态保护	2
环境管理	8	排污许可证	6
	9	排污申报	2
	10	排污费缴纳	2
	11	污染治理设施	6
	12	排污口规范化整治	3
	13	企业自行监测	2
	14	内部环境管理情况	5
	15	环境风险管理	10
	16	清洁生产审核	3
	17	行政处罚与行政命令	15
社会监督	18	群众投诉	4
	19	媒体监督	2
	20	信息公开	4
	21	自行监测信息公开	2

境行为评价延伸到了政府，在张家港、东台、江阴和通州进行了乡镇政府环境行为信息公开的试点工作，并按照国家环保政策制定了镇政府环境行为信息公开化指标体系。2004年，江苏省全省已有13个省辖市和80多个县级市推行了这项环境管理制度，参与环境信息公开的企业也达到了3000多家。到了2006年，参与企业已经增加到8000多家，并将宾馆、饭店、医院等服务业纳入环境信息公开的范围内，对各企业产生了环保的自激、自律、自警效应。2012年，江苏省环保厅与省社会信用体系建设领导小组联合推出了《江苏省重点污染源环保信用评价及信用管理暂行办法》，并于同年12月1日起实施。该办法包含了总则、评价实施、信用动态管理、激励与惩戒、附则5章24条，意在提升环境管理水平，保障公众环境权益，促进绿色企业发展，推动环保信用

体系建设。而如今，经过10余年的探索和实践，江苏省已经形成了一套成熟的做法。这项工作也已不仅仅是最初的环保部门对企业环境行为进行评级和信息公开，更成为由环保部门和金融部门共同主导的"绿色信贷"的重要参考依据和实施手段。由此可见，企业环境行为评价是当前新形势下一项行之有效的环境经济政策，在督促企业环境自律、发展绿色企业、规范企业环境行为等方面起到了良好的推动作用，与此同时也推动了江苏省环保工作的历史性转变。

（2）广东省

广东省是开展企业环境行为信息公开化比较早的省份之一。2006年1月1日，广东省正式实行《广东省环境保护局重点污染源环境保护信用管理试行办法》（以下简称《办法》），并启动对企业信用评价的工作。《办法》主要包含总则、评价指标体系、评价机构与程序、监督管理4章17条。其中，企业环境保护信用评价指标体系选取了企业污染控制、环保守法、公众监督管理情况3项一级指标，13项二级指标，如废气达标排放、依法及时足额缴纳排污费、没有经查实的环境污染信访投诉案件等。相关环保部门和省环境保护监测中心站收集相关数据，报送至省环保局重点污染源环境监督管理联席会议办公室后，由省环保局对各相关企（事）业单位环境保护信用进行综合评价，并出具评价结果。评价结果的等级分为环保诚信、环保警示、环保严管3个等级，依次以绿牌、黄牌、红牌标识。当年选择了100余个国控重点源进行评价并向企业反馈结果，此后逐年扩大评价范围。

到2010年，进行监测评价的重点污染源数量是2006年的10余倍。同年9月1日，《广东省环境保护厅重点污染源环境保护信用管理办法》在经过重新修订后执行，原《办法》废止。在新修订的办法中，企业环境信用评价指标体系由原来的13项精简为12项，同时加大了监督管理和惩处的力度，对公开重点污染源环境保护信用信息行为的规范，社会监督作用的充分发挥，排污单位持续改进环境行为的督促，社会信用体系建设的推进产生了积极的影响。

（3）山西省

作为传统能源工业大省，煤炭产业的繁荣给山西省带来了巨大的经济效益。然而，在这份繁荣的背后却是给自然环境带来的巨大伤害。所以，企业环境行为的评价就势在必行。

2006 年，山西省环保局制定了《山西省企业环境行为评价实施办法》，以促进企业持续改善环境。该办法包含总则、环境行为评价的管理和监督、环境行为评价的方法和程序、企业环境行为评价标准、奖惩、附则在内的 6 章 34 条，并在 2008 年和 2011 年进行了修订，使办法更具有系统性和针对性。2012 年，山西省环保信用体系建设工作正式启动，环境信用信息数据平台筹建项目启动；2014 年，决定将环境执法、环境监控、环境信访、辐射等环境管理工作纳入信用体系建设。预计到 2015 年，环保信用体系的建设将在全省全面铺开，真正实现企业信用信息的全方位互联和资源共享。

三 上海环境信用体系建设实践

上海作为我国的经济、金融中心，其经济活跃度居全国之首。与此同时，如此活跃的经济给环境带来了巨大的压力。由此，对企业的环境信用进行评价就显得尤为重要。

（一）体系建设的进展

1. 机制建设

自 2006 年起，按照国家环保总局《关于加快推进企业环境行为评价工作的意见》的要求，上海开始在宝山、闵行、金山等区开展企业环境行为评价的试点工作。在试点工作展开的过程中，上海以促进企业污染治理为开展企业环境信用评价的最终目的，并与环境管理工作紧密结合、促进社会信用体系的建设。同时，宝山、闵行和金山区环保局作为开展企业环境行为评价的试点单位，按照各自特色，加强相互沟通，及时交流好做法以及进展中发生的困难，使上海企业环境行为评价工作走上健康发展的道路。在之后的几年中，南汇、崇明等区县随即开展了企业环境行为的评价工作。

到 2012 年，企业环境行为评价工作开始在全市开展。

首先，在基础建设方面，上海的做法是由政府牵头建立统一的社会信用体系，并同步逐渐实现环境信息与企业法人库的信息对接，环境信息系统被纳入全市的信用体系信息系统建设工程中。当时明确了 12 个资质类事项、22 类行政处罚记录和 1 个其他管理事项信息纳入市公共信用信息服务平台，并根据平台建设要求梳理了"十二五"期间计划纳入的事项类别、数据字段、共享方式、更新频率等内容，并开始将 2010 年以后的企业环境信息录入系统，正式进入社会征信体系，并开展应用。

其次，除了硬件的能力建设，环境信用体系的搭建更有赖于管理机制的形成和完善。首先，打破政府部门各自为政的信息管理局面是建立环境信用体系的必要条件。上海的做法是由点及面地逐步建立部门间信息共享机制，先是在开展上海市危险化学品综合监管工程建设时，为加强危险化学品生产和使用的环境管理力度，由环保局和安监局签署了《上海市危险化学品综合监管工程信息共享协议》，共享危险废弃物处置单位资质情况、危险化学品生产和使用单位填报的基本情况、产品情况等信息；后又凭借全市推进产业结构调整的契机，由环保局和工商局开展联合工商年检，对日常监管中生产长期不正常的企业、未办理环评手续企业、涉汞企业和水源保护区内环境风险企业等环境失信企业严格把关，实施联惩联治。截止到 2014 年，在政府行政审批业务手册的制定目录中，已将环评审批、辐射安全许可、危险废物经营许可以及环境污染设施运营资质等事关环境安全、环境市场准入等事项纳入，并从法人库中调取安监、工商、经信委等部门关于该企业的安全生产、危险化学品、经营管理状况、是否属于淘汰落后企业和落后工艺、产业结构调整、重点行业专门许可证等信息，作为环境安全管理和行政许可审批把关的依据。与市场主体的主要监管部门打通信息共享渠道，对环境信用体系的建设意义重大。

同时，在全社会宣传"环境信用"的理念，是推动环境信用体系建设的根本途径。上海利用"上海环境"官方网站进行宣传，设立了"环境信用信息"专栏，宣传介绍信用体系建设相关工作管理文件，并将企业环境信用相关信息发布作为网站的常规服务内容，定期发布让公众知晓。目前发布的主要内容包括：企业环境处罚记录、试运行（试生产）超期未验收项目情况、违反资质管理规定的环评单位名单。其中试运行（试生产）超期未验收项目情况定期更新整改。

• 长三角一体化的环境信用体系建设

随着经济一体化潮流的兴起，企业的经济发展和金融行为已不再局限在其注册所在地或单个省级行政辖区内，如不能实现企业环境信息的全国共享，则很难开展全面而真实的环境信用评价。所以，上海为加强长江三角洲地区环境保护合作，共同提升区域环境管理水平，与江苏、浙江合作，制定并实施了一系列企业环境行为信息公开化的办法和标准。2009 年 8 月，三省市环保部门联合制定了《长江三角洲地区企业环境行为公开工作实施办法（暂行）》和《长江三角洲地区企业环境行为信息评价标准（暂行）》（见图 1）；同年10 月，又联合发布了《关于组织开展长江三角洲地区重点企业环境行为信息公开工作的通知》；次年，三省市联合推出企业环境行为动态管理的新举措：如果被评定为"黑、红"的企业能够对环境行为进行积极主动的修复工作，并及时对环保欠账进行偿还，那么就可以随时调整企业环境行为等级，并有可能重新获得绿色信贷。由此，三省市建立了统一评定和发布企业环境行为信息的工作机制，实现区域企业环境信息共享，为能够更好控制长三角地区污染打下了基础。

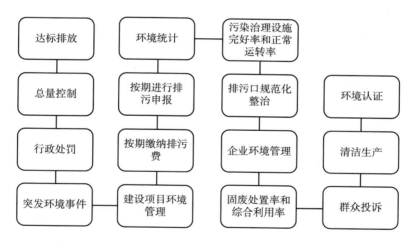

图 1 《长江三角洲地区企业环境行为信息评价标准（暂行）》主要指标

在长三角环境管理一体化的需求下，上海市制定了《本市国控重点企业年度环境行为评价工作实施方案》，启动了国控重点企业环境行为信息评价工作。按照实施方案的要求，市、区（县）两级环保部门遵循告知、初评、反馈、复核、评定等程序，依据《长江三角洲地区企业环境行为信息评价标准（暂行）》，对国控重点企业开展了全方位评价工作，并向企业通报了评价结果。

2. 企业环境行为信用记录的推进

2013 年，上海出台了《上海市企业环境行为信用信息记录和应用指导意见》，希望以具体环境行为信用记录共享为突破口，以环境违法"黑名单"为基础与环境执法监管实际相结合，针对迫切需要加强管理的问题，梳理明确有采集途径、可信可靠、不具争议性的不良信息记录，同时兼顾企业良好信息记录，建设一套完善的信息采集、记录、认定、共享系统。

就目前的进度而言，第一阶段已将128家国控重点企业纳入环境行为信用评价范围，并针对性地制定了《本市国控重点企业环境行为评价工作实施方案》。按照实施方案的要求，市、区（县）两级环保部门，遵循告知、初评、反馈、复核、评定等程序，开展年度评价工作。根据评价标准，企业环境行为评价结果分为5个等级：很好、好、一般、差和很差，并分别以5种颜色（绿色、蓝色、黄色、红色和黑色）表示。根据最新的年度评价结果（2013年），参评的128家企业中，评出绿色为10家，黑色为1家，与2012年度的评价结果基本持平（见图2）。其中，绿色企业主要包括电力行业、电子行业、环保行业等①。

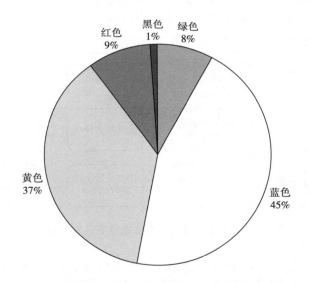

图2 2013年上海市企业环境信用评价结果统计图

从评估的结果看，影响企业环境信用的因素主要为以下几个方面：

- 日常环境执法中发现有环境违法行为，而被列入"黑名单"；

---

① 数据来源：上海市环保局调研。

- 需办理环保行政许可经指出仍不办理；
- 不履行申报行政许可时承诺的事项（如环境整改措施）；
- 发生环境污染事件或存在环境风险不及时整改；
- 污染造成厂群矛盾影响社会稳定；
- 污染治理设施管理不善，不能稳定达标排放。

而为企业环境信用加分的选项目前只有参考国家、市、区县授予企业的环保先进和有关表彰信息，在未来有望逐步扩展到良好守法、自愿减排、积极参与环保公益活动等记录。

（二）环境信用体系的应用情况

环境信用信息的开放应用最终将会催生一个广阔的环保市场，环境信息被赋予市场价值也是环境信用体系建设的重要目的。然而，目前上海的体系建设尚在比较初期的阶段，比较具有核心意义的企业环境信用评估的开展范围和深度都还在逐步拓展，所以可开展的应用工作也比较有限。

1. 绿色信贷的应用

根据原环保总局与银监会发布的《关于落实环保政策法规防范信贷风险的意见》，环境违法"黑名单"已纳入银行征信体系，作为银行审核商业信贷时的依据之一。当前政府和银行界正根据企业环境行为不良记录对贷款对家进行初步筛选，将"黑名单"以外的环境信用信息也纳入银行征信体系，特别对高污染、高耗能、不符合产业结构导向的企业予以限制贷款，并且正在研究如何提高信息提供的及时性。

以 2012 年为例，截至当年末，上海 19 家主要中资银行绿色低碳行业表内外授信余额为 589.34 亿元，比 2008 年增长 35.1%。其中，污水处理及其再生利用行业贷款的占比达 16.33%，在所有绿色低碳行业贷款中最高；电池制造业贷款的占比为 9.31%，在所有绿色低碳行业贷款中增长速度最快，在一定程度上推动了新能源行业和电动车行业的增长。截至 2012 年末，绿色低碳行业不良贷款 0.62 亿元，不良率为 0.23%[①]。

---

① 环保部政策研究中心：《中国银行业绿色状况评估》，2013。

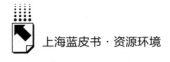

2. 上市环保核查的应用

根据环保部和证监会的要求，近年上海已经初步建立上市企业环保核查的否决机制，对列入"黑名单"且污染严重或者屡教不改的企业，在上市环保核查时不予通过，并将核查意见作为证监会在企业上市或再融资审查时一票否决的依据。但是，根据新环保法和相关行政审批新政的要求，全国明确将停止开展上市环保核查工作［见《关于改革调整上市环保核查工作制度的通知（2014）》］，要求转而强化企业环保信息披露以及中介机构的核查责任，故环境信用对上市环保核查的约束也将成为历史。

3. 企业表彰的应用

目前，上海的组织、人保、经信、总工会等部门在企业或者负责人评奖评优时，会以相关审核文件会商环保部门，要求环保部门出具企业守法证明，企业环境守法和信用情况将作为开具证明的依据。比如：工商部门在评选上海市著名商标、质监部门在评选上海名牌时，对环境违法企业和无信用企业，予以否决。

4. 行政许可的应用

对不履行环评手续、未批先建的企业，其环境不良信用的信息通过统一平台向建设、规土、工商等有关部门进行通报，从而会影响建设部门在核发建设工程施工许可环节、规土部门在核发规划工程许可环节、工商部门在核发营业执照环节督促企业办理环评手续。鉴于某些企业存在拒不接受处罚或整改决定，或是屡犯不改的情况，工商部门将会在年检时拒绝通过，以督促其履行处罚决定。另外，环境信用不良的企业，也会影响财政部门在政府采购时的采购决策。

四 上海建立环境信用体系制度的对策建议

（一）尽快推进企业环境信用评价试点进程

上海目前真正按照国家技术标准开展环境信用评价的企业范围仍然偏小，虽然基本囊括了污染物排放大户企业，但却没有包含许多重要的环境风险企业和产能过剩的重污染企业。所以有必要结合长三角联合开展企业环境行为评价试点和本市排污许可证试点工作，围绕污染源管理重点，逐步建立较完整的企业环境行为信息记录，完善污染源管理制度，修订完善污染源监督性监测和环境监察规范（对企业环境信用不良的，加大执法监察、监测的频率；对企业环境信用良好的，降低执法监察、监测的频率，同时优先考虑安排环保试点项目），完善污染源管理信息化平台。为保证和扩大市场主体的选择权，并使市场约束监管的作用得到发挥，将主要针对为市场提供服务的环评资质单位、危险废物经营许可单位、环境污染设施运营资质单位等开展信用评价试点。

（二）充分鼓励第三方环境信用评价服务，规避政府包办模式

参照国外较为完备的环境信用体系，无论是美国、英国还是欧洲和日本，其最大的共同特点就在于它们的信用服务机构都非常活跃，能够满足社会各层面对于各种信用产品和服务的需求。政府应避免为企业的信誉背负风险和责任，应使环境信用建立在市场验证和公众认同的基础上，可参考部分地区已经较为成熟的社会信用体系建设模式，政府主导推动第三方中介按市场规律运行，信用评级所需费用，委托方应当统一交给行业协会代管，由行业协会根据服务质量确定评级机构报酬，社会各界配合协作依法监督。

◇上海社会信用体系建设模式的借鉴

上海社会信用体系的建设以"个人征信服务为起点，通过第三方征信机构建设企业和个人联合征信系统，实行特许经营、商业运作、专业服务"为原则，形成了一套适用于上海的社会信用体系框架和运行机制。1999年，上海以特许经营方式为基础，在政府扶持下成立了第三方征信机构——上海资信有限公司，同时也率先进行了个人征信试点；2002年，企业信用联合征信服务系统开通，正式启动了行业信用制度建设和社会诚信创建活动。为此，在市政府领导牵头担任召集人的情况下，上海成立了由62家主要综合部门和监管部门构成的上海市社会诚信体系，并建立联席会议制度，成立市征信管理办公室，配备专门人员，对征信机构备案、回访、统计等管理制度进行创设及完善，并责成各区建立相应的联席会议制度。

□政务公开：让征信中介机构免费查询、获取有关企业的信用信息；

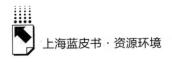
上海征信服务协会拥有40多
家会员机构，营业额占全国
四分之一

试点：成立第三方评价机构

1999年　　　　　2002年　　　　　2013年

开通企业信用联合征信服务
系统，成立联席会议制度

□市场化运作：政府不直接投资建设，不介入征信服务，相关服务均以公司经营、商业运作、专业服务形式进行；

□政府引导：做好征信服务机构的资质管理和监管工作，初期提供资金优惠政策；

□分步实施：从行业做起，再进行联合，逐步建立覆盖社会的信用信息网络。

经过十年的磨砺和实践，信用服务业在上海得到稳步发展，上海的信用产业链相对完整，服务体系比较成熟，营业额占全国的四分之一，各类征信服务机构有40多家，信用服务行业协会会员单位有40多家。各类综合效益初步显现，促进企业防范和降低经营风险，据中国社会科学院的评估报告，上海在全国50个城市金融生态综合指数中排在第一①。

（三）促进搭建社会共同参与的平台

环境信用评价这一新型环境管理手段成败与否的关键在于必须实现环境信息的社会共享以及政府、企业、公众之间具有畅通沟通渠道来运用环境信用信息。鉴于目前环境信息的传达渠道尚比较割裂，政府对企业环境行为无法全面掌握，企业在环境信用运用途径方面缺乏信息来源，公众是环境信息的弱势受体，所以应鼓励搭建有效的沟通平台，取长补短，将政府、企业和公众在环境信息交换中的迫切需求通过平台服务的方式加以解决。

①　赵志凌：《上海、浙江、深圳社会信用体系建设模式及其启示》，《现代经济探讨》2007 年第 1 期。

绿色供应链管理：案例与对策

胡冬雯 黄丽华 胡 静*

摘　要： 绿色供应链是将环保节能等"绿色"因素融入整个供应链的新型环境管理手段，该概念在 20 世纪由美国提出以后，在国际社会的应用层出不穷，并已逐渐开始影响国内的环境管理理念。上海在中国环境与发展国际合作委员会的推动下开展了近两年的绿色供应链管理示范项目，在积累了许多实践经验的同时，也总结得出绿色供应链的开展对上海实现产业结构调整、环境风险管理、政府职能转变和规避贸易壁垒等具有重要意义。通过分析上海在政策环境、企业管理、技术储备和公众等方面的基础，提出在上海继续深化示范和推广绿色供应链管理的建议。

关键词： 绿色供应链 上海 环境管理

一 绿色供应链概况

最近几年，在经济一体化的影响下，区域经济合作领域进一步拓展，供应链的网络范围更加宽广深入，随之而来的污染事件也越来越引起公众的关注。其中，大多数事件都是由企业对供应商的环境行为纵容或者漠视所引起，而此类事件，一方面易导致供应商无法承担污染后果而走向衰退破产，另一方面也易导致企业品牌受到巨大的舆论冲击，信誉备受质疑，并且在客观上造成了严重的甚至不可逆的生态环境破坏，危害了公众的日常生活。

---

* 胡冬雯，上海环境科学研究院，工程师；黄丽华、胡静，上海环境科学研究院，高级工程师。

（一）基本概念和内容

供应链管理的概念自 20 世纪 80 年代末被提出后，随着国内制造业全球化，已发展成为大型企业运行的一种主流管理模式，而近年来这种以核心企业为设计中心的传统供应链逐渐显现出一些不容忽视的问题：一是企业管理层对社会环境影响不够重视，片面追求利益最大化，企业行为忽视社会责任和环保义务，造成对生态环境的破坏；二是社会资源的合理利用和有效配置受到约束，绿色环保的生态型企业缺乏联盟的机会，有绿色发展追求的企业生存困难，社会资源流向生态效益低的企业，影响社会和企业的可持续发展；三是越来越频繁的政策红灯和绿色壁垒约束供应链上企业的生产行为，限制商品的进口，令传统供应链的产品制造环节和出口环节面临挑战；四是国内大部分企业尚未承担起健康消费的引导职责，过分强调迎合消费和需求，而忽略了自身应具有引导和宣传健康消费、绿色消费的责任①。

绿色供应链的概念由美国密歇根州立大学的制造研究协会于 1996 年进行的一项"环境负责制造"（ERM）研究中首次提出②，基本含义就是把环保节能等"绿色"因素融入整个供应链，使企业充分利用具有绿色优势的外部资源，并与具有绿色竞争力的企业建立战略联盟，使各企业分别集中精力去巩固和提高自己在绿色制造方面的核心能力和业务，达到整个供应链资源消耗和环境影响最小的目的。绿色供应链管理的目标是在实现企业盈利、满足顾客需求、扩大市场占有率等经济利益目标之外，同等追求节约能源、保护环境这一既具经济属性又具社会属性的目标。可能从宏观角度和长远利益来看，这一目标和经济利益目标是一致的，但对一定时期内的特定经济主体来说是矛盾的。产品从原材料获取、生产、使用、消耗、报废直至再回收利用的每一个环节，都会对环境产生影响，因此，绿色供应链管理的活动范围包含了上述的所有环节，贯穿产品的整个生命周期。供应链上的每个成员对每个环节的"绿化"都负有责任和义务。上下游企业的协同机制是必需的，而供应链具有跨地区和

---

① 宋志国：《绿色供应链管理若干问题研究》，中国环境科学出版社，2008，第 6 页。
② 张曙红：《可持续供应链管理理论、方法与应用——基于绿色供应链与再制造供应链的研究》，武汉大学出版社，2012。

跨行业性特征决定了政府在推进过程中亦不可缺位，同时，公众的环保意识是实施绿色供应链管理的基础，也是实施监督的主要角色。

　　绿色供应链体系的环节主要有：绿色设计、绿色采购、绿色生产、绿色营销、绿色包装、绿色物流、绿色消费和循环回收。"绿色"的理念和目标覆盖了产品的全生命周期，而不是某一局部范围或阶段，仅靠单个企业内部的绿色化管理并不能体现供应链整体的"绿色度"，而需要对供应链各个环节实施绿色管理和绿色运行（见图1、表1）。

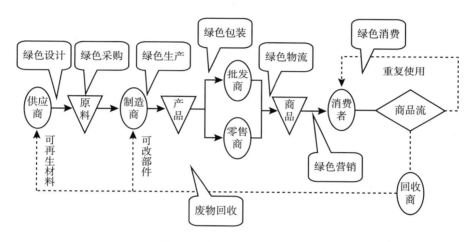

图1　绿色供应链概念结构图

表1　绿色供应链主要内容列表

绿色环节	主要内容
绿色设计	在产品整个生命周期内，着重考虑产品环境属性(可拆卸性,可回收性,可维护性,可重复利用性等),并将其作为设计目标,在满足环境目标要求的同时,保证产品应有的功能、使用寿命、质量等
绿色采购	在原料采购过程中综合考虑环境因素,尽量采购对环境和生态无危害或危害小的产品和服务,并通过优先购买和使用环保产品和服务,减少对环境不利的影响因素
绿色生产	以节能、降耗、减污为目标,以管理和技术为手段,实施工业生产全过程污染控制,使污染物的产生量最少化
绿色物流	从保护环境的角度改进物流体系,形成环境共生型的物流体系,在物流过程中抑制物流对环境造成的危害,同时实现对物流环境的净化,充分利用物流资源
绿色包装	包装产品从原材料选择、包装品制造,到使用和废弃的整个生命周期,均符合生态环保要求,完全用天然植物或有关矿物为原料制成,能循环和再生利用、易于降解的无公害包装

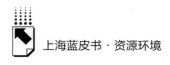
绿色环节	主要内容
绿色营销	企业以绿色文化为价值观念,在充分意识到消费者日益提高的环保意识和由此产生的对清洁型无公害产品需要的基础上,发现、创造并选择市场机会,通过一系列理性化的营销手段来满足消费者以及社会生态环境发展的需要
绿色消费	以适度节制消费、避免或减少对环境的破坏、崇尚自然和保护生态等为特征的新型消费行为和过程

资料来源:刘晓陶:《生态设计》,山东美术出版社,2006;杨红娟:《绿色供应链管理——企业可持续发展模式》,科学出版社,2008。

(二)国内外发展进展

从实践途径上看,国内外绿色供应链的起点有明显的不同。国外有关绿色供应链管理理念始于绿色采购的蓬勃发展,而国内的绿色供应链管理基本是在绿色制造的行业背景下兴起的。同时,国内外在践行绿色供应链的理念上侧重不同,和整体的法制环境、社会发展模式不无关系。

1. 国外政府和企业的实践

首先,国外政府在绿色供应链的引导上,总体体现了立法对绿色供应链发展的强力驱动作用。如欧盟近年来推动绿色供应链管理主要基于"延伸生产者责任"(Extended Producer Responsibility,EPR)的理念,该理念强调生产者应承担的责任不仅在产品的生产过程之中,而且还要延伸到产品的整个生命周期,特别是废弃后的回收和处置。这样就可以迫使制造商将产品的环境外部性内部化,把线性的从生产到分销的开环供应链管理转变为鼓励再循环、再利用与改进产品设计的闭环供应链管理。迄今为止,欧盟在绿色供应链领域通过并实施的指令法规包括《废电池管理指令91/157/EEC》、《包装与包装废弃物指令94/62/EC》、《废车辆管理指令2000/53/EC》、《废弃电子电器设备指令》(WEEE)、《在电子电器设备中禁止使用某些有害物质指令》(RoHS)、《整合性产品政策》(IPP)、《电子垃圾处理法》、《关于化品注册、评估、许可和限制法规》(REACH法规)、《关于用能产品生态设计框架指令》(EUP)等。欧盟的各类绿色指令要求在供应链各个节点建立一系列的标准,设计和规范相应的流程,实现商流、物流、信息流、资金流的统一。又如绿色供应链概念发起者美国，政府要求企业必须披露其供应链中各操作环节产生的环境影响的相关信息，美国环保署建立的"有毒物质排放清单"制度是该类政策的一个范例，该清单要求企业必须对于包括排放地点在内的有毒化学物质排放信息进行报告，由于企业供应链往往存在不透明性，报告制度的出台对供应链运行产生了深远的影响①。

其次，除了严格的法制环境，各国政府积极倡导行业层面和企业层面的绿色供应链自愿性项目，用以促动以点带面、自下而上的社会行为。在欧洲，企业通过行业联合的方式成立生产者责任组织（PROs），由生产者责任组织建立共用的产品回收体系，企业委托生产者责任组织具体负责产品废弃物回收与处置。这种执行方式适合于回收品可以用做生产者的原料并且回收处置和利用过程通用性较强的情况，如玻璃、纸、金属等。在具体执行时，共同产品回收体系一般由生产企业、生产者责任组织、回收企业共同构成。生产企业将自己的产品回收责任委托给生产者责任组织，生产者责任组织依托各地提供具体服务的回收企业实施回收行动。生产者责任组织的终端——废弃电子产品处理企业的成立，在欧洲各国有严格的审批程序，除有一定的资金、相对高的技术及设备要求外，还要求其符合一定的环保要求——其所生产的再生材料必须符合绿色环保要求。美国环保局和商务部联合建立的绿色供应商网络（Green Supplier Network），旨在帮助中小型制造企业提升竞争力，并降低环境影响。其宗旨为"Lean and Clean Advantage"，主要手段为开展技术审核。该项目的核心内容包括：由 Green Supplier Network 派出技术团队，包括来自制造业扩展合作伙伴中心以及国家环保署的支撑项目的专家，为企业开展 2～3 天现场调研，之后开展数据信息收集、Lean and Clean Advantage 技能及相关工具培训；确认改进潜力，并做技术经济分析，制定实施方案，重点为降低电、水及原材料消耗、污染排放；加强材料循环利用及废物处置等；量化分析单位产品及单位生产线的物耗及资源利用率，并通过平台数据库开展行业及区域对比，为企业提供决策支撑；提出兼具环保、节能、经济及社会效益的改善建议。该项目建立了面向企业、界面友好的官方网站，在网站上不仅对项目细节进行介绍，还通过网站邀请企业加入网络，并欢迎入网企业分享技

---

① 美国环保署官方网站。

术审核给企业带来的成功经验等。

2. 国内试点进展

绿色供应链是一种贯穿产品设计、生产、销售、消费、回收等多环节的管理系统，虽然我国并没有制定针对绿色供应链的政策法规，但经过几十年的环境立法推进，已产生了大量的环境规制，而供应链的各个独立领域和环节，已具备体系性的法律法规，为开展绿色供应链的推进工作打下了基础（见表2）。

表2　我国在绿色供应链各环节法规列举

类型	法　　　规	发布年份
绿色设计	《关于开展工业产品生态设计的指导意见》	2013
绿色采购	《节能产品政府采购实施意见》	2004
	《关于环境标志产品政府采购实施的意见》	2007
	《国家鼓励的有毒有害原料（产品）替代品目录》	2012
绿色生产	《中华人民共和国清洁生产促进法》	2002
	《关于加快推行清洁生产的意见》	2003
	《清洁生产审核暂行办法》	2004
	《电子信息产品污染控制管理办法》	2007
绿色包装	《反对商品过度包装的通知》	2007
	《食品包装规范》	2008
	《包装物回收利用管理办法》	2009
	《限制商品过度包装通则》	2010
绿色物流	《商贸物流发展专项规划》	2011
	《关于深化流通体制改革加快流通产业发展的意见》	2012
绿色消费	《关于限制生产销售使用塑料购物袋的通知》	2007
	《节能减排全民行动实施方案》	2012
废弃物回收	《废弃电器电子产品回收处理管理条例》	2011
	《关于建立完整的先进的废旧商品回收体系的意见》	2011

2013年12月，国家环保部、国家发改委、中国人民银行和银监会发布了《企业环境信用评价办法（试行）》，该办法提出，自愿选择遵守环保法规标准的原材料供应商，优先选购环境友好产品和服务，积极构建绿色供应链及倡导绿色采购的企业成为评定"环保诚信企业"的采信要求。

绿色供应链在中国的践行，起源于一些跨国企业的理念及管理模式的输入，所以在国内一些外资企业是先行者，而一些合资企业为了应对外方的管理要求也逐渐开展相关的推进工作。近几年，随着理念传播的展开和深入，一部分大型国有企业和民营企业也开始着手开展有益尝试，产生出良好的社会效益。

二　上海推广绿色供应链管理的意义及基础条件

上海作为中国最大的经济中心和长三角区域发展龙头，产业基础坚实，汇聚形成了一批品牌影响力大、产业链体系覆盖长三角并延伸全国的国有、中外合资和外资企业，其中不乏自主创新意愿强烈、富有社会责任意识的大型企业。"十二五"期间，按照"创新驱动，转型发展"的要求，上海必须着力创新企业环境管理模式，借助市场的力量建立开放的、激励和倡导型的管理机制，促进供应链企业进行绿色改革，为深入推进节能减排、推动环保区域合作、探索环境保护新道路做出有益尝试。

（一）意义

1. 产业转型——从源头切入的办法

2013年，上海市政府发布了《上海市主体功能区划》，四大片区的功能定位成为上海产业格局的基本方向，限制开发和禁止开发制度得以落实，明确的生态红线和风险红线的划定将使土地规划和审批更为严格，环境准入标准也将越来越高，对产业类项目实行全市统一的占地、耗能、耗水、资源回收率、资源综合利用率、工艺装备、"三废"排放和生态保护等强制性准入标准，并鼓励各区县实行高于全市的准入标准，促进产业绿色发展。同时，产业集聚规模效应将愈趋明显，项目入园入区将带动整体产业链的品质升级，提高环境管理成效，降低运营维护成本。而一些不符合主体功能定位的企业将通过财政、土地、节能环保等手段向外转移或淘汰。建设全球城市成为上海新一轮总体发展的总体目标，面对全球经济整体低迷的趋势，先进制造业和现代服务业是本地政策导向和市场资源聚集的主要指引。高能耗、高污染和高风险特征的行业以及一些传统产业链上游行业将会成为结构调整的主要对象，而高科技、高附加值和节能环保型产品将迅速占领市场重要地位，从而推动本地乃至全国资金的流向，影响企业的发展规划，吸引领导层和融资平台的关注。

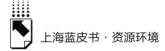

城市布局的限制和产业战略的导向将对上海本地产业链的结构产生重大影响。绿色供应链是产业链上各企业实现环境效益和经济效益最大化的管理手段，借助龙头企业敏锐的政策嗅觉和在商务采购策略上对生产型企业的约束和引导，促动整个产业链的产业升级和结构转型。

2. 企业风险——有效改善环境管理

近几年，上海的环境突发事件呈现爆发态势，2006～2013年各类突发环境事件总计924起，2013年的突发环境事故数（197起）是2006年（36起）的5.4倍，突发环境事故数年均递增率为41%①，其中的原因，一方面是由于公众的环境意识迅速提升，环境维权行为更为频繁，另一方面也因为高风险企业仍然存在重大的隐患，环境安全形势不容乐观。

新环保法于2015年1月1日起全面实施，着重解决环境违法成本低的问题，明确企业不仅要对减少排放污染物负责，也要对排放的污染物给公共环境质量造成的影响承担责任。这意味着越来越严格的环境管理要求将明显提高企业污染防控成本，企业传统上靠末端治理和应急公关来维系的环境管理手段已走到尽头，面对日趋严格的节能环保规定，企业疲于应付和遮掩，造成大量社会资源的浪费和环境效益的损失。对于企业和政府而言，实行绿色供应链管理是使环境管理从末端走向前端的途径，强调全过程管理将成为实现可持续化发展的唯一选择。从源头杜绝污染和控制环境风险，从产业链整合共同提高资源产出率，开展系统化的环境管理，才能有效规避企业环境风险、节约管理成本。

3. 政府角色——向行政服务型转变

政府部门对于企业环境行为的管理职能基本是监督和惩罚，以及有限的鼓励。环保部门的日常行政工作主要包括对新改扩建设项目开展环境影响评价及环保验收、对重点工业企业进行环保绩效监察、对环境突发事件做出响应和处理、针对上市公司开展环保核查、对工业企业开展排污申报及排污许可证核发。其中，真正对企业形成长效监管的措施即是通过环境执法监察，对重要污染源开展一定频次的环保督察。从执法资源现状看，全市3万多个工业源中，128个大型企业（环保国控点）可以保证每月一次的监察频率，1700家左右

---

① 数据来源：上海市环境保护局统计数字。

的企业（区控重点源）可以保证每年平均 2～4 次的监察频率，其余大量的工业企业均只能开展每年一次甚至每两年一次的环境监察。环境监察资源不足，对企业的行政约束不够，这在当前企业环境意识普遍尚欠发达的背景下，造成企业的环境行为管理缺乏手段，这也是政府部门将长期面对的一个困境（见表 3）。

表 3　环保部门针对企业的管理职能

监管职能	内容	性质
环评	新改扩项目开工前评估及三同时验收	一次性
环境监察	调查污染源排放情况、查环保设施的运行情况	长效性
环保核查	14 个行业的企业申请上市或再融资时评估（即将取消）	一次性
应急查处	企业环境突发事件的响应、处置、审查和处理	一次性
排污许可证	对全市约 1400 家企业开展环境考察核发许可证	一次性
排污费征收	根据企业排污申报和监察情况开展费用征收	长效性
鼓励职能	内容	性质
超量减排鼓励	针对电厂和污水厂的污染物削减补贴	长效性
截污纳管鼓励	太湖流域企业直排改造纳管补贴	一次性
清洁生产审核	针对双超双有企业的	一次性

绿色供应链管理使一部分环境意识和管理水平较高的大型企业自发对自身供应链上的企业开展环境教育和环境行为监督，有利于激发更多的企业资源和社会力量为环境监管工作所用。创新环境管理手段，作为现有行政手段的一个有力补充，也使政府职能部门从行政审核和监督的职能更多地向服务企业和推动社会的方向发展，符合十八大以来中央对各级政府的要求和全社会发展潮流。

4. 贸易中心——国际市场的通行证

在建设国际贸易中心的过程中，上海面临着来自西方发达国家越来越繁杂的环保公约、法律法规和标准标志等形式的商品准入限制。近几年，此类绿色壁垒的范围从一些初级产品的贸易渐渐扩大到中间产品和工业制成品，从资源环境扩大到动植物和人类健康，从商品生产、销售扩大到生产方法和过程，从产品内在品质设计到外部包装。传统生产链的产品和企业管理模式面对贸易壁垒的适应性较差，缺乏应对机制，市场反应被动，严重影响商品流通和业务拓展（见表 4）。

表4　我国遭遇的绿色贸易壁垒的主要类型

类型	主要内容
绿色关税	对可能造成环境威胁及破坏的进口产品征收的附加税
绿色市场准入制度	以环境污染或人体健康为由限制产品进口
绿色反补贴/反倾销	由于产品接受出口国的环境补贴或未将环境成本内在化而限制进口
推行 PPMS 标准	对产品的生产过程制定环境标准,强行要求对进出口产品审核认定
强制性绿色标签	要求进口产品必须取得相关认证或标签
检验程序和制度	针对特殊物质制定整套严密的检验制度和烦琐的检验程序,使进口货物难以通过
其他	要求回收利用、政府采购、押金制度的强制措施

2013 年 8 月,中央批准上海正式成立中国（上海）自由贸易试验区,旨在在上海进一步加大经济贸易开放,先行先试中国未来的贸易大计。中央和地方,乃至国际上诸多国家都对此举予以非常大的关注和期待,预见上海将成为国际贸易中心,这一定位既有利于捍卫中国在全球贸易竞争中的地位,同时也利于中国经济与全球经济接轨,具有重大的历史意义。在这一关键时期,大力推进绿色供应链管理的实践,一方面可以帮助贸易企业积极应对发达国家借"绿色"之名而行贸易保护之实,规避国际贸易中出现的环境争端,降低投资风险,掌握行业发展和市场占领的主动权,另一方面,可以阻止一些发展中国家,特别是环保技术落后的发展中国家的产品进口,为本国市场形成巨大的保护网,是上海自贸区成为亚太供应链核心枢纽的必要保障。

（二）绿色供应链管理的基础条件

比起中国的其他省市,上海良好的区位优势和发达产业经济为绿色供应链管理的推行提供了优质的土壤,从政府、公众和学研环境来讲,都已经具备率先示范和试点的基础。

1. 政策基础

早在 1998 年,上海市政府发布的《上海市政府采购管理办法》就明确规定政府采购应当符合环境保护要求,优先采购低耗能、低污染的货物和工程,这在全国的地方政府采购立法中是走在前列的。2013 年,上海政府采购清单中,节能环保产品达九成,全市消费市场中的环保标识产品和节能标识产品有一大半以上由政府完成采购,每年制定的政府采购清单亦会强调对环保标识产品的倾斜，对拉动全社会绿色消费整体水平提升具有巨大影响力。

2008 年，上海市政府在促进节能减排方面做出了有益举措，设立了"上海市节能减排专项资金"，用于鼓励企业对现有设施、设备或能力等进一步挖潜和提高，用于支持原有资金渠道难以覆盖或支持力度不够且矛盾比较突出的企业和社会的节能环保方面。主要解决能源储备及安全、可再生能源利用开发、淘汰落后生产能力、节能减排技改、合同能源管理、建筑交通节能减排、清洁生产、水污染减排、大气污染减排、固废减量化、循环经济发展和绿色产品推广等 13 个领域的问题（见表 5）。

表5　上海市节能减排专项资金补贴情况

资金补贴文件	补贴对象	补贴范围
产业结构调整专项补助办法	调整企业	300 元/吨标煤 7000 ~ 12000 元/吨减排量
上海市燃煤(重油)锅炉清洁能源替代工作方案和专项资金扶持办法	锅炉企业	10 ~ 30 万元/蒸吨
可再生能源和新能源发展专项资金扶持办法	新能源项目	无偿补助 贷款贴息
节能技术改造项目专项扶持实施办法	工商企业	300 元/标准煤
分布式供能系统和燃气空调发展专项扶持办法	公共和企业建筑	分布式功能 1000 元/kw 燃气空调 100 元/kw
合同能源管理项目财政奖励办法	节能服务公司	中央项目 600 元/吨标煤 地方项目 500 元/吨标煤
建筑节能项目专项扶持暂行办法	居住和公共建筑	新建 50 元/m² 改造 50 ~ 100 元/m²
脱硫石膏综合利用专项扶持实施办法	脱硫石膏利用企业	综合利用 10 元/吨 石膏替代 20% 投资补贴
交通节能减排专项扶持资金管理办法	交通工具和实施	1500 ~ 3000 元/吨标准油
鼓励企业实施清洁生产专项扶持实施办法	清洁生产审核企业	<20 万元 高费项目 <100 万元
燃煤电厂脱硫设施运行超量减排奖励暂行办法	燃煤电厂	4000 ~ 6000 元/吨
城镇污水处理厂 COD 超量削减补贴政策实施方案	污水处理厂	0.035 ~ 0.07 元/吨
循环经济发展和资源综合利用专项扶持暂行办法	废弃物综合利用项目	投资额 20% 补贴

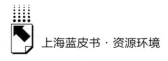

2. 企业实践基础

上海是全国改革开放后重要的对外口岸，外资企业聚集在此，为上海经济创造了大量财富。2013年的全市工业产值中有一半来自外资企业，36%左右的工业从业人员就业于外资企业①。上海的外资企业多来自欧美日韩发达国家，这些国家环境法制建设起步较早，环境管理水平相对较高，所属企业环境保护和社会责任意识较为发达，较早就开始接触绿色供应链理念和实践，许多企业已将外国母公司的管理制度在中国实施运用（如宜家）。而许多合资企业也深受外方基于环境保护的各种管制的影响，逐渐培育起自身的环境管理体系。

20世纪以来，上海一直作为我国传统的工业城市，形成了行业门类齐全、产品种类繁多、技术力量较强、配套协作度较高的工业生产体系。随着产业结构调整成果显现，作为第二、第三产业之间融合发展的生产性服务业迅速发展，逐步成为经济的支柱性产业，物流、信息服务、金融保险、房地产等行业的发展速度都超过了全市平均产业经济增速，年均增速均超过15%，对上海经济增长拉动贡献率达一半左右，加上发达的园区经济，使上海逐渐实现全产业链管理成为可能。

上海在20世纪一直是扮演着全国经济试金石的角色，许多企业在上海创业和崛起，企业管理文化悠远而又具有不断突破的精神，大量本地企业始终保持对创新发展的追求。从对全市的科技研究贡献来看，企业始终是主要力量，其所占比例至2013年高达61%。2012年，上海市政府发布实施意见，用以落实《中共中央国务院关于深化科技体制改革加快国家创新体系建设的意见》，市国资监管部门每年安排不低于30%的国资收益，用于支持企业技术创新和能级提升活动。

3. 技术储备基础

凭借网络载体，上海市已初步建立了企业环境信息公开平台，行政获取和民间获取的部分信息结合媒体、社区等进行发布。目前，主要发布内容包括"重点行业环境信息""污染源环境监管信息""环境信用信息""工程建设领域项目信息""行政许可审批动态信息"等。其中，"污染源

---

① 数据来源：《上海统计年鉴2014》。

环境监管信息公开"中的企业清洁生产审核、企业上市或再融资环保核查，"工程建设领域项目信息公开"中的环评、竣工验收等内容，既是政府对企业实施环境管理和服务的有效手段，也是全社会比较关注的企业环境信息。

上海的行业协会发展与全国比较，处于领先水平，各类产业协会和行业协会达到200多个，覆盖了大部分的工商业。行业协会在为企业服务、市场开拓、行业调查统计、协助政府进行行业管理等方面积累了大量的经验，做出了显著的贡献。其中，主要支柱产业的行业协会，如集成电路行业协会、信息服务行业协会、化工行业协会和汽车行业协会等，成为本地行业发展的政策制定组织部门，也是引领企业开展节能环保工作的重要平台。

4. 公众意识基础

消费市场是绿色供应链管理体系建立的核心和原始驱动力。上海人口集聚和经济集聚效应带来蓬勃的消费市场，由于人口素质相对较高，大专以上学历人口高于21%[1]，更容易接受先进的社会理念。在相对开放的社会氛围中，政府和社会力量得以在环境教育方面做出有益贡献，通过环境教育基地、学校环境教育、社区环境教育等渠道取得良好的社会效益。

三　上海绿色供应链示范项目经验及挑战

中国环境与发展国际合作委员会于2011年启动了绿色供应链政策研究专题。研究报告总结分析了绿色供应链管理的国际经验，调研梳理了国内供应链管理发展的现状及问题，并向政府部门提出了推动中国绿色供应链发展的政策建议。中国环境与发展国际合作委员会在2011年专题政策研究《绿色供应链的实践与创新》中提到四方面的政策建议，对我国在绿色供应链管理制度方面的推进方向列出了具体的清单。

作为中国最大的经济中心和长三角区域发展龙头，按照"创新驱动，转型发展"的要求，上海着力创新企业环境管理模式，借助市场的力量建立开放的、激励和倡导型的管理机制，促进供应链企业进行绿色改革。

---

① 数据来源：《上海统计年鉴2014》。

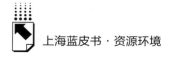

（一）试点案例剖析

为深入推进节能减排、推进环保区域合作、探索环境保护新道路做出有益尝试。上海在 2013 年成为中国环境与发展国际合作委员会"绿色供应链政策示范城市"，滚动推进相关试点项目，为全国先行先试、全面推广积累经验。

1. 企业践行实施经验

上海绿色供应链示范项目旨在通过开展具体的企业层面的试点，总结成果和经验，为在行业以及区域的推行提供基础。因此在示范企业选择上须尤其注重代表性和典型性。宜家贸易服务（中国）有限公司、上海通用汽车有限公司和百联集团有限公司都是上海的大型企业，具备建立新型管理体制的条件，从行业、经营性质、经济类型到供应链特点都具有区别性和代表性，为总结示范经验提供多层面多角度的参考（见图 2）。

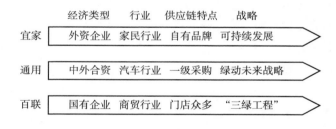

图 2　上海绿色供应链示范企业对比

宜家对供应商环境行为的管理得益于一套用于规范供应商行为准则的运行制度（IWAY）。宜家要求到 2015 年底，所有宜家供应商遵守该规则，新加入的供应商必须在建立关系后最长 12 个月内实现 IWAY 审核，并要求到 2017 年次级供应商加入 IWAY 准则范围。宜家要求供应商须每 12 个月进行一次 IWAY 内部审核，每季度接受宜家派审核专员开展 IWAY 外部审核。宜家通过 IWAY 体系为供应商开展评分工作，以帮助采购部门判断供应商的综合采信度，确定第二年或第三年的采购意愿和采购数量，通过 IWAY 的评估系统推动供应商向环境合规和环境绩效提升方向发展业务。制度化的实施方法，使得宜家的供应商始终保持在较高的企业社会责任水平，很好地回应了利益相关者的利益要求。

上海通用根据供应商的绿色评估和绿色绩效提升情况，在供应商中开展"绿色供应商"的授誉制度，并在每年的"绿色供应商"中按绩效改善效果，评定一定比例的供应商为"优秀供应商"。通过加大投入实施供应商环境绩效改善计划，拉动供应商体系共同投入实施节能环保项目，促进产业链绿色转型。该项目每年通过供应商自愿申报、第三方评估和年度总结授誉来鼓励其供应商参与，并将"绿色供应商"评选的授誉制度和企业的商务采购制度结合，作为商务采购授信的评估内容之一，用于激励通用供应商的绿色行为。供应商产生的 GPAI 方案改进重点可以分为以下几个方面：人员、管理、原材料和能源、过程控制、废弃物、工艺技术、设备和产品，方案所产生的效果可以分为节能、节水、减少废弃物、温室气体减排、非温室气体减排等可测量的环境绩效。

百联集团根据国家商务部"三绿工程"示范项目的要求，选择其下属联华超市实施了"绿色超市"的样板工程，具体内容包括：门店绿色改建、绿色商品专区设置、绿色消费理念倡导和绿色供应链建设等措施，并规划在食品的采购、配送、加工、销售等相关环节，具体落实"绿色环保"的理念，提出打造具有超市特色的绿色低碳供应体系和"绿色环保超市"概念。由于联华超市是上海市门店数量最多，消费人群最广的国有超市，该门店成为集团公司首家进行绿色门店建设的试点项目，预期在更大范围示范和推广，这对绿色消费理念的推动具有深远的意义。

2. 政府推动机制经验

上海示范项目从 2013 年起启动打造绿色供应链促进平台，在硬件方面，建立了绿色供应链公共网站，为绿色供应链管理中的供应商、制造商、采购商、消费者提供绿色产品信息数据及相关技术服务，为多方交流互动搭建平台；软件方面，针对供应链的环境绩效评估手段及解决供应链绿色改善的技术方法，为企业在开展管理尤其是供应商评估方面提供必要的支持，并通过绿色供应链案例库的形式为更多企业普及绿色供应链管理的理念和技术。

目前，上海示范项目的绿色供应链促进平台已经吸纳了宜家家居、上海通用、百联集团、苹果中国等大型企业和正丰易科、通标标准技术服务有限公司等环境咨询公司，并依托平台组织培训、研讨和绿色供应链案例征集评选活动（见表6）。

表6　绿色供应链平台相关方职责与利益对应

利益方	参与方	职责
组织方	政府	搭建平台,推广宣传
		制定规则和运营流程
		协调相关参与方和运行方
		提供政策优惠或政务便捷通道
	行业协会	鼓动企业参与平台
		组织开展行业绿供管理指南或评估
运行方	企业	开展绿色供应链评价
		促进供应商环境绩效改善
		参与环境信息分享
服务支持方	研究机构	提供绿供管理技术和工具
		提供平台企业环保咨询服务
		协助撰写企业环境报告书
		提供绿色供应链能力培训
	认证机构	提供相关认证和审核服务
		提供验证监测和检测
	信息机构	平台载体的开发和维护
		数据库的建立、运行和分析
	金融机构	筹措平台的运转成本
		提供平台企业绿供项目的贷款渠道
		组织平台企业参与污染物和碳交易
监督方	非政府组织	平台的宣传和公开
		舆情的调研和公布
		公共层面的参与和互动
	媒体	组织宣传和发布

（二）绿色供应链推行阻碍和瓶颈

在环境立法尚不到位,资源环境价格尚未实现合理化的现状下,企业开展绿色供应链的驱动力受到较大影响。

1. 激励性政策不足

由于目前国内社会的环境意识和环境管理水平尚处于初级阶段,使绿色供应链管理具有经济外部性和准公共品的性质,仅靠市场机制尚不足以解决,需要发挥政府职能对此进行干预。一方面各种国外经验和学术研究验证了环境法规对实施绿色供应链能够起到促进、制约和监督的作用，另一方面在市场培育初期，政府有必要运用一定的经济杠杆来调节中和绿色供应链管理给企业带来的成本负担，而目前这两方面都存在缺失。

目前基于节能方面的财政补贴名目较多，支持内容较丰富，资金配套量也较大。相比之下，环保相关的经济激励政策从受惠范围、门槛条件和资金力度方面均明显不足。其中，对于污染物超量减排的经济补贴只针对电厂和污水处理厂；清洁生产补贴，只面向一些双超双有的环保违规企业；环境保护专用设备企业所得税优惠和燃煤锅炉清洁能源替代虽然面向所有企业，但由于基础设施替换后造成运营成本的问题，这两条补贴政策的补贴力度不足以调动企业真正开展相关工作的积极性（见表7）。

表7 上海市针对企业的环保补贴政策

环保激励政策	受惠对象	补助力度
环境保护专用设备企业所得税优惠	所有企业	按设备投资额10%抵免当年所得税
燃煤（重油）锅炉清洁能源替代	所有企业	10万～30万元/蒸吨
企业实施清洁生产	强制名单	<20万元，高费项目<100万元
脱硫设施运行超量减排奖励	燃煤电厂	4000～6000元/吨
COD超量削减补贴	污水处理厂	0.035～0.07元/吨

2. 企业的环境意识水平参差不齐

在示范企业及其供应商的调研问卷中可以获悉，即使有意于开展绿色供应链示范的企业之中，环境意识水平和认知基础也存在相当大的差距。外资企业对绿色供应链的必要性整体评估比中资企业高了近60%，在所有认为必须开展绿色供应链管理的企业中90%是制造型企业，只有10%是商贸型企业。从总体来讲，环境意识水平呈现明显的外资企业高于中资企业、工业企业高于服务型企业、大型企业高于中小型企业的特征。

3. 绿色供应链管理的技术储备不足

绿色供应链管理是一个复杂和综合的体系，其价值不仅体现在末端的环境绩效的提高，同时，也是企业提高系统管理水平，提升自身竞争力的工具。所以，一些现有仅用于环境管理和环境绩效评估的指导性导则及技术标准都不能反映供应链管理与绿色环保的契合情况。而一些用于体系认证（如 ISO14000）或基于特定产品载体的供应链环保要求（如 RoHS）也难以全面覆盖到纵向的产业链。这对许多有意愿开展绿色供应链管理的企业是极大的阻碍和困难，也对政府推动绿色供应链实践产生不利的影响。

4. 缺乏鼓励和宣传绿色供应链的平台

上海通用早在 2007 年就开始开展绿色供应链试点项目，并取得了较好的环境绩效和社会效益，却并没有成为行业或地区进一步推动深化拓展的促动力，一方面是由于当时社会对绿色供应链的认知水平较低，另一方面也由于企业缺乏宣传绿色形象的公众平台。而在相关供应商尤其是一些中小型生产型企业供应商在面临下游龙头企业开展绿色绩效改善要求的时候，显示出缺乏环境专业知识，同时又陷入无从寻求技术支持和咨询支持渠道的困境。在大多数供应商中普遍存在缺少环境服务的社会平台的问题。

四 上海推进绿色供应链实践的政策建议

绿色供应链管理是一项创新型的社会及企业作为模式，需要政府的相关制度安排，而这种制度一般可以包括三大类型：一是强制性政策，强制性政策必不可少，通过法律法规来强调绿色供应链的指导定位是实现绿色供应链发展的根本基础，也是最终方向。但是强制性政策一般有制定周期长，利益方博弈过程复杂，社会普遍意识要求高，效果滞后等缺点。目前，有条件的领域可以考虑着手研究，比如：政府采购中对于绿色产品的强制指标要求、公众消费品销售预收回收费制度、快递行业包装材料规范化要求等。二是经济激励性政策，比起强制性政策，激励性政策见效较快，是短期内推动企业绿色供应链发展的有力驱动，是企业最乐见的政策措施，通常具有立竿见影的推进作用。但是在政府财政压力和供需不平衡的局面下，激励性政策可提供的资源力度和作用范围比较有限，难以惠及所有行业和领域，长期持续的可能性不大，而且会使企业开展绿色供应链管理的驱动力发生一定程度的扭曲。三是无直接经济刺激的鼓励性政策，如组织自愿性活动和宣传、授誉认证等措施。相较激励性政策，鼓励性政策覆盖面较广，是发动全社会参与绿色供应链发展的有效抓手，具有符合市场规律及以公众期许为准的调节功能，政府行政成本较低，社会影响面更大。但是，鼓励性政策对顶层设计以及运营机制建设要求较高，需要非常有效的组织能力和成熟的技术支持。

上海市绿色供应链示范项目的开展和推进，使绿色供应链在全市层面的推广实施逐步积累了一定基础，也是实现一个环保理念由点到面的一个拓展过程。在中国环境与发展国际合作委员会的政策框架下，结合上海现有的政府管理基础及企业意识水平，建议上海可以从四个方面加强绿色供应链的推广工作。

（一）加强企业环保执法监管和政策引导

国外推行绿色供应链较为成功的一个重要因素是将企业的环境责任纳入国家的有关法律中。同发达国家比，我国的环保法规建设明显滞后，尽管制定了一些"绿色"政策，但缺乏有效监管，惩罚力度不够，实施效果不理想。所以，应进一步制定和完善严格的符合中国国情的环保政策，将环保审查与质量监督结合起来，提高对污染源的惩罚标准与打击力度，对污染企业征以高税，对不达标的企业加以严惩，加强工业企业污染排放管理，继续建设和完善重点污染源在线监控系统，提高现场环境监察和执法装备水平。

同时进一步做好企业环境信息公开，一方面通过不断扩展企业环境信息的公开内容和企业范围，凭借公开媒体曝光企业环境违法行为等情况，加大曝光和警示力度，树立企业的环境公关意识和责任感；另一方面通过优秀企业案例和供应链管理经验的宣传树立企业典范，引导社会的生产价值观转变。

（二）搭建绿色供应链促进平台

绿色供应链管理的基本单位是企业，企业与企业之间由供需关系组成了产业链，供应链的网络结构决定了要实现环境绩效的共同提升，必须有一个组织良好、协调有效的平台，既能够为企业的供应链管理提供服务，也能够起到意识灌输和能力培养的目的。搭建平台的技术基础有硬件和软件两个方面：硬件方面，必须建立绿色供应链的信息数据系统，为绿色供应链管理中的供应商、制造商、采购商、消费者提供绿色产品信息数据及相关技术服务，为多方交流互动搭建平台；软件方面，须具备针对供应链的环境绩效评估手段及解决供应链绿色改善的技术方法，为企业在开展管理尤其是供应商评估方面提供必要的支持。

（三）完善绿色供应链评价体系建设

企业的供应链管理是否能达到"绿色"的范畴，在整个供应链的综合评价中可以直接量化并且成为可视化的输出结果。通过对供应链管理中的各方面、多层次进行绩效评价，全面反映企业的运营情况以及环境友好程度。与传统的企业环境绩效评价模式不同，绿色供应链评价体现在从产品设计、生产、销售、使用到废弃回收全程的绿色性。建立一套完整的、科学的及规范化的评价指标，用以客观全面地评价供应链的绿色绩效，作为企业在供应链管理中组建、运营、撤销等决策的依据，使整条供应链从源头到废弃回收各节点企业的绿色性得到协调和控制。但鉴于绿色供应链评价体系比其他环境绩效评价更为综合和复杂，在以意识培育和市场引导为主旨的评价初期，各种评价技术和方法难以科学确定，精细化的指标体系一方面可能因为无法全面获得数据而难以起步，同时也会因为企业开展评估审核的经济成本问题影响参与积极性。建议模仿部分国家使用简单化的非专业技术型指标来开展供应链绿色度评价，用以反映一个企业供应链在实现绿色环保方面的成熟程度。

（四）继续深入示范和试点

上海的第一阶段示范项目选择了3个不同行业、不同业态、不同背景的企业开展试点，结合上海产业发展特征，应在点上示范的基础上推向行业或者区域的示范，逐步扩大绿色供应链实践的范围和深度，为进一步的面上推广提供必要的经验及技术积累。行业方面，结合已有示范基础和行业特征，笔者认为在上海推行零售超市行业的绿色供应链示范有一定基础。区域层面，结合上海现代化工业园区环境管理基础，可以考虑选择有条件的开展示范。

环境社会自治实践与发展建议

李立峰 胡 静*

摘 要： 环境保护的社会自治在中国总体仍处于起步阶段，但具有一定的天然条件和巨大的发展潜力。包括上海在内的许多地区近年来已出现了不少宝贵探索和成功案例，接下来关键需要制度土壤的进一步熟化。对上海部分案例和国内外相关经验进行了介绍。针对国内普遍存在的社会力量偏弱、环保社会组织现状参差不齐、环保"邻避"现象等相关问题，提出了若干对策建议，包括依法加强基层社区组织的自治力量、培育有利于环保社会组织和社会企业成长的制度土壤、保障媒体及社会各界的监督权、鼓励探索社规民约等因地制宜的有效自治方式以及为居民践行绿色生活及环保公益活动提供最大便利。

关键词： 上海 环境 社会自治

社会自治是中国当前深化改革进程的重要环节。2013 年 11 月，十八届三中全会提出"实现政府治理和社会自我调节、居民自治良性互动"，"正确处理政府和社会关系，加快实施政社分开，推进社会组织明确权责、依法自治、发挥作用"。

环境保护作为全社会关注和参与的热点领域，具有社会自治的基础条件和巨大潜力。2014 年 4 月新修订的《环境保护法》对污染举报、环境公益诉讼

---

* 李立峰，上海环境科学研究院，工程师；胡静，上海环境科学研究院，高级工程师。

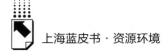

等做出了规定。2014 年 5 月环保部发布的《关于推进环境保护公众参与的指导意见》要求从表彰激励、购买服务、提供培训等方面加大对环保社会组织的扶持力度，均体现了社会自治的理念。

一 环境社会自治概述

（一）内涵

1. 环境社会自治与环保公众参与

环境社会自治，是指对于一些不需要政府主导的环境事务，可以由某一种或几种社会力量（居民个人、社会自治组织、公众临时组成的群体、环保 NGO、企业、媒体、律师等）自行主导完成，政府、法院或其他社会力量在必要时予以协助（例如政府在诉讼过程中协助提供法律依据或监测数据等）。广义地说，任何不是由政府主导的环境治理行为都可以称作环境社会自治。通过社会自治，不仅可以充分发挥社会力量的基础性作用，使之成为制约环境破坏者的基本对冲力量[①]，大幅降低环境治理成本，而且对保障环境民主与环境平等也有重要价值[②]。环境社会自治不只是权利的要求，更应体现法制框架下有关各方的共同权责。

环保公众参与的概念范围相对更宽泛，是指"公民、法人和其他组织自觉自愿参与环境立法、执法、司法、守法等事务以及与环境相关的开发、利用、保护和改善等活动"[③]。在这一概念下，公众是环境事务的参与者，但不一定是主导者。例如人大立法、政府决策、建设项目环评等过程的公众参与，仍是由政府或其他机构主导。

2. 环境社会自治模式

环境保护社会自治模式包括社区日常环境事务的管理（如征集民意、社

---

① 夏光：《环境保护社会治理的思路和政策建议》，中国环境科学学会环境规划专业委员会 2014 年年会，2014 年 10 月，北京。
② 黄爱宝：《走向社会环境自治：内涵、价值与政府责任》，《理论探讨》2009 年第 1 期。
③ 环保部：《关于推进环境保护公众参与的指导意见》（环办〔2014〕48 号），2014 年 5 月。

区居民间协商共治、集体抉择与监督、冲突协调、社规民约的共同拟定执行等），污染举报与披露（向政府举报或向媒体披露），环境私益与公益诉讼，与政府或企业开展对话，组织或参与环境宣传教育（如绿色课程、户外营会、环保展览、文艺创作、骑行宣传、会议论坛、评奖授誉、公益筹款、游行示威），以及实践环保行为（如垃圾分类、废物再利用、绿色出行、植树造林），等等。

3. 各相关方角色

一般情况下，社会自治组织应作为环境社会自治的中心力量；政府应仅限于法规要求、政策支持、方向与模式建议、诉讼协助等；第三方机构则可提供各类咨询与技术支持（见图1）。对于某些特殊的案例，居民个人、环保NGO、企业、媒体、律师等也可作为中心力量。

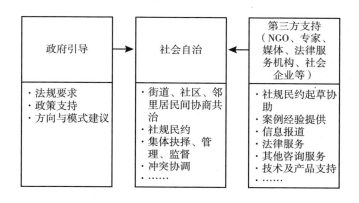

图1 社会自治各方角色

（二）社会自治与政府管理、市场作用的关系

社会自治不仅可以对政府管理和市场作用形成有效补充，促进政府这只"看得见的手"和市场这只"看不见的手"更好地发挥调节作用，同时也可以克服不同程度的"政府失灵""市场失灵"，在实现自然环境资源合理配置、加强环保监督管理、有效解决环境问题等方面发挥其特殊而重要的作用。因此，政府应当对社会自治充满信心，结合政府职能转变，积极为社会自治创造

条件,激发社会成员自我治理的热情,同时对社会自治进行必要的引导、协助、监督,但要防止演变为过度干预或破坏①。

(三)前提条件

环境社会自治需具有以下一些前提条件:①环境权益的保障(知情权、参与权、监督权、治理权等);②公众环境意识和自治能力的提升;③环保社会组织成长环境的培育;④社会自治平台与沟通渠道的形成;⑤社会自治激励与约束机制的建立。随着我国前期环境社会自治经验的积累和法规政策的不断完善,上述条件虽不完全成熟,但已接近具备。

二 上海环境社会自治现状

与全国类似,上海的环境社会自治处于探索起步阶段,尚无完善的制度保障和政策指导,但已有不少宝贵案例,从中可总结经验、发现问题,从而为未来的制度建设提出建议,为其他地区提供借鉴。以下从不同角度列举一些近年开展的案例。

(一)实践案例

1. 上海社会生活噪声公共场所管理规约

2012 年 12 月发布的《上海市社会生活噪声污染防治办法》规定,对于健身、娱乐等活动噪声矛盾突出的公园,公园管理者可以会同乡(镇)人民政府或者街道办事处,在区(县)环保、公安等相关管理部门的指导下,组织健身、娱乐等活动的组织者、参与者以及受影响者制定公园噪声控制规约。目前由第三方研究咨询机构(上海市环境科学研究院)依据国内外经验和噪声影响技术分析,制定了规约范本,供社会参考。社区(居民委员会、业主委员会等)或公共场所管理部门将在参考范本的基础上,充分征集相关公众意见,根据实际情况进行调整并予以发布(见表1)。

---

① 黄爱宝:《走向社会环境自治:内涵、价值与政府责任》,《理论探讨》2009 年第 1 期。

表1　规约范本中对娱乐活动音响使用的限制条款

区域	50m 内有无敏感目标		附加条款
	无	有	
广场	6:00 ~ 22:00	合理引导,满足距离要求	满足功率 – 距离表执行
绿地、公园	6:00 ~ 22:00	7:00 ~ 12:00,14:30 ~ 22:00	距离 <30m 不宜使用音响;距离在 30 ~ 50m,功率低于 5w
住宅小区	业主大会自定	业主大会自定	功率不得大于 3w
步行街、人行道	6:00 ~ 22:00	9:00 ~ 16:00 18:30 ~ 22:00	人行道宽度 <20m,不宜使用音响;与敏感目标距离 >30m 且功率≤3w

与上海的规约相类似,全国各地在应对社会娱乐活动噪声方面也涌现出不少因地制宜的社区自治模式与技术手段,如公园贴《告游客书》、由管理人员对严重噪声情况进行劝阻、采用树阵设计降低广场舞噪声、推广耳机式无声广场舞、采用分贝持续超标即自动断电的公用电源等。

2. 企业、社区、政府合作的旧衣物回收模式

2008 年,在上海市政府支持下,上海缘源实业有限公司注册得到了全国第一张,也是迄今为止唯一——张经营范围为衣物整理归类和调剂的营业执照。该企业至今已投放 1500 多只"熊猫"式样的废旧衣物回收利用收集箱,覆盖全市 1200 个社区(即上海 1/10 的社区)。该项目列入了上海市第五轮三年环境保护行动计划,得到了政府和社会各界的支持。

每个回收箱平均 5 ~ 7 天就会收运一次,统一运回缘源公司位于青浦区华新镇的工厂。在约 2000 平方米的厂房中,工人们将旧衣物进行分类、整理、消毒,其中约 2% 符合民政部门捐赠要求的厚棉衣、外套用于救助帮困,80% 左右不符合帮困要求的衣物则分别运往山东、浙江、安徽等地重新纺成纱线,或做成毡布、农业大棚保暖层等材料,还有 15% 左右品相较优的夏衣则以 5000 元/吨的价格卖给非洲落后国家的 NGO。回收的旧毛衣中有些毛衣色泽非常好,完全可以拆开重新编织,因此一些社区的退休妇女重新聚集了起来,义务组成了"爱心毛衣编织社",2013 年织好的 1000 余件毛衣捐给了贵州省黔东南州两个县的希望小学①。

---

① 陈艳:《旧衣物的新归宿》,《碳商》2014 年春季号,总第 13 期。

3. 上海各方合力控制烟花燃放

近年来，针对春节烟花燃放带来的空气污染和安全问题，上海逐渐形成了政府倡导、媒体呼吁、公众践行的良好氛围。2014 年，上海市政府转发市公安局《关于加强 2014 年春节期间本市烟花爆竹安全管理工作意见的通知》，再次强调禁放区域和时间，并呼吁市民遇雾霾天气不要燃放或减少燃放烟花爆竹。市环保局网站、市统计局等均开展了春节烟花燃放的民意调查，结果均显示有过半数参与者赞同在一定程度上限制烟花爆竹的燃放①，在开展民意调查和发布结果的同时也起到了宣传效果。上海的各大电视台、广播、报纸、网站等均对减少烟花燃放进行了呼吁，许多网友在网站上也自发进行呼吁。市"两会"召开期间，百余位市人大代表联名向上海市民倡议，希望春节期间不放烟花爆竹，避免空气遭受进一步污染（见图2）。

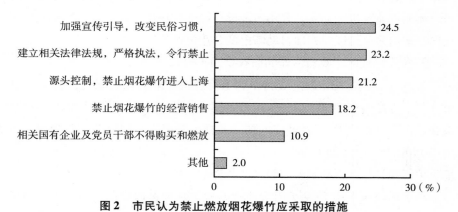

图2　市民认为禁止燃放烟花爆竹应采取的措施

各界合力取得了良好效果，烟花销售门店经营许可证的发放量从 2013 年的 1600 个下降到今年的 1314 个。《解放日报》记者走访发现，烟花爆竹销售点整体数量比 2013 年减少了约两成，大多数销售点的生意也比往年淡了两到三成②；《新民晚报》记者走访也发现，2014 年春的传统烟花爆竹市场相比往年遇冷，而电子鞭炮却持续热销③。

---

① http：//www. sepb. gov. cn/hb/general/survey/survey_ index65 _ login. jsp#；http：//shanghai. xinmin. cn/xmsq/2014/01/28/23388830. html.

② http：//newspaper. jfdaily. com/jfrb/html/2014 – 01/29/content_ 1139198. htm.

③ http：//shanghai. xinmin. cn/xmsq/2014/01/28/23390146. html.

4. 发源于社区的上海生态环保设计展

上海生态环保设计展（Eco Design Fair）一年举行两次，是上海乃至全国最早的将生态环保设计师及其作品向大众展示的草根社区活动。该活动由一位居住在上海的加拿大华裔建筑师创办，由一些核心成员、合作组织、志愿者共同合作。2008 年最初举办时参加人数只有 500 多人，2012 年、2013 年则每年均已超过 1 万人。活动吸引许多社区家庭了解和购买创新的环保产品，学习环保知识，享用生态健康食品，欣赏"生态"时装秀与现场音乐表演等，同时也促进了环保设计师及环保社团的交流①（见图 3）。

图 3　上海生态环保设计展

①　孙海燕：《来自社区的生态设计展》，《碳商》，2013/2014 冬季号总第 12 期；www.ecodesignfair.cn。

5. 社会企业① Goodto Shanghai 的绿色探索

社会企业 Goodto Shanghai 在闵行开办了上海首个社区城市农场，吸引都市居民体会农耕乐趣（见图4）。与其他企业或组织合作创建了较成功的屋顶蔬菜花园，并向公众推广在屋顶或阳台种植蔬菜盆栽的产品及方法。例如人们通过购买该企业的蔬菜苗/种以及100%可降解的"一盆黑金"土壤袋，可以在几星期内吃到自己种的产品。该企业通过相关产品获得的利润，进一步开展大学生可持续设计、环保创意骑行等环保公益活动，取得良好的社会效益②。

图4 社区城市农场

6. 青浦区岑卜村丰富多样的自治模式

青浦区金泽镇岑卜村数年前因经济转型遇到了产业空心化、经济吸引力低、青年劳动力缺乏等问题，近年来在村委会与一些环保草根 NGO 等机构的共同努力下，开展了稻鸭共作、生态农庄式旅游等探索，以网络上爆红的"开心农场"为灵感建立了现实版的开心农场——"岑卜农事体验园"，吸引都市白领体验现代"新农民"生活，感受野趣、亲近自然，同时接受 NGO 现

---

① 社会企业（Social Enterprise）不同于一般企业（以追求利润为动机、少量精力用于回馈社会），也不同于一般的非营利组织（以服务社会为动机、需外界资金支持），而是通过商业方式运作，赚取的利润主要用于服务社会（如扶助弱势群体、创造就业机会、满足社会需要、推动可持续发展等），同时维持自身投资及运转。近年来在国外及港澳台地区迅速兴起，并在国内开始萌芽，只待相关政策土壤的培育。

② http：//www. landscape. cn/News/2010/40883218505. html.

场提供的生态教育①。村庄重新焕发了生机，经济、环境得到了双赢。该村环境社会自治的实践中还进行了一些机制创新的探索，例如用良好生态换来的收入使农民获得可观的经济收益，作为农民积极持续保护生态环境的"生态补偿"。

7. 光明乳业水足迹管理

光明乳业近年来出于节约水成本、降低水风险、提升社会形象等动机，借助企业研究团队和环保社会组织的支持，自行开展了全生命周期水足迹管理。截至 2014 年 6 月，已开展了牧场和工厂的水足迹核算和水风险评估，在此基础上对新建牧场和工厂的水管理环节做了针对性改进。这一系列举措预计将使牧场和工厂用水效率提高 15% ~20%，减少单位产值废水排放量 10% ~15%，提高废水达标率和牧场污物资源化效率，提高污水处理系统、冷凝塔、锅炉等设备的运行效率 10% 以上，单位产值能耗降低 5% ~10%。在此基础上，该企业还在积极建立乳品行业水管理标准，旨在抢占行业制高点。可见，环保与经济并非总是矛盾的，在两者互为促进的领域，企业和社会的自治有巨大潜力②。

（二）存在的主要问题

上海的环境社会自治实践中，虽取得了一定成效，但仍面临一些全国共性的问题。

1. 行政力量偏强、社会力量偏弱

村民委员会、城市居民委员会、业主委员会等未能充分代表社区自治力量，甚至有的村民委员会在公众心目中更偏向于行政力量，不能代表他们的利益诉求。此外，长期以来靠行政推动环保的惯性，导致基层社区自治力量参与环保的经验不足，缺乏应有的指导，甚至仍面对传统行政力量的疑虑。

---

① 《青浦岑卜村的"野趣自然"》，http：//www. forestry. gov. cn/bhxh/650/content - 608238. html；《青浦金泽镇岑卜村：致力发展农事旅游》，http：//sh. eastday. com/qtmt/20110504/u1a879273. html。

② 龚广予：《光明乳业水足迹管理案例介绍》，推进环保社会治理研讨会，2014 年 6 月，上海。

2. 环保社会组织现状参差不齐

各类环保社会组织近年来虽数量增长迅速，但专业性、社会活动能力等参差不齐。社会组织在公众心目中有权威的较少，且参与环保社会自治的经验不足，仍需进一步鼓励支持。

3. 环境"邻避"现象仍存瓶颈

环境"邻避"现象仍是我国当前难以圆满解决的一大瓶颈，但这不能一味归咎于公众大局意识不强，关键应尽快采取信息公开与对话交流等一切必要措施，逐步积累大量坦诚、成功的交流案例，尽快提升政府和相关建设单位公信力，引导和推动公众从环境邻避事件中的非理性参与逐步过渡到理性参与。

三　国内外经验

（一）国外经验

西方国家具有社会自治的政治传统、社会氛围和丰富经验。现代环境保护运动就发源于社会各界的觉醒、抗议、宣传与自治，不少环境法规和政策也是在社会压力下产生，行政、司法、企业等力量多年来一直需要努力与强大的社会力量进行沟通、协调、合作甚至制衡。

在社会自治所必需的对话协商机制方面，国外通过共识会议、公民陪审团、焦点小组、公民咨询委员会等多种形式，保障公众代表与环境专家、工业界等开展广泛咨询和平等对话[①]。在公众知情权和参与权的保障方面，发达国家多有相关法律规定。此外，1998 年由欧洲和中亚的 35 个国家签订的《奥尔胡斯公约》，明确了个人、非政府组织和私营部门等获取环境信息、参与决策和诉诸法律的权利，使缔约国公众能积极有效地参与环境决策并开展环境自治。

由于西方环境社会自治案例极为丰富，表 2 和表 3 仅简单列举一小部分。

---

① 于宏源、毛舒悦：《多元视角下的上海环境治理》，上海资源环境发展报告（2014），社会科学文献出版社，2014 年 2 月。

表 2　美国部分环境社会自治案例

名　称	描　述
关爱湿地项目（Adopt Your Watershed）*	鼓励居民加入当地湿地保护的各类实践活动,政府环保部门尽可能提供便利条件
铝业温室气体自愿减排合作项目（Voluntary Aluminum Industrial Partnership）*	铝业企业开展自愿合作,降低铝冶炼过程 PFC 排放
垃圾减量行动（Waste Wise）*	公众、企业、社会机构等开展垃圾减量与回收,政府通过网站等给予信息指导,并对表现优秀的机构或个人给予年度奖励
提升水效自愿行动（Water Alliances for Voluntary Efficiency）*	宾馆、学校、办公楼等开展提升水效的自愿行动,政府给予支持鼓励
美国环保协会相关活动**	作为著名 NGO,拥有 30 万会员和 150 名全职员工,其中有环保专家、律师、经济学家等。主导或协助各类环境社会自治活动,如呼吁禁止使用 DDT,参与制定和推广安全标准等工作,与麦当劳等许多企业合作开展环保实践
美国加州欣克利水污染民事诉讼案例	律师与公众合作向法院提起诉讼,从能源企业成功获得高额赔偿,并成为好莱坞著名影片《永不妥协》的故事原型

* 活动介绍来自美国环境署网站, www. epa. gov;

** 向佐群:《西方国家环境保护中的公众参与》,《林业经济问题》2006 年第 1 期。

表 3　欧洲部分环境社会自治案例

城市	合作方/参与方	主要做法	主要成效
鹿特丹	鹿特丹气候行动小组与房地产公司	将现有建筑物连接到供热网	提高了家庭和办公室能效,用于家庭取暖的天然气用量低于荷兰平均水平的 1/3
哥本哈根	自然研讨会	为公民传播保护自然和生物多样性知识	每年有上万人参加,加强了公民对生物多样性的认识
安特卫普	Ecofest 环保组织	为新年和其他重要活动提供 2 万多个环保杯	减少了废物产生,提高公众的环保意识

（二）国内实践

中国的环境社会自治总体仍处于进步阶段。与上海类似,其他一些地区近年来也出现了不少宝贵探索和成功案例,接下来关键需要政策土壤的进一步熟

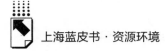

化。以下介绍部分实践案例。

1. 香港环境运动委员会的组成与工作机制

香港环境运动委员会的委员包括政府部门的代表和行政长官委任的社会代表，来自教育及学术界、工业及工商机构、绿色团体。自 1990 年成立以来，该委员会就环境问题向政府提供意见，并致力提高公众对环保问题的关注。此外，委员会还举办各种环保活动，如香港环保卓越计划、废物源头分类推广计划、学生环境保护大使计划、香港绿色学校奖等①。

2. 环境社会自治的"嘉兴模式"

近年来，浙江嘉兴市在环境社会自治方面进行探索，小到一些小区自治队伍对环境脏乱差、下水道协调等问题的有效解决，大到公众多元参与环境决策，取得了全国瞩目的成功。嘉兴市政府在环境规划、环境评议和审批以及后期的监督等不同环节中，广泛邀请环保 NGO、公众和专家学者等参加，构建了公众参与环保治理进程的对话协商机制。并且建立了由社会力量组成的相关机构，如嘉兴环境联合会、环保检查团、专家服务团、市民评审团、环境权益维护中心、环保志愿者服务队、节能减排志愿者先锋服务队、环境学会、环境产业协会等。以"陪审员"制度为例，截至 2013 年底，嘉兴共有 836 个案件、3127 人次的公众"陪审员"参加了环境评议，这些"陪审员"由机构推荐、媒体招募等形式产生②。

3. 浙江江山市部分村委会带动下的垃圾分类

2013 年以来，江山市新塘边镇日月村的村委会牵头在每户村民家门口安放了 3 只不同颜色的垃圾桶，村干部上门为村民详细讲解垃圾分类处理操作规则，还教给村民一首顺口溜——"绿色桶里可回收，灰色桶里中转走，蓝色桶里放厨余，污水厨余送田头"。村里老人也常常乐于将顺口溜教给孙辈，使他们从小树立垃圾分类意识。垃圾分类取得了良好效果，再与村里的有机垃圾处理场、家庭农场等相结合，实现了巨大的经济和环境效益，体现了社会自治

---

① 香港环境运动委员会，http：//www. ecc. org. hk/sc_ chi/index. php。

② 焦梦：《嘉兴模式探索公众多元参与环境决策》，中国发展门户网，http：//cn. chinagate. cn/news/2014－06/30/content_ 32809624. htm，2014－6－30；张服：《自治模式让小区环境大大改善》，嘉兴在线－嘉兴日报，http：//www. cnjxol. com/xwzx/jxxw/qxxw/nh/content/2013－06/26/content_ 2834945. htm。

的威力。该市的四都镇埠头村、上余镇李坪村等不少村庄也采取了类似做法，还开展垃圾分类培训、发放宣传画册等，有些村庄还为垃圾分类实施较好的村民门口贴三颗绿星以示鼓励①。

4. 企业与社会组织合作开展婴幼儿饮用水改善计划

由苏泊尔集团与全国心系列活动组委会、全国妇联合作开展的中国婴幼儿饮用水改善公益计划，联合了企业、媒体、明星等，探访重症铅中毒儿童，通过运用政府、社会以及媒体的力量，开展预防儿童铅损伤教育活动，同时企业免费为全国万所幼儿园更换健康无铅的不锈钢水龙头②。

5. 知名企业家创办环境公益组织并开展公益活动

由全国众多知名企业家创办的环境公益组织"阿拉善SEE"近年来凭借其号召力和所筹资金，开展了不少环境公益活动。例如，该组织与深圳市红树林湿地保护基金会联合主办的"2014SEE穿越贺兰山"公益筹款行动吸引了200余名来自全国各地的企业界人士参与，每个企业家通过徒步行走18.8千米的特殊体验向山河守护者表达敬意，同时活动筹得的资金用于支持一亿棵荒漠植被"梭梭"的种植，以减缓腾格里沙漠继续东进造成的风沙侵袭③。

6. 中国企业家通过摄影和捐款支持国内外环保事业

罗红，中国烘焙连锁企业好利来（Holiland）总裁，2009年被联合国授予"气候英雄"称号。他在中国西部和非洲等地拍摄的一些作品反映了野生动物的美丽和面对气候变化时的脆弱性，作品参展和慈善拍卖的收入均投入环境事业中。2006年出资在联合国环境规划署建立"罗红环保基金"，主要用于中国儿童环保教育计划，该计划被联合国认定为全球规模最大的儿童环保教育活动。每年七八月份，罗红都会带领在活动中获奖的20名孩子前往肯尼亚参观

---

① 江山：《日月村垃圾实现"生态化处置"》，浙江日报，http：//www.zj.xinhuanet.com/dfnews/2014-02/25/c_119485383.htm，2014-2-25；《四都镇：农民学习垃圾分类》，江山新闻网，http：//jsnews.zjol.com.cn/jsxww/system/2014/04/16/017889593.shtml，2014-4-16；《李坪村：生活垃圾进行分类》，《今日江山报》，http：//www.czjs.gov.cn/jrjs/jrjs_jclf/201406/t20140612_109891.html，2014-6-12。
② 《中国婴幼儿饮用水改善公益计划》，http：//gongyi.sina.com.cn/project/cdwplan.html。
③ 陈媛媛：《穿越贺兰山公益筹款行动启动、善款用于播种一亿棵梭梭》，《中国环境报》2014年10月14日。

野生动物保护区①。

我国环境社会自治虽然有一些成功案例,但与发达国家相比,仍然存在着诸多不足。例如,环境社会自治的法律保障、政策环境、实现渠道等仅在起步状态,环保社会组织的数量、规模、资金、影响力仍比较有限等。有学者指出,对后发现代化的国家而言,政府应当"创造社会自治的条件,引导、鼓励社会自治和激发社会成员自我治理的热情",并"对社会治理群体中的自我服务负有引导、监督的责任"②。

四 展望与建议

长期以来我国环境保护工作以政府行政推动为主,随着环境压力的持续累积,政府不仅面临力不从心的困境,也容易事倍功半,甚至引发权力寻租等恶果。近年来一些与环境相关的群体性事件暴露出公众与政府、公众与污染企业或项目单位之间沟通协商机制及互信的不足,也体现出社会自治的不健全。公众在环境事务中没能享受到社会自治、多方协助的益处,只好诉诸过激行为。因此,加强环境保护的社会自治,是改变行政推动模式、缓解环境污染、推动生态文明体制机制创新的迫切之举。

(一)展望

十八届三中全会、四中全会的召开,新《环境保护法》《关于推进环境保护公众参与的指导意见》等的发布,为环境社会自治带来重大机遇。有学者指出,2015 年新《环境保护法》实施之后,环境公益诉讼的案例将快速增长,来自社会的信息公开申请会大量增加,社会舆论对环境问题的关注、评论、批评、建议等会明显增加,公众绿色生活创意和行动将会更加活跃③。这也意味着,环境社会自治有望进入挑战与机遇并存的全新历史阶段。

---

① http://www.unep.org/chinese/art_env/Artists/Luo_Hong.asp.
② 张康之:《公共行政中的哲学与伦理》,中国人民大学出版社,2004。
③ 夏光:《环境保护社会治理的思路和政策建议》,中国环境科学学会环境规划专业委员会 2014 年年会。

（二）建议

1. 依法加强社区组织的自治力量

依据《村民委员会组织法》《城市居民委员会组织法》等，加强村委会、居委会、业主委员会等社区组织的建设，使其真正成为反映公众需求（包括环境需求）的社区自治力量。尤其在村委会建设方面，首先要避免其成为随意处置集体用地，甚至纵容包庇小污染企业的利益集团，避免其在村民眼中成为政府机构或政府代言人；其次要进一步促进其成为公众环境利益的代言人和公众环保行为的带头人。

社区组织应积极探索发动公众共同推进环境治理工作的途径和方法，在环境事务中应积极与第三方机构或个人（如研究咨询机构、环保 NGO、专家学者、媒体、法律服务机构、社会企业等）开展合作。各级政府环保等部门代表应定期与基层社区组织开展座谈，了解社区在改善环境方面的实际需求，并给予协助。建议社区组织应像部分环保社会组织一样具有环境公益诉讼的权利。

2. 培育有利于环保社会组织和社会企业成长的制度土壤

政府应视这些组织为环保事业中必不可少的合作伙伴，消除不必要的顾虑情绪。政府可通过购买服务、无偿资助、税收信贷优惠、派员参与、表彰奖励等形式予以支持，全社会也可通过捐款、投资、亲身参与等形式予以支持，建议对企业或个人向环保非政府组织捐款部分予以免税。政府不仅要对自身购买服务的社会组织或企业给予支持，而且对有独立资金、独立开展工作的组织也应持真正的欢迎态度，依法予以保障。

应鼓励环保 NGO 在法律框架内自由登记、结盟、开展活动，充分发挥其在搭建对话桥梁、缓解环境纠纷、募集社会资金、开展宣传教育等方面不可替代的作用，与政府、社区、企业等形成良性互补，争取早日形成若干个强大、权威、源于本土、起于草根、百姓认可的环保 NGO。鼓励环保领域社会企业依法开展经营性与公益性活动，实现其经济优势与公益优势的结合，促进相关环保公益事业的长期持续发展。

3. 保障媒体及社会各界的监督权

落实《关于推进环境保护公众参与的指导意见》（环办〔2014〕48 号），

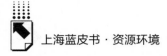

赋予环保社会组织与环保志愿者监督政府与企业的职能，即：环境保护行政主管部门可以聘请人大代表、政协委员、民主党派和无党派人士、环保社会组织代表担任环境保护特约监察员，对环境保护行政主管部门的环境执法工作进行监察；可以聘请环保志愿者、环保社会组织代表担任环境保护监督员，监督企业的环境保护行为和建设项目的环境事务。

4. 鼓励探索社规民约等因地制宜的有效自治方式

在公民社会逐渐成熟的基础上，鼓励社区与居民协商探索社规民约等因地制宜的有效方式，深化环境社会自治，在广场娱乐噪声、鞭炮燃放、垃圾分类等方面开展探索，自发实施、共同监督。完善社区组织与社区居民、街道（乡镇）等的沟通协调机制。

5. 为居民践行绿色生活方式及环保公益活动提供最大便利

通过学校、社区、媒体、环境宣传教育基地等多渠道提升居民环境意识和理性参与环保事务的水平。为居民自身的垃圾分类等绿色行为以及居民自发开展的合法环保公益活动提供软硬件方面的最大便利。

致　谢

感谢复旦大学环境科学与工程系戴星翼教授提出的宝贵意见和建议。

案 例 篇

Successful Stories

B.12

水环境治理创新：
以浦东新区河道治理为例

郑奇　王晖　杨佃华*

摘　要：　水质污染是中国面临的最为严重的环境问题之一，防治水质污染已成为中国环境保护的一项紧迫任务。对浦东新区1999年及2011年两次河道水质普查结果进行比较，综合论述2000～2014年间浦东新区主要河道水质变化趋势，分析河道水质污染原因，河道治理过程中存在的问题，并提出浦东新区对以后河道水环境保护要创新环境管理的制度方法，采取切实可行的治理建议，以期为政府及河道管理部门提供参考。

关键词：　上海浦东　水资源　河道治理　水质评价

---

* 郑奇，浦东新区水文研究所，高级工程师；王晖，硕士；杨佃华，浦东新区环境事务中心，高级工程师。

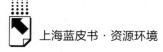
浦东新区非常重视水环境的治理与改善，采取了一系列保护水资源的举措，以实现水资源可持续利用，保障经济可持续发展。2006年开展了万河整治，2007年开展了以消除黑臭河道为目的的河道整治攻坚战，首次摸清了新区黑臭河道的数量及成因，并由此开展了大规模的河道整治及河道水质跟踪监测，同时积极探索最佳的引清调水方案，有效改善内河水体水质。

浦东新区于1999年进行了上海市第一次水资源普查，2011年又进行了上海市第二次水利普查。纵观这十余年河道水质变化情况，表明通过大规模的河道整治，河道水质恶化趋势已得到遏制，主要河道水体水质朝好的方向转变。本文根据2011年普查数据对浦东新区河道汛期、非汛期水质进行评价，并与1999年第一次普查结果进行比较，结合历年河道水质监测结果，综合分析2000~2014年新区骨干河道的水质变化趋势。

一 浦东河道水环境现状及变化趋势分析

（一）浦东新区水资源情况

1. 水资源数量

2011年浦东新区年平均降水量为870.7毫米，折合径流深为375.8毫米，年径流量为4.55亿立方米。全区地下水开采量为393.86万立方米，回灌量90.18万立方米，实际净开采量303.68万立方米。浦东水闸引入长江和黄浦江总水量为16.84亿立方米。

2. 水资源质量

浦东新区引水主要通过三甲港、张家浜东闸和五号沟等水闸，长江水质一般为Ⅲ~Ⅳ类；黄浦江水质一般为Ⅳ~劣Ⅴ类，汛期可达Ⅳ~Ⅴ类，非汛期为劣Ⅴ类；通过大治河引入浦东新区的水，进入浦东境内水质大都在Ⅴ~劣Ⅴ类。区内市级河道4条，南北河道有浦东运河，东西河道有川杨河、大治河、赵家沟。区级河道主要有张家浜、洋泾港、白莲泾、三林塘港、咸塘浜、马家浜、曹家沟、随塘河、江镇河、高桥港、团芦港、三灶港等。河道水质受污染程度比较严重，水体水质总体不佳。大部分河道水质常年处在Ⅴ~劣Ⅴ类，一般汛期水质较好，部分河段可达Ⅲ~Ⅳ类，非汛期水质较差，大多为劣Ⅴ类。

（二）浦东两次水利普查结果分析

1. 浦东新区第二次水利普查总体评价

根据2011年全国第一次水利普查，上海市第二次水利普查要求，现状调查覆盖了市级河道4条，监测断面42个；区级河道39条，监测断面132个；镇级河道401条，监测断面536个；湖泊1个，断面8个，总计监测断面718个（其中滴水湖8个）。非汛期（2011年5月）、汛期（2011年8月）各监测一次，采集样品1436个。

2011年非汛期监测结果显示：市级、区级、镇级河道监测断面中水质属Ⅲ类的分别占监测断面数的2.38%、0.00%、0.19%；水质属Ⅳ类的分别占35.71%、9.09%、2.61%；水质属Ⅴ类的分别占19.05%、25.76%、21.45%；水质属劣Ⅴ类的分别占42.86%、65.15%、75.75%。滴水湖8个断面水质均属Ⅴ类（见图1）。

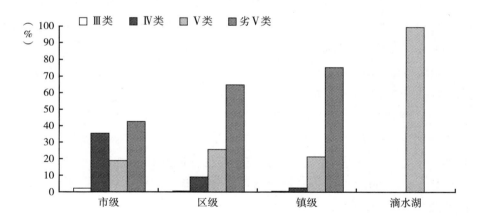

图1　2011年5月份水质类别状况分布

2011年汛期监测结果显示：市级、区级、镇级河道监测断面中水质属Ⅲ类的分别占监测断面的2.38%、2.27%、0.93%；水质属Ⅳ类的分别占42.86%、24.24%、12.13%；水质属Ⅴ类的分别占35.71%、41.67%、32.09%；水质属劣Ⅴ类的分别占19.05%、31.82%、54.85%。滴水湖8个断面水质均属Ⅲ类（见图2）。

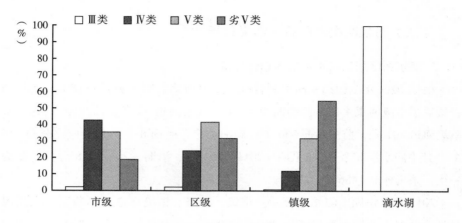

图2　2011年8月份水质类别状况分布

普查断面控制总河长1663.0千米，其中市级河道147.1千米，区级河道530.2千米，镇级河道985.7千米。

2011年非汛期，市级河道水质属Ⅲ类、Ⅳ类、Ⅴ类、劣Ⅴ类的断面控制河长分别为2.5千米、62.8千米、23.7千米、58.1千米；区级河道水质属Ⅳ类、Ⅴ类、劣Ⅴ类的断面控制河长分别为39.0千米、140.7千米、350.5千米；镇级河道水质属Ⅲ类、Ⅳ类、Ⅴ类、劣Ⅴ类的断面控制河长分别为3.0千米、41.1千米、254.1千米、687.5千米。

2011年汛期，市级河道水质属Ⅲ类、Ⅳ类、Ⅴ类、劣Ⅴ类的断面控制河长分别为2.2千米、60.0千米、57.6千米、27.3千米；区级河道水质属Ⅲ类、Ⅳ类、Ⅴ类、劣Ⅴ类的断面控制河长分别为16.9千米、118.4千米、225.2千米、169.7千米；镇级河道水质属Ⅲ类、Ⅳ类、Ⅴ类、劣Ⅴ类的断面控制河长分别为6.8千米、136.5千米、327.2千米、515.2千米（见表1）。

河道水体水质综合评价：2011年非汛期，4条市级河道中仅大治河水质属Ⅳ类，其余3条水质均属劣Ⅴ类；39条区级河道中水质属Ⅳ类的4条，属Ⅴ类的9条，属劣Ⅴ类的26条。

2011年汛期，4条市级河道中川杨河、赵家沟水质属Ⅳ类，浦东运河、大治河水质属Ⅴ类；39条区级河道中水质属Ⅳ类的13条，属Ⅴ类的17条，属劣Ⅴ类的9条。

表 1　2011 年普查水质类别河长统计

水质类别	控制河长（千米）					
	非汛期（2011 年 5 月）			汛期（2011 年 8 月）		
	市级	区级	镇级	市级	区级	镇级
Ⅲ类	2.5	0.0	3.0	2.2	16.9	6.8
Ⅳ类	62.8	39.0	41.1	60.0	118.4	136.5
Ⅴ类	23.7	140.7	254.1	57.6	225.2	327.2
劣Ⅴ类	58.1	350.5	687.5	27.3	169.7	515.2
总河长	147.1	530.2	939.9	147.1	530.2	939.9

2011 年滴水湖水质综合评价属Ⅳ类。其中高锰酸盐指数属Ⅲ～Ⅳ类，总磷和总氮均属Ⅳ类，五日生化需氧量属Ⅱ～Ⅲ类，氨氮属Ⅰ类，溶解氧属Ⅰ～Ⅲ类。营养状态指数 EI 为 59.7，属轻度富营养化。

浦东新区河道水质多数属Ⅴ类、劣Ⅴ类，市级河道水质好于区级河道水质好于镇级河道水质，且多数河道水质汛期好于非汛期。

2. 按监测因子评价

普查 718 个监测断面，监测项目中 pH 值、挥发酚基本属Ⅰ类，石油类、溶解氧、高锰酸盐指数、氨氮、五日生化需氧量、总磷评价结果见表 2。

表 2　河道水质监测项目类别

单位：%

项目	月份	Ⅰ～Ⅲ类	Ⅳ～Ⅴ类	劣Ⅴ类
石油类	5 月	93.87	5.99	0.14
	8 月	79.67	19.92	0.42
溶解氧	5 月	34.26	47.35	18.38
	8 月	25.91	51.11	22.98
高锰酸盐指数	5 月	13.93	77.02	9.05
	8 月	18.94	77.58	3.48
五日生化需氧量	5 月	5.71	77.44	16.85
	8 月	11.70	80.78	7.52
总磷	5 月	29.94	34.54	35.52
	8 月	44.01	39.97	16.02
氨氮	5 月	22.84	15.04	62.12
	8 月	48.75	25.07	26.18

多数河道断面水质汛期和非汛期石油类属Ⅰ～Ⅲ类。

多数河道断面水质溶解氧汛期和非汛期属Ⅳ～Ⅴ类。

多数河道断面水质高锰酸盐指数、五日生化需氧量汛期、非汛期属Ⅳ～Ⅴ类。

总磷、溶解氧在汛期和非汛期水质类别分布变化不大，但非汛期总磷属劣Ⅴ类水质的断面占35.52%。

氨氮在汛期和非汛期变化较大，在非汛期氨氮属劣Ⅴ类水质的断面占到62.12%，为水体的主要污染物。

按照GB3838-2002地表水Ⅲ类水质限值（超过Ⅲ类水质限值称为超标），超标5倍以上的有氨氮和高锰酸盐指数。非汛期监测数据显示，氨氮超标5～10倍之间的断面118个，占监测断面数的16.43%；超标超过10倍的断面62个，占监测断面数的8.64%。高锰酸盐指数超标5～10倍之间的断面5个，占监测断面数的0.70%。汛期监测数据显示，氨氮超标5～10倍之间的断面19个，占监测断面数的2.65%；超标超过10倍的断面5个，占监测断面数的0.70%。高锰酸盐指数超标5～10倍之间的断面2个，占监测断面数的0.28%。氨氮超标较为严重，为水体主要污染物。

3. 汛期与非汛期比较

汛期与非汛期相比，河道水质明显好转。718个监测断面中汛期水质属Ⅲ类、Ⅳ类、Ⅴ类的断面数分别为17个、115个、242个，较非汛期的2个、41个、165个明显增多；Ⅲ类～Ⅴ类水质断面共374个，占监测断面数的52.09%，较非汛期上升了23.12%；劣Ⅴ类断面较非汛期减少166个（见图3）。

汛期与非汛期相比，氨氮属劣Ⅴ类的断面分别占26.18%和62.12%，石油类属劣Ⅴ类的断面分别占0.42%和0.14%，溶解氧属劣Ⅴ类的断面分别占22.98%和18.38%，高锰酸盐指数属劣Ⅴ类的断面分别占3.48%和9.05%，五日生化需氧量属劣Ⅴ类的断面分别占7.52%和16.85%，总磷属劣Ⅴ类的断面分别占16.02%和35.52%。除石油类、溶解氧外，其余监测因子浓度值汛期均低于非汛期（见图4）。

汛期与非汛期，氨氮超标5～10倍的断面分别占2.65%和16.43%，超标10倍以上的断面分别占0.70%和8.64%；高锰酸盐指数超标5倍至

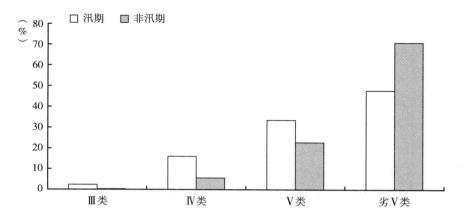

图3　2011 年汛期与非汛期断面水质类别对比

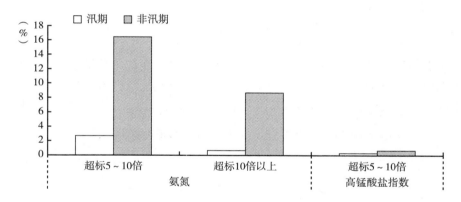

图4　2011 年汛期与非汛期单项目超标倍数对比

10 倍的断面分别占 0.28% 和 0.70%（见图5）。在汛期，主要污染因子氨氮浓度明显降低，这与汛期上游来水丰盈有直接关系，汛期水质好于非汛期。

4. 与第一次普查结果比较

浦东新区 2011 年水利普查是在 1999 年上海市河道普查的基础上，对各骨干河道及村、镇级河道水质进行全面普查。1999 年 8 月监测断面 362 个，11 月监测断面 133 个，监测项目为溶解氧、氨氮、高锰酸盐指数、化学需氧量、五日生化需氧量、挥发酚、石油类等 11 项。

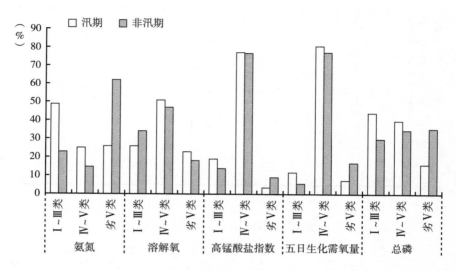

图5　2011年汛期与非汛期单项目水质类别对比

非汛期：2011年与1999年监测断面水质类别分布比例较接近（见图6），水质略差于1999年；监测项目水质类别分布比例亦显示2011年水质略差于1999年（见表3），其中氨氮超标5～10倍的断面分别占16.43%和15.04%，超标10倍以上的断面分别占8.64%和4.51%，高锰酸盐指数超标5倍至10倍的断面分别占0.70%和0.00%（见图7）。

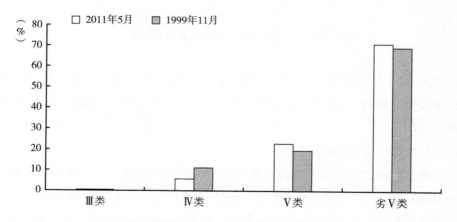

图6　2011年与1999年非汛期断面水质类别对比

表3 2011年与1999年河道水质监测项目类别汇总

单位：%

项目	类别	2011年5月	1999年11月	2011年8月	1999年8月
氨氮	Ⅰ～Ⅲ类	22.84	26.32	48.75	26.24
	Ⅳ～Ⅴ类	15.04	11.28	25.07	31.49
	劣Ⅴ类	62.12	62.41	26.18	42.27
溶解氧	Ⅰ～Ⅲ类	34.26	18.80	25.91	13.81
	Ⅳ～Ⅴ类	47.35	54.14	51.11	32.87
	劣Ⅴ类	18.38	27.07	22.98	53.31
高锰酸盐指数	Ⅰ～Ⅲ类	13.93	28.57	18.94	8.29
	Ⅳ～Ⅴ类	74.23	66.92	77.58	88.12
	劣Ⅴ类	9.05	4.51	3.48	3.59
五日生化需氧量	Ⅰ～Ⅲ类	5.71	32.33	11.70	28.18
	Ⅳ～Ⅴ类	77.44	53.38	80.78	64.36
	劣Ⅴ类	16.85	14.29	7.52	7.46

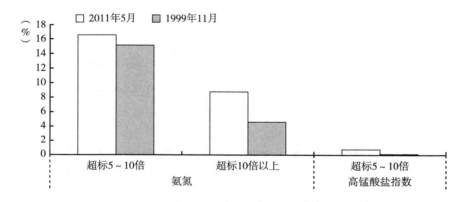

图7 2011年与1999年非汛期单项目超标倍数对比

汛期：2011年监测断面水质属劣Ⅴ类的较1999年减少两成，分别为47.91%和68.51%（见图8），水质好于1999年。监测项目水质类别分布比例亦显示2011年水质好于1999年，其中氨氮、溶解氧属于劣Ⅴ类水质的监测断面所占比例较1999年显著减少（见表3），氨氮超标5～10倍的断面分别占2.65%和6.08%，超标10倍以上的断面分别占0.70%和1.93%，高锰酸盐指数超标5～10倍的断面分别占0.28%和0.28%（见图9）。

263

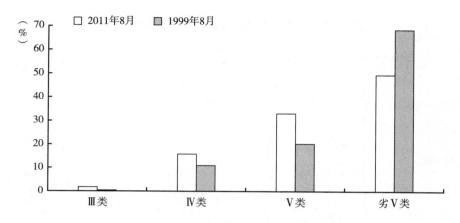

图8　2011年与1999年汛期断面水质类别对比

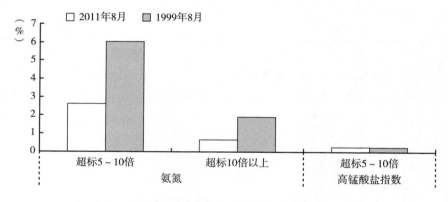

图9　2011年与1999年汛期单项目超标倍数对比

（三）浦东河道水质十五年变化趋势分析

通过对浦东新区2000～2014年骨干河道水质监测结果进行汇总、分析，以反映15年间浦东新区部分河道及湖泊的水质变化趋势。

1.市级河道水质历年变化趋势

浦东新区市级河道主要有浦东运河、大治河、川杨河、赵家沟。浦东运河总长57.8千米，南北走向，贯穿浦东，大治河总长36.4千米，东西走向，两条河道水质在2007年之前波动变化，2007年起逐年好转；川杨河总长25.7千米，川杨河水源东引西排，水质污染由东向西呈递增趋势，赵家沟总长11.7

千米，东西走向，两者水质总体逐年好转（见图 10），水体主要污染因子为氨氮、高锰酸盐指数。汛期水质好于非汛期。

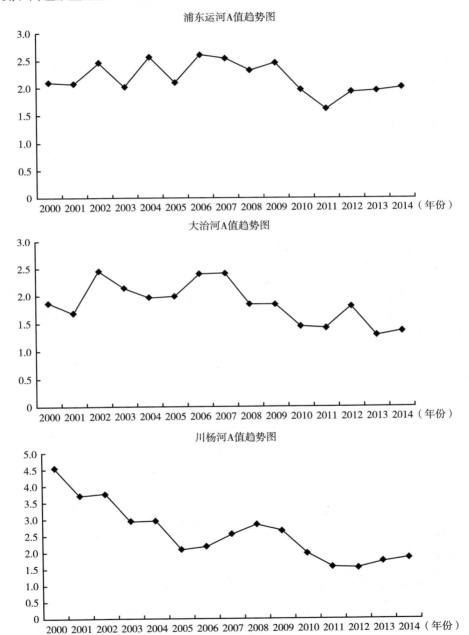

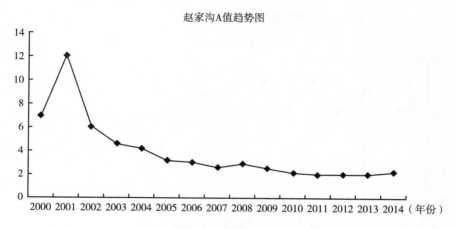

图 10　市级主要河道水质历年变化趋势

2. 北部部分河道水质历年变化趋势

浦东新区北部河道主要有高桥港、高浦港、外环运河。高桥港总长 4.4 千米，东西走向，高浦港总长 8.7 千米，东西走向，外环运河总长 17.1 千米，南北走向，三条河道水质在 2000 年、2001 年时较差，之后总体逐年好转，且幅度较大（见图 11）。水体主要污染因子为氨氮、高锰酸盐指数。汛期水质好于非汛期。

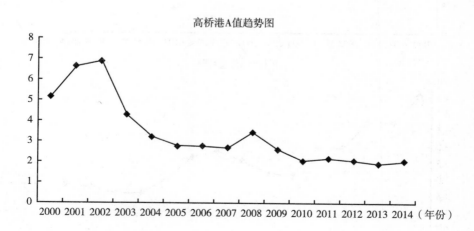

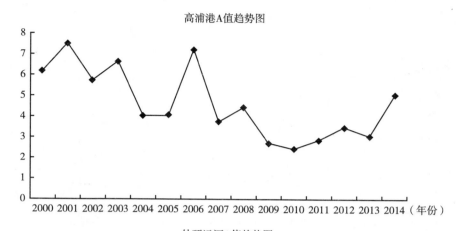

高浦港A值趋势图

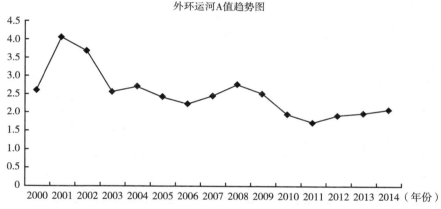

外环运河A值趋势图

图11　北部部分河道水质历年变化趋势

3. 中部部分河道水质历年变化趋势

浦东新区中部河道主要有西沟港、洋泾港（三八河）、三林塘港、张家浜、吕家浜等。西沟港总长19.1千米，南北走向，洋泾港（三八河）总长8.55千米，南北走向，三林塘港总长8.3千米，东西走向，白莲泾总长5.5千米，东西走向，四条河道水质总体呈现逐年好转趋势；张家浜总长25.2千米，吕家浜总长14.7千米，江镇河总长5.6千米，三者均为东西走向，2008年之前水质总体逐年转差，2008年之后逐年好转，但吕家浜水质在2011年有明显转差迹象（见图12）。水体主要污染因子为氨氮、高锰酸盐指数。汛期水质好于非汛期。

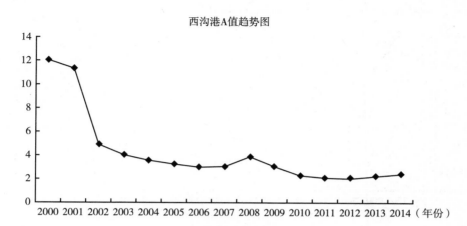

西沟港A值趋势图

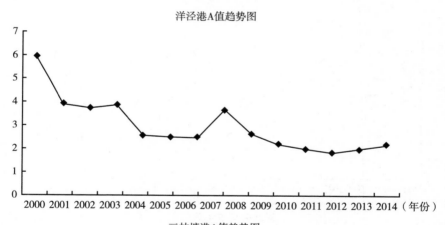

洋泾港A值趋势图

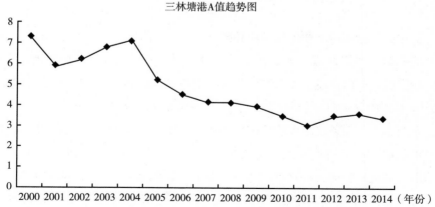

三林塘港A值趋势图

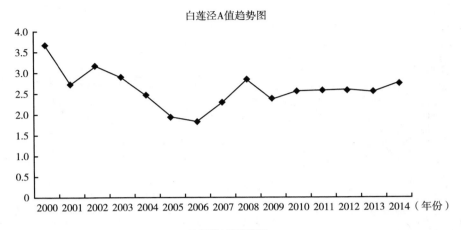

白莲泾A值趋势图

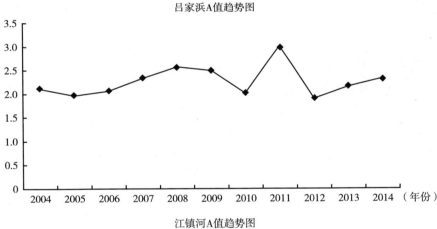

吕家浜A值趋势图

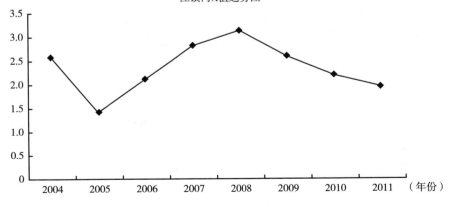

江镇河A值趋势图

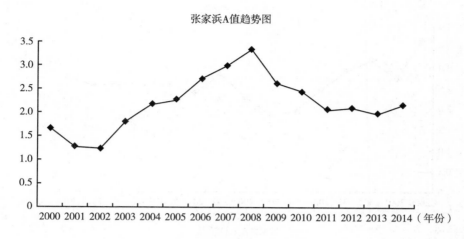

图12 中部部分河道水质历年变化趋势

4. 南部部分河道水质历年变化趋势

浦东新区南部河道主要有咸塘港、二灶港、团芦港。咸塘港总长18.8千米，南北走向，二灶港总长8.38千米，东西走向，团芦港总长14.4千米，东西走向，三条河道水质虽有波动，但总体呈现逐年好转趋势（见图13）。水体主要污染因子为氨氮、高锰酸盐指数。汛期水质好于非汛期。

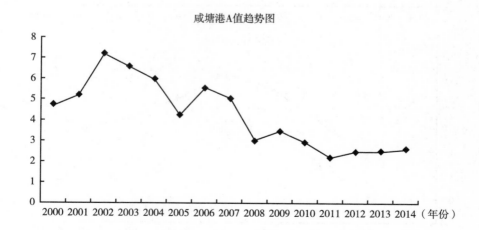

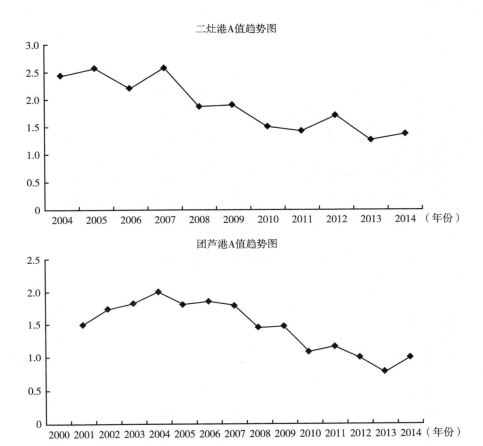

二灶港A值趋势图

团芦港A值趋势图

图13 南部部分河道水质历年变化趋势图

5. 滴水湖水质历年变化趋势

滴水湖2006~2014水质综合评价为Ⅳ~Ⅴ类。其中高锰酸盐指数为Ⅲ~Ⅳ类，总磷和总氮均为Ⅳ~Ⅴ类，五日生化需氧量为Ⅱ~Ⅲ类，氨氮为Ⅰ类~Ⅱ类，溶解氧为Ⅰ~Ⅲ类。营养状态指数（EI）介于58.8~61.5，初期两年水质为中度富营养化，后七年均为轻度富营养化，其中2013年水质最好（见图14）。

滴水湖2006~2011年氯化物含量总体呈现逐年降低趋势，湖水氯化物平均浓度从2006年的1792mg/L降至2011年的779mg/L，降幅达56.5%（见图15），2011年以后氯化物变化不大。

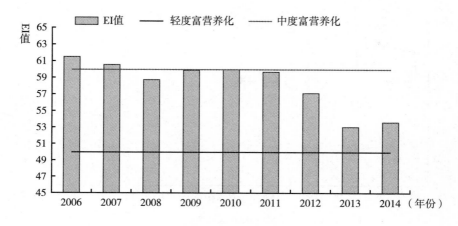

图14 滴水湖历年水质状况对比

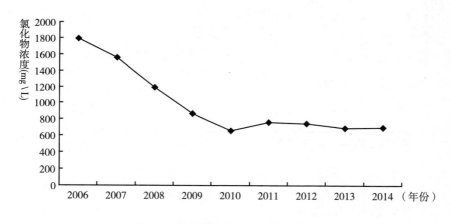

图15 滴水湖氯化物浓度历年变化

二 河道水质污染原因分析

近年来，浦东新区不断加大了水环境整治的力度，河道水质有所改善，但浦东新区非汛期劣Ⅴ类河道仍占了约75%，究其原因主要有以下几个方面。

（一）污水收集纳管率较低

浦东新区污水总管在 1997 年前已全部建成，大部分污水干管也基本建成，但污水支线管网特别是 2 级支管和小区内部雨污水分流管网尚未全部建成，这是造成浦东新区污水纳管率低的主要原因。污水未能最终进入污水总管排放的后果是：污水直接或间接通过雨水泵站流入河道，造成河道水质污染，这也是浦东新区目前水环境治理中最棘手、难度最大的工作①。

（二）河道底泥污染

有些河道由于长期未疏浚，河道淤积，造成排水不畅，水动力条件差，使河道自净能力减弱，而排水不畅又反过来加速淤积和河道水质污染，这也是河道水体水质难以改善的原因之一。

（三）乱排、乱倒、乱扔，河道管理缺位

个别企业虽然建有污水处理设施，但为了节约成本，污水处理设施开开停停，不能正常有效运行，存在污水未经处理，偷排河道的情况。而地处城乡接合部的一些河道，沿河部分企业、居民更是随意向河道倾倒生活垃圾，直排生活污水。以上种种环境违法行为严重污染了河道水质，导致部分河道水体不同程度地出现阶段性黑臭。

（四）部分已经整治河道，截污不够彻底

在已完成整治的河道中，由于各种因素的影响，沿河两岸的污染源还无法全面管控，特别是部分雨水口，仍不断有污水混入，雨污混流现象仍然存在，造成部分已完成整治的河道继续出现不间断的水体黑臭。

（五）外来务工人员密集聚居，园沟宅河不堪纳污重负

农村的生活污水大多是通过化粪池后排入河道，少量的污水河道水体尚能通过自净吸收，超负荷的污水将造成河道的严重污染。外来务工人员大量集中

---

① 吴福康：《浦东新区水环境治理措施》，《上海建设科技》2007 年第 3 期。

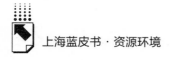

租住在村民宅屋内产生大量污水直排河道，由于大部分农村地区无纳管条件，水环境治理难度大。

三 结论与建议

（一）调查结论

自 20 世纪 80 年代后期以来，上海经济保持高速的增长，国内生产总值年均增长率保持在 8% 左右。21 世纪至今，上海市户籍人口和常住人口均有明显增加，这一时期人口总量的增加主要来自外来流动人口的大量涌入和户籍人口的机械迁入。近十五年来随着城市的改造，中心城市区居民纷纷迁往内环线附近的大片居住区内，人口密度不断下降，浦东新区、徐汇、闵行等则成为人口的迁入地。浦东新区随着大量人口的涌入和迁入，污水排放量不断增加，水环境负荷日益增重，加上多数河道建闸控制，使得水流速度极小，再随着城市化扩张，居住区、道路交通的建设，对小河道基本上采用填埋，促使断头浜增多，这些都极大程度上影响了水体的生态功能发挥。

1. 水环境总体不佳，中小河道水质污染严重

浦东新区非汛期属于劣 Ⅴ 类河道水质约占 75%，市级河道水质好于区级好于镇级，水质较差的河道主要集中在镇级的中小河道。

2. 河道水质明显改善，汛期水质好于非汛期

从 2000 年至 2014 年市、区级 21 条主要河道水质变化趋势看，浦东新区大部分河道水质呈现逐年好转趋势，北部、南部、东部河道水质改善明显，中西部河道水质相对较差，少部分河道呈现逐年变差趋势，滴水湖水质逐年好转。

718 个监测断面中汛期水质属Ⅲ类 ~ Ⅴ类的断面 374 个，占监测断面数的 52.09%，较非汛期上升了 23.12%，劣 Ⅴ 类断面较非汛期减少 166 个。汛期水质明显好于非汛期。

3. 河道水质主要污染为有机污染

由普查结果可知，浦东新区河道水质属劣 Ⅴ 类比例最高的因子是氨氮，非汛期为 62.12%，汛期为 26.18%，其次为高锰酸盐指数，再其次为总磷。因

此新区河道水质主要污染因子为氨氮、高锰酸盐指数、总磷。污染源主要包括工业废水、生活污水、畜禽废水等点污染源和以农业为主的面污染源①，污染物的排入量远远超过地表水环境容量。浦东新区河道水质距水功能区划标准还相差较远。

4. 河道水质恶化趋势已得到遏制

2011 年非汛期，浦东新区河道 11 项指标水质监测结果与 1999 年同期相比，变化不大，属劣 V 类水质的监测断面均约占 70%，河道水质恶化趋势得到遏制。

2011 年汛期，浦东河道 11 项指标水质监测结果与 1999 年相比，属劣 V 类水质的监测断面占比由 68.51% 下降至 47.91%，好于 V 类（包括 V 类）的河道断面数增加，劣 V 类断面数减少，河道水体水质趋于好转。

（二）治理建议

为进一步树立生态优先理念，自觉践行党的群众路线和科学发展观，根据中央建设生态文明的战略要求和浦东区委、区政府打造生态之城、宜居之城的总体部署，笔者建议浦东新区在河道水环境保护方面要始终坚持在发展中保护，在保护中发展，创新环境管理制度与方法，采取以下具体可行的治理措施。

1. 源头预防与末端治理相结合

当前，浦东环境保护既处于任务繁重、压力空前的艰难时期，也处于有所作为、解决新老问题的关键时期。"向污染宣战"，就是应对新常态，着力解决对健康影响最大、群众反映最强烈、最制约可持续发展的问题，这也就是环境保护的主攻方向和污染治理的主战场。具体包括：一是缓解环境保护和区域发展的突出矛盾。尤其是在项目引进、结构调整、产业布局方面，坚守环境底线，加强源头控制，严格执法监管，通过倒逼，逐步淘汰"高耗能、高污染、资源性"企业。二是防范重点区域和行业环境风险隐患。对于污水管网建设落后、局部环境风险问题突出区域，以及化工、电镀、印染等环境影响大、信访投诉多的行业污染问题，加大风险隐患排查和环境监管力度。三是紧盯影响

---

① 陈惟咏等：《南汇区水环境污染成因及防治对策》，《上海农业科技》2011 年第 5 期。

区域整体生态环境热点问题。着力改善污染严重河道水质，提高固废资源化综合利用水平，加强城郊接合部和农村环境整治。

今后的环境治理应注意把握好以下几个方面。

一是逐步淘汰"高耗能、高污染、资源性"企业，不断调整产业结构，优化产业布局。浦东新区要继续对高能耗、高污染、高危险企业实施产业结构调整。

二是严把环境准入关，探索实施环评区域限批机制。对生态破坏严重或者尚未完成生态恢复工作的区域、未按期完成污染物总量控制削减目标的区域和企业，环保部门将根据国家有关法律法规，探索建立环境影响评价区域限批办法。

三是开展局、镇环保联动活动，以联动促进综合整治。浦东新区环保行政主管部门定期组织有关环保专家，会同镇政府对问题逐一研究分析，开展现场"会诊"整治。

四是加强环境风险隐患排查和整治。建立健全环境风险隐患问题的"一企一档"，提高应急处置能力水平。

五是开展重点行业企业规范化治理。加强废水分质分类改造和规范化管理，提高企业自身环境管理和防范风险的能力，切实解决行业污染问题。

六是深入开展分类监管和联合执法。对不符合产业导向、未批先建、久拖未验等违规企业，按照新环保法的规定，采取最严格的处罚措施。

七是巩固环保模范城区创建成果。严格执行主要污染物总量控制和排污许可证制度，着力改善污染严重河道水质。提高固废资源化综合利用水平，加强城郊接合部和农村环境整治。

八是建立和完善污染物排放总量减排长效管理体系。成立浦东新区污染物排放总量控制管理协调联席会议制度，建立污染物排放总量控制业务指导机制，对有关镇、工业区的污染物排放总量控制工作进行指导、扶持和考核。合理分解污染物排放总量减排指标，明确相关部门和重点排污单位的责任。完善减排"监测、统计、考核"三大体系，提高减排数据的准确性和及时性。完善减排目标考核机制，实行问责制和"一票否决"制，对成绩突出的街镇、园区、单位和个人给予表彰奖励。实行补贴机制，加大财政性资金"以奖代补"和"以奖促治"力度，继续对"三高"企业和落后产能退出实施奖励政策。建立污染物总量减排市场机制，通过排污权交易试点、绿色信贷、环境保险、节能减排的补偿性和约束性税收政策等实现减排良性循环。

九是开展浦东新区主要污染物排放总量、环境容量以及排污权预算管理制度研究。排污总量上限是排污权交易的前置条件，目前排污权总量和环境容量尚无清晰界定，如何对排污权进行管理，也是排污权交易的关键问题，应借鉴英国及我国河南等国际国内经验，开展排污权预算管理专项课题研究。

2. 河道整治应与截污纳管及污水处理有机结合

从近几年监测结果看，河道整治采取截污纳管或污水处理措施的，整治后河道消除黑臭且水质显著改善，而采用疏浚、清淤、护岸修整等措施整治的河道呈现水清、岸绿，但由于污染源未根除，水质并未显著改善，河道水体水质仍会劣变。因此，截污纳管或污水处理是改善河道水体水质的根本措施。对于无纳管条件或难以处理的河道则应考虑诸如种植漂浮植物等措施。

3. 推广应用漂浮植物消除河道黑臭

在浦东无纳管条件及无污水收集处理设施的小河道，可考虑通过种植漂浮植物，如大藻和聚草等来消除河道黑臭并改善水质。这方面成熟经验较多，相关部门也进行了前期的现场试验，效果很好，但有一定的推广难度。因此，我们希望各有关部门能在重建设的同时也重视管理，充分认识漂浮植物对消除河道黑臭并改善水质的可行性与适用性，把种植漂浮植物净化河道技术推广下去。

4. 加强整治河道长效管理，保证整治河道水体水质持续达标

河道整治的目的是消除黑臭并改善水质，水环境质量最终能否得到改善，不仅取决于整治的力度，同时也需要长效管理。治理后的河道水环境要长期保持下去，一方面通过依法行政和执法管理，以杜绝和减少污染河道的事件发生；另一方面要增加公众保护河道水环境的意识，同时进行整治后河道水体水质的跟踪监测，保证整治河道水体水质持续达标。目前，浦东新区在河道管理方面实施的"星级河道"创建是一种加强河道长效管理行之有效的手段。

5. 采用第三方治理模式

第三方治理模式是指排污企业以合同的形式通过付费将产生的污染交由专业化环保公司治理，实现环境污染治理的专业化、社会化服务。按照上海市政府"关于加快推进本市环境污染第三方治理工作指导意见"的要求，浦东新

区污染型企业可以积极尝试实行第三方治理。这样做，一方面排污企业由于采用专业化治理降低了治理成本，提高了达标排放率，另一方面浦东环保执法部门由于监管对象集中可控而降低了执法成本，刺激了环保产业的发展。

6. 确保街镇、园区排水体系安全

一是要全面推动污水纳管工作。根据上海市政府下达的"第五轮环保三年行动计划"任务，全面开展浦东污水支管建设和截污纳管改造。推进16个截污纳管工程，为实现"十二五"末北片地区城镇污水处理率90%、南片地区城镇污水处理率85%的目标打好基础。积极开展小区雨污分流改造工程，逐步解决小区雨污混流，污水直排河道污染水质的问题，改善水环境质量。二是要加强管道养护力度。进一步加强污水管网检测，提高管理水平，对新建、改建的排水管道进行电视和声呐检测。加强对排水管道养护单位的监管与行业指导，对污水管道开展结构性检查，提高管道养护能力，减少污水管道突发事件的发生频率。强化排水管道日常养护疏通工作，力争在市排水处组织的管道养护抽检评比中排名有所提高。对各城管署加强行业指导。

7. 推进新农村环保改造项目，解决畜禽养殖污染治理

2014年是村庄改造5年计划的最后一年，这对2014年度新农村项目的计划编制、施工安全、工程质量等方面提出更高要求，以确保村庄改造五年计划能够画上圆满句号，使整个村庄改造污水治理工程能够切实提高农村地区的污水收集能力，减少河道环境污染，完善水环境，实现水清岸洁，改善村民的生活环境。要积极探索农村生活污水处理方法，减轻河道污染。由浦东新区环保水务部门提供的监测结果分析得知，目前采用的各种小型污水处理装置对农村生活污水处理还是有一定效果的。但部分设施没运行多长时间就出现故障，无法处理达标，且存在污水收集渗漏和遗漏的问题。建议在现有收集系统建设方面加以改进，严防污水收集渗漏和遗漏，同时保证污水处理设施正常运行。

浦东新区是上海的畜禽养殖大区，全市养殖4头猪，就有1头在浦东，家禽更是占了四成，畜禽养殖已然成为浦东新区农村面源污染的主要来源，而且对周边区域构成了巨大的环境压力，由于水体污染和恶臭污染问题，不断引发养殖业主与周边群众的环境纠纷，环境信访不断。畜禽养殖环境保护工作是一项系统工程，对河道水体的污染只是一种表象的末端显露，深究其根源，则涉及多方面的农村政策，需要多方面加以配套，采取畜禽养殖与环境一体化的思

路来实施发展。

一是加强行业管理，规划引领。按照"全面规划、合理布局、生态养殖、综合防治"的原则，从源头上规范养殖业的发展，控制畜禽养殖环境。以环境消纳能力和综合利用能力确定畜禽养殖规模，控制养殖总量。搬迁或者关闭现有选址不当、污染严重的畜禽养殖场所，将无序布局与防治设施简陋的养殖专业户整合成集约化养殖小区，集中统一建设畜禽养殖场所和污染防治设施，实现养殖废弃物的减量化、资源化和无害化，为对畜禽养殖户实施环境监管提供便利。根据浦东的实际情况积极推进畜禽废弃物综合利用与循环化，如养殖小区配套相应的畜禽粪污消纳土地或集中收集外运，加大力度引导有机肥加工利用，示范引导各畜禽养殖企业进一步向生态、有机、循环和环保方向发展。

二是强化属地管理，联合整治。按照"条块结合、以块为主、综合治理"的工作机制，强化属地管理原则。浦东镇级政府绝对不能置身事外，必须要重视畜禽养殖污染防治工作，在领导、队伍、经费层面保障长效管理机制的落实。加大整治工作的宣传力度，认真细致地做好群众思想工作，使其主动配合整治工作。加大养殖治污引导资金投入，在畜禽治理技术、工程资金等方面给予专项优惠政策。在治理上优先解决污染范围广、破坏性大的养殖区域。同时，各职能部门密切配合，发挥各自优势，形成农业、规土、环保、城管、两违整治、公安等部门的联动机制，实现畜禽养殖污染防治的综合整体性效应，严格落实政府的环境责任。

8. 聚焦三年行动计划，实施最严格的环境保护

一是完成环保三年行动计划收尾，推动五轮环保三年行动计划环境绩效评估。截至 2014 年 11 月底，104 个项目均已启动，完成 98 个，完成率为 94.2%。要加强项目节点管理和分类推进，完善月报表制度、联络员例会制度、季度通报制度、现场检查制度、重点项目督察制度等，以重点突破带动整体推进，完成浦东新区第五轮环保三年行动计划全面收尾。浦东新区应该着手开展 2000～2014 年五轮（第一轮至第五轮）环保三年行动计划环境绩效综合评估。此项研究既是要总结浦东新区环保事业在各个方面的成绩，更重要的是要从以往工作中吸取经验和教训，判明差距，据此制定或优化应对之策，指导各种相关政策、措施和体制机制的完善。这有利于加速建设浦东成为科学发展的先行区、四个中心的核心区、综合改革的试验区、开放和谐的生态区；有利

于正在推进的浦东新区第六轮环保三年行动计划乃至更长远环保事业顺利实施，进而取得更加辉煌的环保佳绩。

二是做好排摸梳理，为第六轮环保三年行动计划截污纳管项目打好基础。按照滚动实施的原则，为了更加科学合理地指导第六轮环保三年行动计划截污纳管项目工作，浦东新区环保水务部门要会同相关单位开展第六轮环保三年行动计划截污纳管项目调查摸底工作。根据上级要求，加快编制浦东新区第六轮（2015～2017年）环境保护和建设三年行动计划水环境保护工作方案。

三是持续推进浦东生态文明建设。围绕国家生态文明建设示范区的建设目标，继续开展绿色系列创建活动。指导督促优美镇更名、生态村创建与复验工作；完成绿色社区、绿色学校、绿色宾馆、绿色医院和安静居住小区现场检查验收等；全面推进节水型小区、节水型学校和节约用水示范单位等节水型社会建设进程；垃圾分类减量日均处置量要低于市下达的4023吨指标。继续加强绿化林业等生态设施的保护和管理，加强森林病虫害防治、植物检疫及野生动物救助保护，加强九段沙湿地等生态系统保护等。

四是加强环境监管监测执法。树立法治思维，坚持采取最严格的环保制度、最严格的准入门槛、最严格的执法措施，继续完善分类监管、分级管理、移动执法和环保三级网络等体制机制，加大对重点企业、热点问题、敏感区域的环境监管、监测、执法和处罚力度，继续推进总量控制和污染减排。

五是配合市水务部门做好最严格水资源管理试点工作。通过完善取水许可台账建设和日常监督管理，为有效监管全区水资源的合理利用提供科学的管理依据。通过开展取水许可续证评估，重新核定取水户的审批水量，并对不具备取水许可条件的取水注销处理。

六是继续推进专业规划编制工作。加快编制浦东新区雨水规划，推进工业园区及各镇区雨污水规划编制工作。对未完成雨污水规划的地块，应及时了解编制主体和编制进度，给予行业指导，以便及时将水务规划方案和要求落实到控制性详细规划之中。

9. 加快建设生态工程，拓展基础设施功能

一是推进市区重大项目。积极破解规划、土地、资金、房源、动迁、投资体制等各类瓶颈和困难，全力推进各类生态基础设施建设。其中，滨江森林公园二期加强前期征收、技术方案编制等工作；环城绿带开展开天窗补绿工程，

南汇生态项目全面实施；北横河、人民塘随塘河、长界港、外环运河、瞿家港等水利建设项目也有序推进。

二是建设生态基础设施。全力推进川沙 A－1 地块围场河、中心湖等工程建设；稳步推进西沟、张家浜水闸的改建和严家港泵闸新建等项目；全面开展新区污水支管和 16 个截污纳管工程建设；完成周浦中转站污水纳管项目及消防维修工程；按照新辟公共绿地 80 公顷的目标，继续推进北蔡川杨河绿地、周康航结构绿地、罗山路三八河绿地等项目，金桥公园、南浦广场公园、泾东公园、周浦公园等改造项目也有序实施；实施公益林、疏林地改造、经济果林等林业工程建设；抓好九段沙南侧护岸保滩抛石项目等。

三是落实民生环保项目。推进 196 座农村桥梁改造工作，其中乡村公路桥梁 1 座、水利水闸桥梁 39 座、村内桥梁 156 座；镇村级中小河道（轮疏）工程和村庄改造河道整治项目分别涉及 24 个镇和 11 个镇；村庄改造低压水网改造户数 17734 户，受益人口 44970 人；污水治理工程涉及 11 个镇 32460 户；继续开展排灌设施改造和高水平农田水利建设等。

参考文献

田志刚等：《地表水资源普查的意义及方法》，《山东水利》2010 年第 3 期。

徐启新等：《上海高速城市化进程对水环境的影响及对策探讨》，《世界地理研究》2003 年第 12 期。

吴健等：《上海人口变化与资源环境效应分析》，《中国人口．资源与环境》2011 年第 4 期。

《上海市浦东新区水文水资源管理署：2011 年浦东新区水资源公报》2012 年 4 月。

范丽等：《长江口污染物种类及其来源》，《江苏环境科技》2008 年第 1 期。

周冯琦等：《新区排污权交易试点的可行性分析及需要解决的问题》，《浦东情况（调研报告）》2014 年第 47 期。

杨佃华：《上海市浦东新区主要工业污染物排放总量预测与控制对策》，2014 年中国环境科学学会论文集，2014 年 8 月。

附　录

Appendix

B.13
附录1　上海市生态环境安全
状况跟踪评价

程　进*

　　根据《上海资源环境发展报告》建立的河口城市生态环境安全评价指标体系①对上海市生态环境安全情况进行跟踪评价，结果表明：上海生态环境安全指数连续三年呈上升趋势，生态环境安全状况比 2013 年有所好转②，生态环境安全指数由 2003 年的 0.5666 上升至 2013 年的 0.7871（见图 1）。城市生态环境安全评价指数上升，主要归因于系统压力和系统响应指数得分都比 2013 年有所提高，从图 1 中可以看出，系统压力和系统响应指数 2010 年以来

---

*　程进，上海社会科学院生态与可持续发展研究所，博士。

①　周冯琦：《上海资源环境发展报告 2012》，社会科学文献出版社，2012。

②　评价指标原始数据来自历年《上海统计年鉴》《上海环境质量报告书》。鉴于《上海统计年鉴 2014》统计口径有所变化，将原指标体系中的"农村人口人均耕地面积"替换为"农村人口人均农作物播种面积"，"工业废气二氧化硫去除量"替换为"单位 GDP 工业 SO₂ 排放量"，其余指标保持不变。

一直处于上升态势，尤其系统响应指数得分在历年中最高，说明上海市生态环境系统的响应能力得到明显改善。与系统压力和系统响应指数表现相反的是，系统状态指数2008～2012年相对平稳发展，说明上海市生态环境状态一直处于稳定水平，但2013年系统状态指数相对2012年有所下降，说明上海市生态环境状况还不稳定，生态环境质量的改善还面临一定的压力。

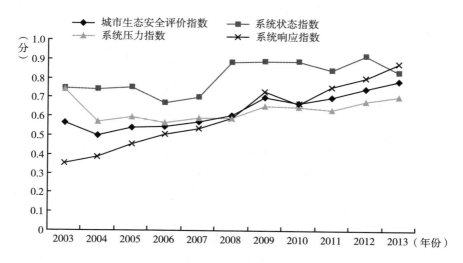

图1　上海生态环境安全指数和子系统指数变化

在系统压力指数中，人口压力一直没有得到改善，对城市生态环境安全的压力逐年增大。资源压力近三年基本趋稳，但2013年资源压力指数得分比2012年略低，说明城市资源压力仍不容忽视。环境压力有所改善，表征环境压力的各项指标均比上年有所改善。社会经济压力也有所改善，并超过2010年水平，说明上海市社会经济转型发展的效应逐渐显现，对生态环境造成的压力在减少。

在系统状态指数中，资源状态和环境状态得分均比前一年有所下降，特别是环境状态得分由2012年的0.9429下降至2013年的0.8384，下降幅度较大，说明上海市生态环境质量的改善任务还很艰巨，资源状态和环境状态得分下降制约了上海市生态环境安全状况的整体提升。

在系统响应指数中，经济响应指数总体上表现出波动变化的特征，且2009年以来经济响应指数逐年降低。环境响应指数一直在不断提升，且2010

年以来提高速度加快，2013 年比 2012 年高出 15%，说明上海市在环境治理、污染物排放控制方面取得了不小的成就。人文基础响应指数近年来稳步提升，反映出上海市经济社会整体水平的不断增强，城市的科技、文化水平提升对促进生态环境安全起到一定的作用（见图 2）。

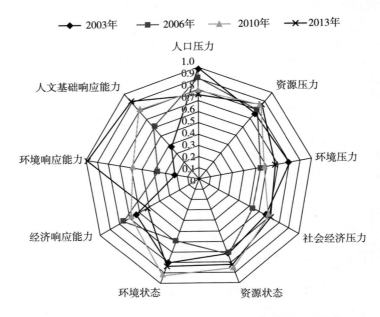

图 2　2003～2013 年上海市生态环境安全评价要素得分雷达图

附录2　上海市资源环境
年度指标

刘召峰[*]

　　本报告利用图表的形式对2013年度上海资源与环境领域主要指标进行简要直观地表示，反映近5年来，上海资源效率和环境质量方面发生的变化，并结合上海"十二五"规划提出的具体指标来评价和判断上海在资源环境方面取得的成绩、不足和未来的发展趋势。本报告选取的资源环境的主要领域包括环保投入、大气环境、水环境、固体废弃物、噪声、绿化、水资源和能源等。

（一）资源环境发展概况

　　2013年，上海市"十二五"规划主要约束性资源环境指标完成情况较好。其中，化学需氧量排放总量削减、二氧化硫排放总量削减指标已经超额完成要求。其他一些指标已经接近完成"十二五"规划目标，预计到2015年能够完成约束指标。还有一些指标完成面临很大的压力，如森林覆盖率指标。

表1　2013年上海"十二五"规划主要约束性资源环境指标完成情况

类别	具体指标	2013年	上海"十二五"规划目标
污染减排	化学需氧量排放总量削减	比2010年下降11.4%	比2010年下降10%
	二氧化硫排放总量削减	比2010年下降15.4%	比2010年下降13.7%
	氨氮排放总量削减	比2010年下降12.1%	比2010年下降12.9%
	氮氧化物排放总量削减	比2010年下降14.2%	比2010年下降17.5%

---

　　[*]　刘召峰，上海社会科学院生态与可持续发展研究所，博士。

续表

类别	具体指标	2013 年	上海"十二五"规划目标
环境安全	城镇污水处理率	87.7%	85%以上
	生活垃圾无害化处理率	94%	95%以上
	森林覆盖率	13.1%	15%
水资源	万元工业增加值用水量	比2010年下降34.7%	比2010年下降30%
	农田灌溉水有效利用率	72.7%	农业灌溉水利用系数≥0.73
能源消费	单位 GDP 能耗	比2010年下降16.5%	比2010年下降18%

（二）环保投入

2013 年，上海市环境投入607.88 亿元，比2012 年略有增加，占当年 GDP 的 2.80%（见图1）。其中，环境基础设施投资、污染源治理投资、生态保护和建设、农村环境保护投资、环境管理能力建设投资、环保设施运转费、循环经济及其他投资分别占比 46.8%、28.6%、0.9%、6.5%、0.5%、14.2% 与 2.6%（见图2）。从环保投资的结构看，环保基础设施投资所占比重进一步下降，也体现了第五轮环保三年行动计划要求的"从重基础设施建设向管建并举、长效管理转变"。

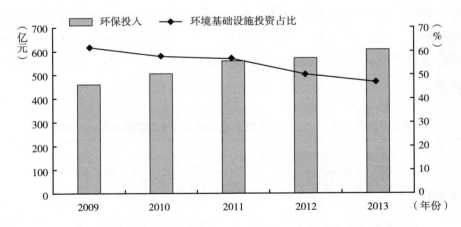

图1　2009～2013 年上海环保投入及环境基础设施投资所占比重

资料来源：上海环境保护局，2009～2013 年《上海环境状况公报》。

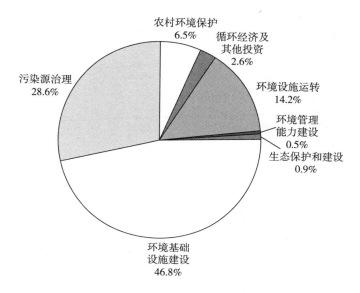

图2　2013年上海市环保投入结构

资料来源：上海环境保护局：《2013年上海环境状况公报》。

（三）大气环境

2013年，上海市环境空气质量采取新标准。在以环境空气质量指数评价下，全年空气优良率为66%。在全年污染日中，首要污染物为细微颗粒（PM2.5）的天数占70.2%。全年细微颗粒（PM2.5）、可吸入颗粒物（PM10）、二氧化氮年均浓度分别为62微克/立方米、82微克/立方米、48微克/立方米，分别为超出《环境空气质量标准》（GB 3095-2012）新二级标准27微克/立方米，12微克/立方米、8微克/立方米。一氧化碳、二氧化硫指标满足《环境空气质量标准》（GB 3095-2012）新二级标准。

2013年，上海市二氧化硫排放总量为21.58万吨，比2010年下降了15.4%，超额完成"十二五"规划要求。全年氮氧化物排放总量为38.3万吨，比2010年下降了14.2%（见图3）。

（四）水环境质量

2013年，上海市废水排放总量为22.3万吨，其中工业排放4.54万吨（见图4）。

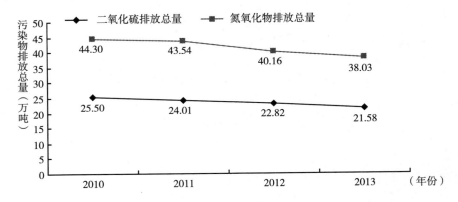

图3　2010～2013年上海市二氧化硫和氮氧化物排放总量

资料来源：整理自国家环保部发布的各年各省市主要污染物总量减排考核结果。

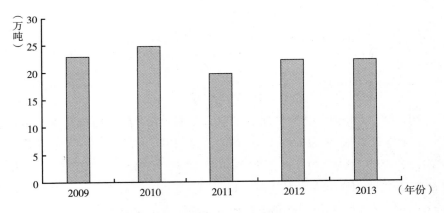

图4　2009～2013年上海废水排放总量

资料来源：上海市统计局：《上海统计年鉴（2013）》，中国统计出版社，2013；上海市环保局：2013年水环境保护情况统计数据。

2013年上海市城镇污水处理率为87.7%，已经完成了"十二五"规划要求（见图5）。

2013年，上海市化学需氧量与氨氮分别排放了23.56万吨与4.58万吨，比2010年分别下降了11.4%与12.1%。其中，化学需氧量提前完成"十二五"规划要求（见图6）。

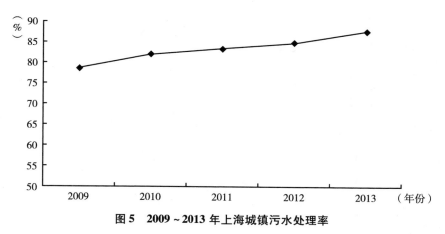

图5　2009～2013年上海城镇污水处理率

资料来源：上海水务局；2009～2013年上海市水资源公报。

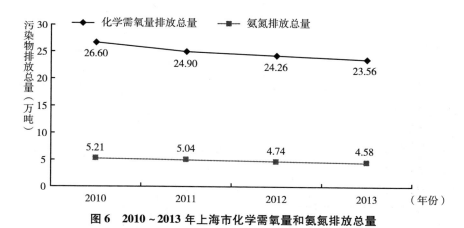

图6　2010～2013年上海市化学需氧量和氨氮排放总量

资料来源：整理自国家环保部发布的各年各省市主要污染物总量减排考核结果。

（五）固体废弃物

2013年，上海市工业废弃物排放2050万吨，比2012年下降了7.7%，综合利用率为94.08%，比2012年下降了3.26%（见图7）。

2013年，上海市工业危险废弃物产生53.78万吨，比上一年下降了2.1%（见图8）。

2013年，上海市生活垃圾产生量为736万吨，比上一年增长了2.7%，无

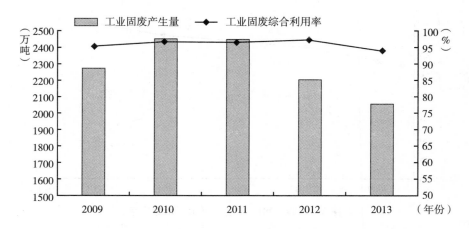

图7　2009～2013年上海市工业固体废弃物产生量及综合利用率情况

资料来源：上海市环保局：2009～2013上海市固体废物污染环境防治信息。

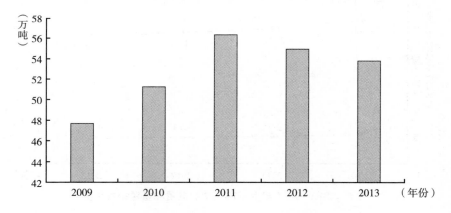

图8　2009～2013年上海市工业危险废弃物产生量

资料来源：上海市环保局：2009～2013上海市固体废物污染环境防治信息。

害化处理率为94%（见图9）。

2013年，上海生活垃圾无害化处理方式以卫生填埋为主，约占56.5%，其次是垃圾焚烧、堆肥处理与分类处理厨余垃圾和回收利用（见图10）。

（六）噪声

近五年来，上海市区域环境噪声在55dB（A）左右，均达到相应功能的

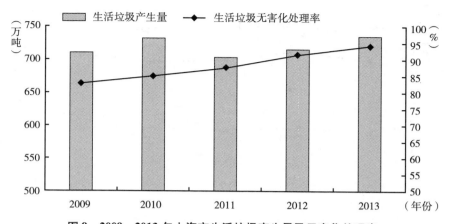

图9　2009~2013年上海市生活垃圾产生量及无害化处理率

资料来源：上海市环保局；2009~2013上海市固体废物污染环境防治信息。

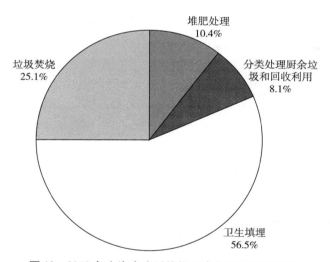

图10　2013年上海市生活垃圾无害化处置方式情况

资料来源：上海市环保局；2009~2013上海市固体废物污染环境防治信息。

标准要求，总体保持稳定。2013年，上海市区域环境噪声昼间时段的平均等级为55.5dB（A），夜间时段的平均等级为48.2dB（A）（见图11）。

（七）绿化

2013年，上海市绿化覆盖率为38.4%，森林覆盖率为13.1%（见图12）。

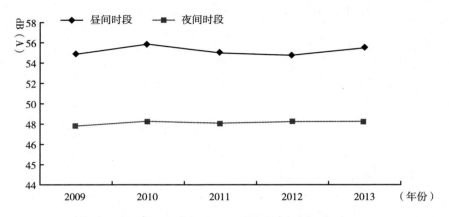

图11 2009~2013年上海市区域环境噪声平均等级

资料来源：上海市环保局：2009~2013上海环境状况公报。

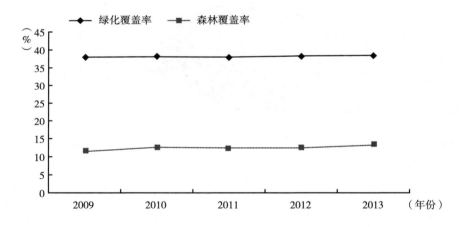

图12 2009~2013年上海市绿化和森林覆盖率

资料来源：2009~2013年上海市国民经济和社会发展统计公报。

（八）水资源

2013年，上海市用水总量为89.01亿立方米，其中工业用水46.23亿立方米，当年万元工业增加值水耗为64立方米，换算至2010年价格为60立方米，比2010年下降了34.7%，提前完成"十二五"规划要求的目标。

2013 年，上海市工业用水重复利用率为 83.0%，比 2012 年提高了 0.2%（见图 13）。

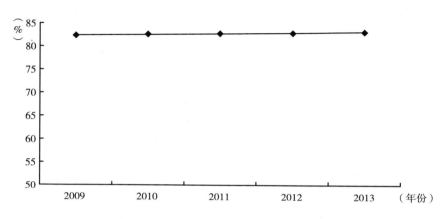

图 13　2010～2013 年上海市工业用水重复利用率

资料来源：2010～2013 年上海市水资源公报。

（九）能源

2013 年，上海市能源消费总量为 11703 万吨，万元生产总值能耗为 0.545 吨标准煤（换算至 2010 年价格），与 2010 相比下降了 16.5%（见图 14）。

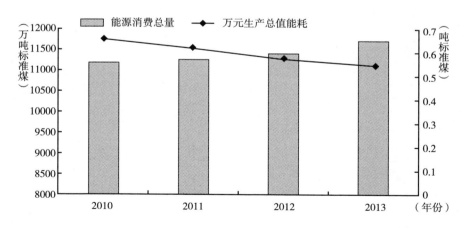

图 14　2010～2013 年上海市能源消费总量与单位 GDP 能耗（2010 年价格）

资料来源：上海统计局：《上海能源统计年鉴 2014》。

2013 年，上海市一次能源结构中（按发电煤耗计算法），油品比重最高为41.9%，煤品比重为38.7%，天然气占比8.1%，包括外来电在内的非化石能源占比11.3%（见图15）。

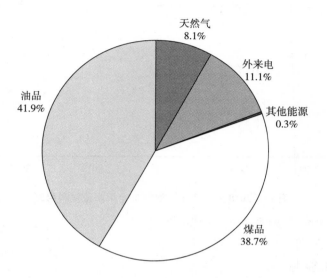

图15　2013 年上海市一次能源消费结构

资料来源：上海统计局：《上海能源统计年鉴2014》。

Abstract

Environmental strategy reflects the focus and direction of environmental protection in a particular period, and environmental strategy is also formed by co-action of environmental conditions, relationship between environment and economy, relationship between environment and society and other factors. Both international and domestic environmental protection are in strategic transition at present.

First of all, green economy and sustainable development has become a new trend of international environmental protection. The international environmental protection is not just to control the concentration and total amount of pollutant emissions, while it has shifted its focus from the early simple environmental pollution control to sustainable development. Environmental protection has been extended to the broader range such as human survival and social progress. The connotation of sustainable development continues to be abundant, when economic growth, social progress and environmental protection are considered to be the three pillars of sustainable development, and green economy is considered to be an important means to achieve sustainable development.

Secondly, China is in a period of strategic transition of environment and development. In the view of the evolution of the relationship between environment and economy and society, extensive pattern of economic growth has brought complex structural environment problems, so the traditional relationship between environment and economic development has come to an end, and the relationship must undergo historic transformation. With the general improvement of environmental awareness among the public, public's environment demands continue to increase, and environmental strategic transformation has primarily won social support. The focus of environmental strategy in China began to shift from economic growth priority to environmental priority, and emphasize the integrated use of legal, economic, social, technical and necessary administrative measures.

In the context of the environment strategic transformation both at home and abroad, Shanghai constantly adjusts environmental policies according to the city's economic and social development. Environmental protection in Shanghai has evolved from control of the single pollution source to industry management, and also has evolved from centralized management of key pollution sources to urban environment comprehensive improvement, so as to pursue coordinated development of economy, society and environment. In recent years, Shanghai has launched several three-year action plans one by one for environmental protection, strengthening environmental infrastructure, and strictly controlling the total emission of major pollutants. Through the tireless efforts of environmental protection, the environmental quality of Shanghai continues to improve. However, the urban population and economic development continue to grow at a rapid pace, resource and environment limitation will remain relatively stringent, and the environmental problems are still prominent. According to the evaluation of environmental performance in Shanghai from 2002 to 2013, the environmental performance in recent years is improving faster and faster, and the phase characteristics of environmental performance are obvious, promoted with the transformation of environment strategy. In recent years, the environment state of Shanghai is characterized as stationary, but the improvement of environmental quality also faces great challenges, and the environment load has not been significantly alleviated. But under the new situation of environmental protection, the role of government-led environmental protection system is gradually limited.

Environmental strategy transformation of Shanghai is the inevitable result of the new trend and changes of environmental protection both at home and abroad, and also reflects the objective requirements of urban status upgrading. The upgrading of urban development orientation in future will put forward higher requirements for environmental protection and ecological construction, so the ecological and environmental conditions need to reach the global city level, the environmental strategies must be transformed in order to meet the increasing requirements of environmental quality. Environmental strategic transformation includes two aspects. Macro-level strategic transformation of the environment protection is reflected in the transformation of the guiding ideology of environmental protection; According to the relations between environment and economy and society, the guiding ideology should shift from economic priorities to environmental priorities, and environmental capacity and resource carrying capacity should become rigid constraints of economic development. The speed and scale of economic development in Shanghai should be constrainted by environmental capacity and resources carrying capacity. Micro-level strategic transformation of environment protection focuses on breaking down structural barriers, institutional barriers or implementation barriers, shifting from environmental management to environmental governance, in order to achieve innovation and modernization of environmental governance. Micro-level strategic transformation of environment protection includes three aspects: The first one is innovation of environmental management model. Environmental management shifts from pollution control to quality improvement, enhances the management capacity on several key aspects, establishes market-driving environmental policy system, and strengthens environmental monitoring functions. Environmental management should shift from single regional governance to collaborative governance among several regions. The second one is innovation of environmental protection market mechanisms, environmental protection problems will be solved by using market mechanisms. The enthusiasm of enterprise pollution control will be enhanced with the incentives of market mechanisms, such as emissions trading. The government should give full play to the role of market-based resource allocation, and improve the efficiency of pollution governance with third-party management, and actively develop environmental pollution liability insurance. The third one is to enhance the ability of society to participate in environmental transformation. Industry associations, community organizations, communities, citizens and other stakeholders will be mobilized to make contributions to environmental protection, environmental credit system and green supply chain will be improved, and environmental community autonomy will be carried out and expanded, all of which are conducive to optimize the channels of public participation in environmental protection.

Keywords: Shanghai; Enviornmental Governance; Environmental Strategy Transtormation; Environmental Performance

Contents

𝔹 I General Report

Abstract: In recent years, the environment state of Shanghai characterized as a segmented trend stationary, but the environment load has not been significantly alleviated, even emerged an increasing environmental pressures with the social and economic development, improvement of environmental quality also facing great challenges. How to determine the correct orientation of the environment strategic transformation based on the environmental performance of Shanghai need to be further studied. The report constructed a evaluation system of environmental performance, the evaluation results show that: the environmental performance of Shanghai has obvious stage characteristics, upgraded with transformation of environmental protection. But under the new situation of environmental protection, the role of government-led environmental protection system can play gradually limited. So, the improvement of Shanghai environmental quality and the achievement of environmental goals must firstly transform environmental strategic, enhance the status and role of new environmental protection initiatives in the environmental system, such as public participation and market mechanisms. The important of environmental strategic transformation of Shanghai is clarifying and playing the role of government, enterprise and the public. Besides the improvement the System security of multi-governance, regional coordination, social participation and market-oriented environment protection, the enhance of public participation in environmental transformation and improvement of third-party environmental pollution control and emissions trading are also more importantly.

Keywords: Environmental Performance; Environmental strategic transformation; Environmental governance; Priority to Environmental Protection; Shanghai

B II Reports on Strategic Transformation of Environmental Management

B. 2 Transformation of Environmental Management Pattern from Pollution Control and Prevention to Environmental Quality Improvement

Hu Jing, Li Lifeng, Hu Dongwen, Zhu Huan / 034

Abstract: Environmental quality oriented management system could not only better define the responsibilities in environmental protection for government, private sector, and other parties, but also better integrate pollution control and prevention, and environmental risk management. We studied global experiences and analyzed the necessity and feasibility of the transformation of environmental management pattern with quality improvement as the final goal, and designed a brief index system focused on air and water quality, and gave some mechanism suggestions to the government.

Keywords: Environmental management; Pollution control and Prevention; Environmental Quality; Shanghai

B. 3 Establish Policy System of Market-driven Environmet Protection

Chen Ning, Yang Aihui / 064

Abstract: Market-driven Environment protection policy refers to a system that microscopic agents choose and correct influence of economic system to environment, and achieve the goal of improving the environment quality and sustainable use of natural resources. At present, Shanghai has basically established an environmental economic policy system that mainly includes environmental taxation, environmental price and environmental investment and financing. However, on the whole, a complete environmental economic policy system still has not been really established, the policy system that contains environmental fiscal, environmental tax and environmental investment and financing is only a preliminary framework emerging and market-oriented policy tools such as emissions trading, green credit, environmental pollution liability insurance, environment bond, together with a variety of environmental economic policy tools are still at a stage of pilot or exploration. From the perspective of current environmental economic policy, environmental economic policy tools still are supplementary means of environment administrative control, for they fail to reform enterprise environmental behavior by effectively influencing enterprise cost benefit. Furthermore, they are deficient in policy tools that can indirectly affect enterprise environmental behavior through impacting market subjects related to business interests. In consequence, under the present policy framework, microscopic agents seldom consciously take active part in environmental protection work and fail to form a bottom-up action triggering mechanism. In this thesis, the author selects the case of water management in Bright Dairy and make an analysis of it. After that, the author finds that cost crisis caused by water risk, the appeals of enterprises promoting business reputation and requirements of stakeholders are the main driving factors that Bright Dairy volunteers to conduct water management. Hence, the author considers several factors that prompt enterprises make spontaneous environment management and sets up environmental economic policy system of drive market in order to really affect and change the enterprise environmental behavior. The author tries to completely internalize resources and environment cost by influencing the enterprise business activities of the whole policy combination. The author tries to indirectly influence enterprise environmental behavior by means of affecting policy of related subjects in enterprise market. Thirdly, The author attempts to affect enterprise environmental behavior through industry groups, non-governmental organizations

Keywords: Market-driven; Environment Protection Policy; Shanghai

B. 4　Status Quo and Improvement Strategies of Shanghai's Environmental Monitoring

Liu Xinyu / 088

Abstract: Environmental monitoring is the basis of the whole environmental management system, so improvement of environmental monitoring function is the basis of capacity building of environmental management system. This paper is trying to find out what obstructs Shanghai's environmental monitoring system from playing the basic role through analyzing its status quo, based on which suggestions for improvement strategies will be put forward. Although Shanghai has achieved a lot in building up environmental monitoring system, some problems remain to be solved: The environmental monitoring agency affiliated to the environmental authority will face governmental interference; The environmental authority has no right to manage and utilize non-governmental environmental monitoring agencies and those affiliated to other governmental departments; The arrangement of monitoring sites fails to truly reflect the impacts on citizens' health; Environmental monitoring information is not adequately open, hindering utilization of its scientific value; The third-party environmental monitoring market is not well regulated and utilized. To solve these problems, this paper suggests to: Turn the monitoring agency affiliated to the environmental authority to the environmental monitoring authority independent from the environmental authority, and even relatively independent from the Administration; Authorize the environmental monitoring authority to manage all the environmental monitoring agencies in the jurisdiction and to utilize their information; Arrange monitoring sites to truly reflect the adverse effects to human health; Open more environmental monitoring information to make good use of its scientific value; Nurture and regulate the third-party environmental monitoring market, and purchase environmental monitoring services from it.

Keywords: Shanghai; Environmental Monitoring; Improvement Strategies

B. 5　Suggestions of Collaborative Governance of Fog and Haze Pollution in Region of Yangtze River Delta　*Liu Zhaofeng* / 113

Abstract: The Yangtze River Delta fog and haze pollution is one of the main environmental problems facing the integration of regional development. To satisfy the demand of regional integration, the loose regional environmental management must transfer to regional collaborative governance, in which government, market and society are included. According to the release from the National Climate Center about 2013 national haze day numbers distribution, the Yangtze River Delta region is one of the country's most polluted haze regions, and regional average annual concentration of PM2.5 is gradually decreasing from the northwest to the southeast, just coincided with the layout of the heavy industry of Yangtze River Delta. Industrial pollution and automobile exhaust are the main factors that produce the regional haze. However, in recent years, regional output of major industrial products and private car ownership are growing at a relatively high rate, which has negative effects on the haze governance. The Yangtze River Delta regional haze collaborative governance mechanism should be carried out earlier to support large-scale activities in the region. But it still faces many problems, such as the imbalance of regional development, uncoordinated main function division planning, local game and administrative barriers, loose cooperation mechanism, inconsistent regional environmental standards, as well as regional environmental services market is not unified problem. In order to promote regional integration and improve regional environmental quality, the Yangtze River Delta region should take collaborative governance mode. It is needed to formulate and implement the unified planning, the main function zoning is needed to create solid delta environmental protection cooperation mechanism, and regional unified energy distribution, the development of clean energy, the unified construction market environment service areas and the establishment of regional carbon trading system are also needed.

Keywords: Yangtze River Delta; Fog and Haze; Collaborative Governance; Market

B Ⅲ   Reports on Innovation of Environmental Protection Market

B.6   Performance Evaluation on Carbon Emissions Trading and Its Policy Suggestions   *Ji Xin* / 135

Abstract: Nowadays, China is on the transformation stage of economic and social development, and at the same time its environmental management is on the critical period of strategy transition. Thus, it is important to introduce market mechanism to improve environmental quality and the efficiency of environmental management. China has implemented carbon emissions trading scheme (ETS) in seven provinces and cities, and Shanghai is one of the pilots. This chapter summarizes the current situation of Shanghai's ETS and assesses its performance on institutional framework, market transaction, emission reduction results and abatement cost. The main conclusions are made as follows: Firstly, Shanghai's ETS has formed basic institutional framework while there are some problems such as lacking legal protection, lacking basic data and statistics system, lacking information transparency on the cap, detailed allowance distribution plan, emission monitoring and verification, lacking allowance auction mechanism design. Secondly, Shanghai's carbon market is lack of liquidity. The reasons include the loose cap, the extensive coverage of industries, the low openness to the investors, spot transactions and so on. Thirdly, due to lack of information transparency and the short implementation period, it is hard to evaluate its emission reduction results and abatement cost. In order to make up for the above deficiency, this chapter concludes the performance evaluation of emissions trading systems in the United States and EU ETS, mainly focusing on emission reduction results, abatement cost, technology investment and innovation. It points out that the suitable policy design of emission trading can reach cost efficiency. Finally, based on the current problems, policy suggestions are proposed, including ensuring the legal status of carbon emissions trading, building basic data and statistics system, establishing the allowance auction mechanism, setting up information disclosure mechanism. Furthermore, the experiences of Shanghai's ETS and emissions trading systems abroad can provide some enlightenment for Shanghai's emission trading in the future.

Keywords: Carbon Emission Trading; Market Liquidity; Emission Reduction Results; Abatement Cost

B. 7   Challenges and Market Cultivations of Third-party

Governance in Environmental Pollution   *Cao Liping* / 166

Abstract: Environmental pollution governance has the public welfare and externality, there are some constraints in the traditional mode of governance on treatment effect, efficiency, capital and other aspects. However, to replace the traditional mode with the third-party governance mode will raise the efficiency and effect of environmental pollution governance, meanwhile will promote the development of environmental pollution third-party governance market. There are inherent advantages of capital, and national and local policy support in promoting the third-party governance mode of environmental pollution in Shanghai. However, with realizing conditions of the third-party governance those are mutual trust, reciprocity, openness losing, there are also many urgent problems in governance structure and governance mechanism of environmental pollution third-party governance mode in Shanghai. In view of this, combined with the actual situation of Shanghai, it is argued that if the development of environment pollution third-party governance service be promoted, from the start of the stakeholders in the third-party governance, the relationships between governance responsibility in the governance structure should be clarified and various departments should cooperate firstly. Secondly, by improving the environmental standards and emission standards of punishment, and by reducing tax burden of small third-party enterprises, the players participating power of third-party governance mode should be enhanced. Thirdly, the investment and financing mechanisms of third-party governance mode should be innovated, and then a diversified and local financing platform can be set up. Fourthly, third-party pollution governance enterprises should possess self innovation mechanism to improve their governing level and market competitiveness constantly. Fifthly, access threshold of third-party governance enterprises should be strict, and the price mechanism of the third-party governance service mode should be rationalized to avoid vicious market competition and a fair competition market environment of the third-party governance will be created. Finally, it is suggested to perfect supervising mechanisms of the third-party governance mode should be built and the self-regulation system of pollution governance enterprises in the whole society will be formed so as to force pollution responsible subjects improve their pollution treatment level and strengthen the integrity of society.

Keywords: Environmental Pollution; The Third-party Governance; Governance Structure; Governance Mechanism

B. 8   Exploration and Practice on Environmental

Liability Insurance in Shanghai

Hu Dongwen, Jiang Wenyan, Ha Wei and Zhang Jianyong / 183

Abstract: Environmental liability insurance is one means of environmental governance with the market function. It has become the effective measure of general pollution treatment and risk prevention in the developed countries, while also is undergoing as pilot in various regions in China. Since Shanghai carried out the pilot, two kinds of compulsory environmental insurance have been launched including the dangerous chemicals safety liability insurance and inland ships pollution liability insurance. However, other commercial insurances made little progress due to a variety of obstacles. The article suggested that Shanghai combine the requirements of the country with local management requirements, provided the solution to expand the scope of environmental liability insurance pilot and put forward the policy path and the technical path of the gradual generalization.

Keywords: Shanghai; Environmental; Liability Insurance

B IV   Reports on Public Participation in Environmental Protection

B. 9   Practice and Prospect of Establishing Environmental Credit

System in Shanghai   *Hu Dongwen, Tan Jing and Hu Jing* / 202

Abstract: Environmental credit system is a management tool of the integration of corporate environmental behavior and the market economy in the international society. It formed in the framework of the social credit system. It can provide the public the path to participate in environmental management and supervision, the banking industry to understand the environmental risks of enterprises, to a certain extent solve situation of "low cost of environmental illegality". At present, different pilot projects have been carried out across the country. Shanghai has made some attempt on the construction of mechanism system, and has implied the environmental credit system to the green loan, enterprise awards, the administrative licensing and the environmental performance verification. This paper presents Shanghai to promote the pilot process on corporate environmental credit evaluation, to encourage third party environmental credit evaluation services and to build a platform for the society to participate in the proposal.

Keywords: Shanghai, Environmental Credit System; Public Participation

B. 10　Research on Green Supply Chain Management

Hu Dongwen, Huang Lihua and Hu Jing / 219

Abstract: Green supply chain (GSC), a creative environmental management measure incorporating green factors into whole supply chain, was originated in United States in last century and widely applied in the world, and now is also influencing environmental management in China. Shanghai has two-year experience in GSC pilot cases, supported by China Council for International Cooperation on Environment and Development, suggesting that GSC is meaningful for industrial restructuring, environmental risk management, governmental function transformation, trade barrier avoiding, and etc. Based on Shanghai's good foundation of policy environment, business management, technology strength and public awareness, advice to deepen the pilot cases and spread GSC management experience is given.

Keywords: Green Supply Chain; Shanghai; Environmental Management

B. 11　Social Self-Governance for Environmental Protection in Shanghai

Li Lifeng, Hu Jing / 239

Abstract: Social self-governance for environmental protection in China is still at the starting stage, but has natural foundation and huge potential. In many places including Shanghai, there are some successful cases emerged, while the institutional environment needs to be improved. In this paper, some cases in Shanghai are introduced, compared with experience in other places. Some common problems in

China include weakness of social power, underdevelopment of environmental NGOs, NIMBY bottlenecks, and so on. Corresponding suggestions are: reinforce the self-governance power of community committees by law; cultivate institutional soil for environmental NGOs and social enterprises; ensure supervision rights of media and the public; encourage voluntary social contracts and other ways suitable for local conditions; facilitate residential green lifestyle and environmental public welfare activities.

Keywords: Shanghai; Environment; Social Self-Governance

B V   Successful Stories

Abstract: Water pollution is one of the most serious environmental problems in China. Pollution control has become an urgent task for environmental protection. Based on comparison of Pudong New Area river network water quality findings in 1999 and 2011, analysis of changing trend on water quality during 2000 ~ 2014, causes of pollution, and problems on river regulation work was made. The feasible proposals and measures were presented for water environmental protection and provided for decision-making support for government.

Keywords: Shanghai Pudong; Water Resource; River Regulation; Evaluation of Water Quality

B VI   Appendix

❖ 皮书起源 ❖

"皮书"起源于十七、十八世纪的英国，主要指官方或社会组织正式发表的重要文件或报告，多以"白皮书"命名。在中国，"皮书"这一概念被社会广泛接受，并被成功运作、发展成为一种全新的出版型态，则源于中国社会科学院社会科学文献出版社。

❖ 皮书定义 ❖

皮书是对中国与世界发展状况和热点问题进行年度监测，以专业的角度、专家的视野和实证研究方法，针对某一领域或区域现状与发展态势展开分析和预测，具备权威性、前沿性、原创性、实证性、时效性等特点的连续性公开出版物，由一系列权威研究报告组成。皮书系列是社会科学文献出版社编辑出版的蓝皮书、绿皮书、黄皮书等的统称。

❖ 皮书作者 ❖

皮书系列的作者以中国社会科学院、著名高校、地方社会科学院的研究人员为主，多为国内一流研究机构的权威专家学者，他们的看法和观点代表了学界对中国与世界的现实和未来最高水平的解读与分析。

❖ 皮书荣誉 ❖

皮书系列已成为社会科学文献出版社的著名图书品牌和中国社会科学院的知名学术品牌。2011年，皮书系列正式列入"十二五"国家重点图书出版规划项目；2012~2014年，重点皮书列入中国社会科学院承担的国家哲学社会科学创新工程项目；2015年，41种院外皮书使用"中国社会科学院创新工程学术出版项目"标识。

中国皮书网

www.pishu.cn

发布皮书研创资讯，传播皮书精彩内容
引领皮书出版潮流，打造皮书服务平台

栏目设置：

□ 资讯：皮书动态、皮书观点、皮书数据、
　　　　皮书报道、皮书发布、电子期刊

□ 标准：皮书评价、皮书研究、皮书规范

□ 服务：最新皮书、皮书书目、重点推荐、在线购书

□ 链接：皮书数据库、皮书博客、皮书微博、在线书城

□ 搜索：资讯、图书、研究动态、皮书专家、研创团队

　　中国皮书网依托皮书系列"权威、前沿、原创"的优质内容资源，通过文字、图片、音频、视频等多种元素，在皮书研创者、使用者之间搭建了一个成果展示、资源共享的互动平台。

　　自 2005 年 12 月正式上线以来，中国皮书网的 IP 访问量、PV 浏览量与日俱增，受到海内外研究者、公务人员、商务人士以及专业读者的广泛关注。

　　2008 年、2011 年中国皮书网均在全国新闻出版业网站荣誉评选中获得"最具商业价值网站"称号；2012 年，获得"出版业网站百强"称号。

　　2014 年，中国皮书网与皮书数据库实现资源共享，端口合一，将提供更丰富的内容，更全面的服务。

法 律 声 明

　　"皮书系列"（含蓝皮书、绿皮书、黄皮书）之品牌由社会科学文献出版社最早使用并持续至今，现已被中国图书市场所熟知。"皮书系列"的 LOGO（）与"经济蓝皮书""社会蓝皮书"均已在中华人民共和国国家工商行政管理总局商标局登记注册。"皮书系列"图书的注册商标专用权及封面设计、版式设计的著作权均为社会科学文献出版社所有。未经社会科学文献出版社书面授权许可，任何使用与"皮书系列"图书注册商标、封面设计、版式设计相同或者近似的文字、图形或其组合的行为均系侵权行为。

　　经作者授权，本书的专有出版权及信息网络传播权为社会科学文献出版社享有。未经社会科学文献出版社书面授权许可，任何就本书内容的复制、发行或以数字形式进行网络传播的行为均系侵权行为。

　　社会科学文献出版社将通过法律途径追究上述侵权行为的法律责任，维护自身合法权益。

　　欢迎社会各界人士对侵犯社会科学文献出版社上述权利的侵权行为进行举报。电话：010 - 59367121，电子邮箱：fawubu@ ssap. cn。

社会科学文献出版社

权威报告·热点资讯·特色资源

皮书数据库
ANNUAL REPORT(YEARBOOK)
DATABASE

当代中国与世界发展高端智库平台

S 子库介绍
ub-Database Introduction

中国经济发展数据库

涵盖宏观经济、农业经济、工业经济、产业经济、财政金融、交通旅游、商业贸易、劳动经济、企业经济、房地产经济、城市经济、区域经济等领域，为用户实时了解经济运行态势、把握经济发展规律、洞察经济形势、做出经济决策提供参考和依据。

中国社会发展数据库

全面整合国内外有关中国社会发展的统计数据、深度分析报告、专家解读和热点资讯构建而成的专业学术数据库。涉及宗教、社会、人口、政治、外交、法律、文化、教育、体育、文学艺术、医药卫生、资源环境等多个领域。

中国行业发展数据库

以中国国民经济行业分类为依据，跟踪分析国民经济各行业市场运行状况和政策导向，提供行业发展最前沿的资讯，为用户投资、从业及各种经济决策提供理论基础和实践指导。内容涵盖农业，能源与矿产业，交通运输业，制造业，金融业，房地产业，租赁和商务服务业，科学研究，环境和公共设施管理，居民服务业，教育，卫生和社会保障，文化、体育和娱乐业等100余个行业。

中国区域发展数据库

以特定区域内的经济、社会、文化、法治、资源环境等领域的现状与发展情况进行分析和预测。涵盖中部、西部、东北、西北等地区，长三角、珠三角、黄三角、京津冀、环渤海、合肥经济圈、长株潭城市群、关中一天水经济区、海峡经济区等区域经济体和城市圈，北京、上海、浙江、河南、陕西等34个省份及中国台湾地区。

中国文化传媒数据库

包括文化事业、文化产业、宗教、群众文化、图书馆事业、博物馆事业、档案事业、语言文字、文学、历史地理、新闻传播、广播电视、出版事业、艺术、电影、娱乐等多个子库。

世界经济与国际政治数据库

以皮书系列中涉及世界经济与国际政治的研究成果为基础，全面整合国内外有关世界经济与国际政治的统计数据、深度分析报告、专家解读和热点资讯构建而成的专业学术数据库。包括世界经济、世界政治、世界文化、国际社会、国际关系、国际组织、区域发展、国别发展等多个子库。

权威·前沿·原创

社会科学文献出版社

皮书系列

2015年

盘点年度资讯 预测时代前程

社会科学文献出版社 学术传播中心 编制

社会科学文献出版社
SOCIAL SCIENCES ACADEMIC PRESS (CHINA)

社会科学文献出版社成立于1985年，是直属于中国社会科学院的人文社会科学专业学术出版机构。

成立以来，特别是1998年实施第二次创业以来，依托于中国社会科学院丰厚的学术出版和专家学者两大资源，坚持"创社科经典，出传世文献"的出版理念和"权威、前沿、原创"的产品定位，社科文献立足内涵式发展道路，从战略层面推动学术出版的五大能力建设，逐步走上了学术产品的系列化、规模化、数字化、国际化、市场化经营道路。

先后策划出版了著名的图书品牌和学术品牌"皮书"系列、"列国志"、"社科文献精品译库"、"全球化译丛"、"气候变化与人类发展译丛"、"近世中国"等一大批既有学术影响又有市场价值的系列图书。形成了较强的学术出版能力和资源整合能力，年发稿5亿字，年出版图书1400余种，承印发行中国社科院院属期刊70余种。

依托于雄厚的出版资源整合能力，社会科学文献出版社长期以来一直致力于从内容资源和数字平台两个方面实现传统出版的再造，并先后推出了皮书数据库、列国志数据库、中国田野调查数据库等一系列数字产品。

在国内原创著作、国外名家经典著作大量出版，数字出版突飞猛进的同时，社会科学文献出版社在学术出版国际化方面也取得了不俗的成绩。先后与荷兰博睿等十余家国际出版机构合作面向海外推出了《经济蓝皮书》《社会蓝皮书》等十余种皮书的英文版、俄文版、日文版等。截至目前，社会科学文献出版社共推出各类学术著作的英文版、日文版、俄文版、韩文版、阿拉伯文版等共百余种。

此外，社会科学文献出版社积极与中央和地方各类媒体合作，联合大型书店、学术书店、机场书店、网络书店、图书馆，逐步构建起了强大的学术图书的内容传播力和社会影响力，学术图书的媒体曝光率居全国之首，图书馆藏率居于全国出版机构前十位。

上述诸多成绩的取得，有赖于一支以年轻的博士、硕士为主体，一批从中国社科院刚退出科研一线的各学科专家为支撑的300多位高素质的编辑、出版和营销队伍，为我们实现学术立社，以学术的品位、学术价值来实现经济效益和社会效益这样一个目标的共同努力。

作为已经开启第三次创业梦想的人文社会科学学术出版机构，社会科学文献出版社结合社会需求、自身的条件以及行业发展，提出了新的创业目标：精心打造人文社会科学成果推广平台，发展成为一家集图书、期刊、声像电子和数字出版物为一体，面向海内外高端读者和客户，具备独特竞争力的人文社会科学内容资源供应商和海内外知名的专业学术出版机构。

我们是图书出版者，更是人文社会科学内容资源供应商；

我们背靠中国社会科学院，面向中国与世界人文社会科学界，坚持为人文社会科学的繁荣与发展服务；

我们精心打造权威信息资源整合平台，坚持为中国经济与社会的繁荣与发展提供决策咨询服务；

我们以读者定位自身，立志让爱书人读到好书，让求知者获得知识；

我们精心编辑、设计每一本好书以形成品牌张力，以优秀的品牌形象服务读者，开拓市场；

我们始终坚持"创社科经典，出传世文献"的经营理念，坚持"权威、前沿、原创"的产品特色；

我们"以人为本"，提倡阳光下创业，员工与企业共享发展之成果；

我们立足于现实，认真对待我们的优势、劣势，我们更着眼于未来，以不断的学习与创新适应不断变化的世界，以不断的努力提升自己的实力；

我们愿与社会各界友好合作，共享人文社会科学发展之成果，共同推动中国学术出版乃至内容产业的繁荣与发展。

社会科学文献出版社社长
中国社会学会秘书长

2015 年 1 月

❖ 皮书起源 ❖

"皮书"起源于十七、十八世纪的英国，主要指官方或社会组织正式发表的重要文件或报告，多以"白皮书"命名。在中国，"皮书"这一概念被社会广泛接受，并被成功运作、发展成为一种全新的出版形态，则源于中国社会科学院社会科学文献出版社。

❖ 皮书定义 ❖

皮书是对中国与世界发展状况和热点问题进行年度监测，以专业的角度、专家的视野和实证研究方法，针对某一领域或区域现状与发展态势展开分析和预测，具备权威性、前沿性、原创性、实证性、时效性等特点的连续性公开出版物，由一系列权威研究报告组成。皮书系列是社会科学文献出版社编辑出版的蓝皮书、绿皮书、黄皮书等的统称。

❖ 皮书作者 ❖

皮书系列的作者以中国社会科学院、著名高校、地方社会科学院的研究人员为主，多为国内一流研究机构的权威专家学者，他们的看法和观点代表了学界对中国与世界的现实和未来最高水平的解读与分析。

❖ 皮书荣誉 ❖

皮书系列已成为社会科学文献出版社的著名图书品牌和中国社会科学院的知名学术品牌。2011年，皮书系列正式列入"十二五"国家重点出版规划项目；2012~2014年，重点皮书列入中国社会科学院承担的国家哲学社会科学创新工程项目；2015年，41种院外皮书使用"中国社会科学院创新工程学术出版项目"标识。

经 济 类

经济类皮书涵盖宏观经济、城市经济、大区域经济，
提供权威、前沿的分析与预测

经济蓝皮书

2015 年中国经济形势分析与预测

李 扬 / 主编　　2014 年 12 月出版　　定价 :69.00 元

◆　本书课题为"总理基金项目"，由著名经济学家李扬领衔，联合数十家科研机构、国家部委和高等院校的专家共同撰写，对 2014 年中国宏观及微观经济形势，特别是全球金融危机及其对中国经济的影响进行了深入分析，并且提出了 2015 年经济走势的预测。

城市竞争力蓝皮书

中国城市竞争力报告 No.13

倪鹏飞 / 主编　　2015 年 5 月出版　　估价 :89.00 元

◆　本书由中国社会科学院城市与竞争力研究中心主任倪鹏飞主持编写，汇集了众多研究城市经济问题的专家学者关于城市竞争力研究的最新成果。本报告构建了一套科学的城市竞争力评价指标体系，采用第一手数据材料，对国内重点城市年度竞争力格局变化进行客观分析和综合比较、排名，对研究城市经济及城市竞争力极具参考价值。

西部蓝皮书

中国西部发展报告（2015）

姚慧琴　徐璋勇 / 主编　　2015 年 7 月出版　　估价 :89.00 元

◆　本书由西北大学中国西部经济发展研究中心主编，汇集了源自西部本土以及国内研究西部问题的权威专家的第一手资料，对国家实施西部大开发战略进行年度动态跟踪，并对 2015 年西部经济、社会发展态势进行预测和展望。

中部蓝皮书

中国中部地区发展报告（2015）

喻新安 / 主编　　2015 年 5 月出版　　估价 :69.00 元

◆　本书敏锐地抓住当前中部地区经济发展中的热点、难点问题，紧密地结合国家和中部经济社会发展的重大战略转变，对中部地区经济发展的各个领域进行了深入、全面的分析研究，并提出了具有理论研究价值和可操作性强的政策建议。

世界经济黄皮书

2015 年世界经济形势分析与预测

王洛林　张宇燕 / 主编　　2014 年 12 月出版　　估价 :69.00 元

◆　本书为"十二五"国家重点图书出版规划项目，中国社会科学院创新工程学术出版资助项目，作者来自中国社会科学院世界经济与政治研究所。该书总结了 2014 年世界经济发展的热点问题，对 2015 年世界经济形势进行了分析与预测。

中国省域竞争力蓝皮书

中国省域经济综合竞争力发展报告（2015）

李建平　李闽榕　高燕京 / 主编　　2015 年 3 月出版　估价 :198.00 元

◆　本书充分运用数理分析、空间分析、规范分析与实证分析相结合、定性分析与定量分析相结合的方法，建立起比较科学完善、符合中国国情的省域经济综合竞争力指标评价体系及数学模型，对 2013~2014 年中国内地 31 个省、市、区的经济综合竞争力进行全面、深入、科学的总体评价与比较分析。

城市蓝皮书

中国城市发展报告 No.8

潘家华　魏后凯 / 主编　2015 年 9 月出版　　估价 :69.00 元

◆　本书由中国社会科学院城市发展与环境研究中心编著，从中国城市的科学发展、城市环境可持续发展、城市经济集约发展、城市社会协调发展、城市基础设施与用地管理、城市管理体制改革以及中国城市科学发展实践等多角度、全方位地立体展示了中国城市的发展状况，并对中国城市的未来发展提出了建议。

金融蓝皮书

中国金融发展报告（2015）

李　扬　王国刚／主编　2014年12月出版　估价：69.00元

◆　由中国社会科学院金融研究所组织编写的《中国金融发展报告（2015）》，概括和分析了2014年中国金融发展和运行中的各方面情况,研讨和评论了2014年发生的主要金融事件。本书由业内专家和青年精英联合编著,有利于读者了解掌握2014年中国的金融状况,把握2015年中国金融的走势。

低碳发展蓝皮书

中国低碳发展报告（2015）

齐　晔／主编　2015年3月出版　估价：89.00元

◆　本书对中国低碳发展的政策、行动和绩效进行科学、系统、全面的分析。重点是通过归纳中国低碳发展的绩效,评估与低碳发展相关的政策和措施,分析政策效应的制度背景和作用机制,为进一步的政策制定、优化和实施提供支持。

经济信息绿皮书

中国与世界经济发展报告（2015）

杜　平／主编　2014年12月出版　估价：79.00元

◆　本书由国家信息中心继续组织有关专家编撰。由国家信息中心组织专家队伍编撰,对2014年国内外经济发展环境、宏观经济发展趋势、经济运行中的主要矛盾、产业经济和区域经济热点、宏观调控政策的取向进行了系统的分析预测。

低碳经济蓝皮书

中国低碳经济发展报告（2015）

薛进军　赵忠秀／主编　2015年5月出版　估价：69.00元

◆　本书是以低碳经济为主题的系列研究报告,汇集了一批罗马俱乐部核心成员、IPCC工作组成员、碳排放理论的先驱者、政府气候变化问题顾问、低碳社会和低碳城市计划设计人等世界顶尖学者,对气候变化政策制定、特别是中国的低碳经济经济发展有特别参考意义。

社会政法类

社会政法类皮书聚焦社会发展领域的热点、难点问题，
提供权威、原创的资讯与视点

社会蓝皮书

2015 年中国社会形势分析与预测

李培林 陈光金 张 翼 / 主编   2014 年 12 月出版   定价 :69.00 元

◆   本报告是中国社会科学院"社会形势分析与预测"课题
组 2014 年度分析报告，由中国社会科学院社会学研究所组
织研究机构专家、高校学者和政府研究人员撰写。对 2014
年中国社会发展的各个方面内容进行了权威解读，同时对
2015 年社会形势发展趋势进行了预测。

法治蓝皮书

中国法治发展报告 No.13（2015）

李 林 田 禾 / 主编   2015 年 2 月出版   估价 :98.00 元

◆   本年度法治蓝皮书一如既往秉承关注中国法治发展进程
中的焦点问题的特点，回顾总结了 2014 年度中国法治发展
取得的成就和存在的不足，并对 2015 年中国法治发展形势
进行了预测和展望。

环境绿皮书

中国环境发展报告（2015）

刘鉴强 / 主编   2015 年 5 月出版   估价 :79.00 元

◆   本书由民间环保组织"自然之友"组织编写，由特别关
注、生态保护、宜居城市、可持续消费以及政策与治理等版
块构成，以公共利益的视角记录、审视和思考中国环境状况，
呈现 2014 年中国环境与可持续发展领域的全局态势，用深刻
的思考、科学的数据分析 2014 年的环境热点事件。

反腐倡廉蓝皮书

中国反腐倡廉建设报告 No.4

李秋芳　张英伟／主编　2014 年 12 月出版　　定价：79.00 元

◆　本书抓住了若干社会热点和焦点问题，全面反映了新时期新阶段中国反腐倡廉面对的严峻局面，以及中国共产党反腐倡廉建设的新实践新成果。根据实地调研、问卷调查和舆情分析，梳理了当下社会普遍关注的与反腐败密切相关的热点问题。

女性生活蓝皮书

中国女性生活状况报告 No.9（2015）

韩湘景／主编　2015 年 4 月出版　估价：79.00 元

◆　本书由中国妇女杂志社、华坤女性生活调查中心和华坤女性消费指导中心组织编写，通过调查获得的大量调查数据，真实展现当年中国城市女性的生活状况、消费状况及对今后的预期。

华侨华人蓝皮书

华侨华人研究报告 (2015)

贾益民／主编　2015 年 12 月出版　估价：118.00 元

◆　本书为中国社会科学院创新工程学术出版资助项目，是华侨大学向世界提供最新涉侨动态、理论研究和政策建议的平台。主要介绍了相关国家华侨华人的规模、分布、结构、发展趋势，以及全球涉侨生存安全环境和华文教育情况等。

政治参与蓝皮书

中国政治参与报告（2015）

房　宁／主编　2015 年 7 月出版　估价：105.00 元

◆　本书作者均来自中国社会科学院政治学研究所，聚焦中国基层群众自治的参与情况介绍了城镇居民的社区建设与居民自治参与和农村居民的村民自治与农村社区建设参与情况。其优势是其指标评估体系的建构和问卷调查的设计专业，数据量丰富，统计结论科学严谨。

行业报告类

行业报告类皮书立足重点行业、新兴行业领域，
提供及时、前瞻的数据与信息

房地产蓝皮书

中国房地产发展报告 No.12（2015）

魏后凯　李景国／主编　　2015 年 5 月出版　　估价：79.00 元

◆　本书汇集了众多研究城市房地产经济问题的专家、学者关于城市房地产方面的最新研究成果。对 2014 年我国房地产经济发展状况进行了回顾，并做出了分析，全面翔实而又客观公正，同时，也对未来我国房地产业的发展形势做出了科学的预测。

保险蓝皮书

中国保险业竞争力报告（2015）

姚庆海　王　力／主编　2015 年 12 出版　　估价：98.00 元

◆　本皮书主要为监管机构、保险行业和保险学界提供保险市场一年来发展的总体评价，外在因素对保险业竞争力发展的影响研究；国家监管政策、市场主体经营创新及职能发挥、理论界最新研究成果等综述和评论。

企业社会责任蓝皮书

中国企业社会责任研究报告（2015）

黄群慧　彭华岗　钟宏武　张　蒽／编著
2015 年 11 月出版　估价：69.00 元

◆　本书系中国社会科学院经济学部企业社会责任研究中心组织编写的《企业社会责任蓝皮书》2015 年分册。该书在对企业社会责任进行宏观总体研究的基础上，根据 2014 年企业社会责任及相关背景进行了创新研究，在全国企业中观层面对企业健全社会责任管理体系提供了弥足珍贵的丰富信息。

投资蓝皮书

中国投资发展报告（2015）

杨庆蔚／主编　　2015年4月出版　　估价：128.00元

◆　　本书是中国建银投资有限责任公司在投资实践中对中国投资发展的各方面问题进行深入研究和思考后的成果。投资包括固定资产投资、实业投资、金融产品投资、房地产投资等诸多领域，尝试将投资作为一个整体进行研究，能够较为清晰地展现社会资金流动的特点，为投资者、研究者、甚至政策制定者提供参考。

住房绿皮书

中国住房发展报告（2014~2015）

倪鹏飞／主编　　2014年12月出版　　估价：79.00元

◆　　本报告从宏观背景、市场主体、市场体系、公共政策和年度主题五个方面，对中国住宅市场体系做了全面系统的分析、预测与评价，并给出了相关政策建议，并在评述2013~2014年住房及相关市场走势的基础上，预测了2014~2015年住房及相关市场的发展变化。

人力资源蓝皮书

中国人力资源发展报告（2015）

余兴安／主编　　2015年9月出版　　估价：79.00元

◆　　本书是在人力资源和社会保障部部领导的支持下，由中国人事科学研究院汇集我国人力资源开发权威研究机构的诸多专家学者的研究成果编写而成。作为关于人力资源的蓝皮书，本书通过充分利用有关研究成果，更广泛、更深入地展示近年来我国人力资源开发重点领域的研究成果。

汽车蓝皮书

中国汽车产业发展报告（2015）

国务院发展研究中心产业经济研究部 中国汽车工程学会
大众汽车集团（中国）／主编　2015年7月出版　　估价：128.00元

◆　　本书由国务院发展研究中心产业经济研究部、中国汽车工程学会、大众汽车集团（中国）联合主编，是关于中国汽车产业发展的研究性年度报告，介绍并分析了本年度中国汽车产业发展的形势。

国别与地区类

国别与地区类皮书关注全球重点国家与地区，提供全面、独特的解读与研究

亚太蓝皮书

亚太地区发展报告（2015）

李向阳 / 主编　　2015年1月出版　　估价：59.00元

◆　本书是由中国社会科学院亚太与全球战略研究院精心打造的品牌皮书，关注时下亚太地区局势发展动向里隐藏的中长趋势，剖析亚太地区政治与安全格局下的区域形势最新动向以及地区关系发展的热点问题，并对2015年亚太地区重大动态做出前瞻性的分析与预测。

日本蓝皮书

日本研究报告（2015）

李　薇 / 主编　　2015年3月出版　　估价：69.00元

◆　本书由中华日本学会、中国社会科学院日本研究所合作推出，是以中国社会科学院日本研究所的研究人员为主完成的研究成果。对2014年日本的政治、外交、经济、社会文化作了回顾、分析与展望，并收录了该年度日本大事记。

德国蓝皮书

德国发展报告（2015）

郑春荣　伍慧萍 / 主编　　2015年6月出版　　估价：69.00元

◆　本报告由同济大学德国研究所组织编撰，由该领域的专家学者对德国的政治、经济、社会文化、外交等方面的形势发展情况，进行全面的阐述与分析。德国作为欧洲大陆第一强国，与中国各方面日渐紧密的合作关系，值得国内各界深切关注。

国际形势黄皮书

全球政治与安全报告（2015）

李慎明　张宇燕 / 主编　2014 年 12 月出版　估价 :69.00 元

◆　本书为"十二五"国家重点图书出版规划项目、中国社会科学院创新工程学术出版资助项目，为"国际形势黄皮书"系列年度报告之一。报告旨在对本年度国际政治及安全形势的总体情况和变化进行回顾与分析，并提出一定的预测。

拉美黄皮书

拉丁美洲和加勒比发展报告（2014~2015）

吴白乙 / 主编　2015 年 4 月出版　估价 :89.00 元

◆　本书是中国社会科学院拉丁美洲研究所的第 14 份关于拉丁美洲和加勒比地区发展形势状况的年度报告。 本书对2014 年拉丁美洲和加勒比地区诸国的政治、经济、社会、外交等方面的发展情况做了系统介绍，对该地区相关国家的热点及焦点问题进行了总结和分析，并在此基础上对该地区各国 2015 年的发展前景做出预测。

美国蓝皮书

美国研究报告（2015）

黄　平　郑秉文 / 主编　2015 年 7 月出版　估价 :89.00 元

◆　本书是由中国社会科学院美国所主持完成的研究成果，它回顾了美国 2014 年的经济、政治形势与外交战略，对2014 年以来美国内政外交发生的重大事件以及重要政策进行了较为全面的回顾和梳理。

大湄公河次区域蓝皮书

大湄公河次区域合作发展报告（2015）

刘　稚 / 主编　2015 年 9 月出版　估价 :79.00 元

◆　云南大学大湄公河次区域研究中心深入追踪分析该区域发展动向，以把握全面，突出重点为宗旨，系统介绍和研究大湄公河次区域合作的年度热点和重点问题，展望次区域合作的发展趋势，并对新形势下我国推进次区域合作深入发展提出相关对策建议。

地方发展类

地方发展类皮书关注大陆各省份、经济区域，提供科学、多元的预判与咨政信息

北京蓝皮书

北京公共服务发展报告（2014~2015）

施昌奎／著　　2015年2月出版　估价：69.00元

◆　本书是由北京市政府职能部门的领导、首都著名高校的教授、知名研究机构的专家共同完成的关于北京市公共服务发展与创新的研究成果。内容涉及了北京市公共服务发展的方方面面，既有综述性的总报告，也有细分的情况介绍，既有对北京各个城区的综合性描述，也有对局部、细部、具体问题的分析，对年度热点问题也都有涉及。

上海蓝皮书

上海经济发展报告（2015）

沈开艳／主编　　2015年1月出版　估价：69.00元

◆　本书系上海社会科学院系列之一，报告对2015年上海经济增长与发展趋势的进行了预测，把握了上海经济发展的脉搏和学术研究的前沿。

广州蓝皮书

广州经济发展报告（2015）

李江涛　朱名宏／主编　　2015年5月出版　估价：69.00元

◆　本书是由广州市社会科学院主持编写的"广州蓝皮书"系列之一，本报告对广州2014年宏观经济运行情况作了深入分析，对2015年宏观经济走势进行了合理预测，并在此基础上提出了相应的政策建议。

文 化 传 媒 类

文化传媒类皮书透视文化领域、文化产业，
探索文化大繁荣、大发展的路径

新媒体蓝皮书

中国新媒体发展报告 No.5（2015）

唐绪军 / 主编　　2015 年 6 月出版　　估价 :79.00 元

◆　本书由中国社会科学院新闻与传播研究所和上海大学合作编写，在构建新媒体发展研究基本框架的基础上，全面梳理2014 年中国新媒体发展现状，发表最前沿的网络媒体深度调查数据和研究成果，并对新媒体发展的未来趋势做出预测。

舆情蓝皮书

中国社会舆情与危机管理报告（2015）

谢耘耕 / 主编　　2015 年 8 月出版　　估价 :98.00 元

◆　本书由上海交通大学舆情研究实验室和危机管理研究中心主编，已被列入教育部人文社会科学研究报告培育项目。本书以新媒体环境下的中国社会为立足点，对2014 年中国社会舆情、分类舆情等进行了深入系统的研究，并预测了 2015 年社会舆情走势。

文化蓝皮书

中国文化产业发展报告（2015）

张晓明 王家新 章建刚 / 主编　　2015 年 4 月出版　　估价 :79.00 元

◆　本书由中国社会科学院文化研究中心编写。从 2012 年开始，中国社会科学院文化研究中心设立了国内首个文化产业的研究类专项资金——"文化产业重大课题研究计划"，开始在全国范围内组织多学科专家学者对我国文化产业发展重大战略问题进行联合攻关研究。本书集中反映了该计划的研究成果。

经济类

G20国家创新竞争力黄皮书
二十国集团（G20）国家创新竞争力发展报告（2015）
著(编)者：黄茂兴 李闽榕 李建平 赵新力
2015年9月出版 / 估价：128.00元

产业蓝皮书
中国产业竞争力报告（2015）
著(编)者：张其仔 2015年5月出版 / 估价：79.00元

长三角蓝皮书
2015年全面深化改革中的长三角
著(编)者：张伟斌 2015年1月出版 / 估价：69.00元

城乡一体化蓝皮书
中国城乡一体化发展报告（2015）
著(编)者：付崇兰 汝信 2015年12月出版 / 估价：79.00元

城市创新蓝皮书
中国城市创新报告（2015）
著(编)者：周天勇 旷建伟 2015年8月出版 / 估价：69.00元

城市竞争力蓝皮书
中国城市竞争力报告（2015）
著(编)者：倪鹏飞 2015年5月出版 / 估价：89.00元

城市蓝皮书
中国城市发展报告NO.8
著(编)者：潘家华 魏后凯 2015年9月出版 / 估价：69.00元

城市群蓝皮书
中国城市群发展指数报告（2015）
著(编)者：刘新静 刘士林 2015年1月出版 / 估价：59.00元

城乡统筹蓝皮书
中国城乡统筹发展报告（2015）
著(编)者：潘晨光 程志强 2015年3月出版 / 估价：59.00元

城镇化蓝皮书
中国新型城镇化健康发展报告（2015）
著(编)者：张占斌 2015年5月出版 / 估价：79.00元

低碳发展蓝皮书
中国低碳发展报告（2015）
著(编)者：齐晔 2015年3月出版 / 估价：89.00元

低碳经济蓝皮书
中国低碳经济发展报告（2015）
著(编)者：薛进军 赵忠秀 2015年5月出版 / 估价：69.00元

东北蓝皮书
中国东北地区发展报告（2015）
著(编)者：马克 黄文艺 2015年8月出版 / 估价：79.00元

发展和改革蓝皮书
中国经济发展和体制改革报告（2015）
著(编)者：邹东涛 2015年11月出版 / 估价：98.00元

工业化蓝皮书
中国工业化进程报告（2015）
著(编)者：黄群慧 吕铁 李晓华 2015年11月出版 / 估价：89.00元

国际城市蓝皮书
国际城市发展报告（2015）
著(编)者：屠启宇 2015年1月出版 / 估价：69.00元

国家创新蓝皮书
中国创新发展报告（2015）
著(编)者：陈劲 2015年6月出版 / 估价：59.00元

环境竞争力绿皮书
中国省域环境竞争力发展报告（2015）
著(编)者：李闽榕 李建平 王金南
2015年12月出版 / 估价：148.00元

金融蓝皮书
中国金融发展报告（2015）
著(编)者：李扬 王国刚 2014年12月出版 / 估价：69.00元

金融信息服务蓝皮书
金融信息服务发展报告（2015）
著(编)者：鲁广锦 殷剑峰 林义相 2015年6月出版 / 估价：89.00元

经济蓝皮书
2015年中国经济形势分析与预测
著(编)者：李扬 2014年12月出版 / 定价：69.00元

经济蓝皮书·春季号
2015年中国经济前景分析
著(编)者：李扬 2015年5月出版 / 估价：79.00元

经济蓝皮书·夏季号
中国经济增长报告（2015）
著(编)者：李扬 2015年7月出版 / 估价：69.00元

经济信息绿皮书
中国与世界经济发展报告（2015）
著(编)者：杜平 2014年12月出版 / 估价：79.00元

就业蓝皮书
2015年中国大学生就业报告
著(编)者：麦可思研究院 2015年6月出版 / 估价：98.00元

临空经济蓝皮书
中国临空经济发展报告（2015）
著(编)者：连玉明 2015年9月出版 / 估价：79.00元

民营经济蓝皮书
中国民营经济发展报告（2015）
著(编)者：王钦敏 2015年12月出版 / 估价：79.00元

农村绿皮书
中国农村经济形势分析与预测（2014~2015）
著(编)者：中国社会科学院农村发展研究所
国家统计局农村社会经济调查司
2015年4月出版 / 估价：69.00元

农业应对气候变化蓝皮书
气候变化对中国农业影响评估报告（2015）
著(编)者：矫梅燕 2015年8月出版 / 估价：98.00元

企业公民蓝皮书
中国企业公民报告（2015）
著(编)者:邹东涛   2015年12月出版 / 估价:79.00元

气候变化绿皮书
应对气候变化报告（2015）
著(编)者:王伟光 郑国光   2015年10月出版 / 估价:79.00元

区域蓝皮书
中国区域经济发展报告（2015）
著(编)者:梁昊光   2015年4月出版 / 估价:79.00元

全球环境竞争力绿皮书
全球环境竞争力报告（2015）
著(编)者:李建建 李闽榕 李建平 王金南
2015年12月出版 / 估价:198.00元

人口与劳动绿皮书
中国人口与劳动问题报告（2015）
著(编)者:蔡昉   2015年11月出版 / 估价:59.00元

世界经济黄皮书
2015年世界经济形势分析与预测
著(编)者:王洛林 张宇燕   2014年12月出版 / 估价:69.00元

世界旅游城市绿皮书
世界旅游城市发展报告（2015）
著(编)者:鲁勇 周正宇 宋宇   2015年6月出版 / 估价:88.00元

西北蓝皮书
中国西北发展报告（2015）
著(编)者:张进海 陈冬红 段庆林   2014年12月出版 / 估价:69.00元

西部蓝皮书
中国西部发展报告（2015）
著(编)者:姚慧琴 徐璋勇   2015年7月出版 / 估价:89.00元

新型城镇化蓝皮书
新型城镇化发展报告（2015）
著(编)者:李伟   2015年10月出版 / 估价:89.00元

新兴经济体蓝皮书
金砖国家发展报告（2015）
著(编)者:林跃勤 周文   2015年7月出版 / 估价:79.00元

中部竞争力蓝皮书
中国中部经济社会竞争力报告（2015）
著(编)者:教育部人文社会科学重点研究基地
南昌大学中国中部经济社会发展研究中心
2015年9月出版 / 估价:79.00元

中部蓝皮书
中国中部地区发展报告（2015）
著(编)者:喻新安   2015年5月出版 / 估价:69.00元

中国省域竞争力蓝皮书
中国省域经济综合竞争力发展报告（2015）
著(编)者:李建平 李闽榕 高燕京
2015年3月出版 / 估价:198.00元

中三角蓝皮书
长江中游城市群发展报告（2015）
著(编)者:秦尊文   2015年1月出版 / 估价:69.00元

中小城市绿皮书
中国中小城市发展报告（2015）
著(编)者:中国城市经济学会中小城市经济发展委员会
《中国中小城市发展报告》编纂委员会
中小城市发展战略研究院
2015年1月出版 / 估价:98.00元

中央商务区蓝皮书
中国中央商务区发展报告（2015）
著(编)者:中国商务区联盟
中国社会科学院城市发展与环境研究所
2015年10月出版 / 估价:69.00元

中原蓝皮书
中原经济区发展报告（2015）
著(编)者:李英杰   2015年6月出版 / 估价:88.00元

社会政法类

北京蓝皮书
中国社区发展报告（2015）
著(编)者:于燕燕   2015年6月出版 / 估价:69.00元

殡葬绿皮书
中国殡葬事业发展报告（2015）
著(编)者:李伯森   2015年3月出版 / 估价:59.00元

城市管理蓝皮书
中国城市管理报告（2015）
著(编)者:谭维克 刘林   2015年10月出版 / 估价:158.00元

城市生活质量蓝皮书
中国城市生活质量报告（2015）
著(编)者:中国经济实验研究院   2015年6月出版 / 估价:59.00元

城市政府能力蓝皮书
中国城市政府公共服务能力评估报告（2015）
著(编)者:何艳玲   2015年7月出版 / 估价:59.00元

创新蓝皮书
创新型国家建设报告（2015）
著(编)者:詹正茂   2015年3月出版 / 估价:69.00元

慈善蓝皮书
中国慈善发展报告（2015）
著(编)者:杨团　2015年5月出版 / 估价:79.00元

大学生蓝皮书
中国大学生生活形态研究报告（2015）
著(编)者:张新洲　2015年12月出版 / 估价:69.00元

法治蓝皮书
中国法治发展报告No.13（2015）
著(编)者:李林　田禾　2015年2月出版 / 估价:98.00元

反腐倡廉蓝皮书
中国反腐倡廉建设报告No.4
著(编)者:李秋芳　张英伟　2014年12月出版 / 定价:79.00元

非传统安全蓝皮书
中国非传统安全研究报告（2015）
著(编)者:余潇枫　魏志江　2015年6月出版 / 估价:79.00元

妇女发展蓝皮书
中国妇女发展报告（2015）
著(编)者:王金玲　2015年9月出版 / 估价:148.00元

妇女教育蓝皮书
中国妇女教育发展报告（2015）
著(编)者:张李玺　2015年1月出版 / 估价:78.00元

妇女绿皮书
中国性别平等与妇女发展报告（2015）
著(编)者:谭琳　2015年12月出版 / 估价:99.00元

公共服务蓝皮书
中国城市基本公共服务力评价（2015）
著(编)者:钟君　吴正杲　2015年12月出版 / 估价:79.00元

公共服务满意度蓝皮书
中国城市公共服务评价报告（2015）
著(编)者:胡伟　2015年12月出版 / 估价:69.00元

公民科学素质蓝皮书
中国公民科学素质报告（2015）
著(编)者:李群　许佳军　2015年6月出版 / 估价:79.00元

公益蓝皮书
中国公益发展报告（2015）
著(编)者:朱健刚　2015年5月出版 / 估价:78.00元

管理蓝皮书
中国管理发展报告（2015）
著(编)者:张晓东　2015年9月出版 / 估价:98.00元

国际人才蓝皮书
中国国际移民报告（2015）
著(编)者:王辉耀　2015年1月出版 / 估价:79.00元

国际人才蓝皮书
中国海归发展报告（2015）
著(编)者:王辉耀　苗绿　2015年1月出版 / 估价:69.00元

国际人才蓝皮书
中国留学发展报告（2015）
著(编)者:王辉耀　苗绿　2015年9月出版 / 估价:69.00元

国家安全蓝皮书
中国国家安全研究报告（2015）
著(编)者:刘慧　2015年5月出版 / 估价:98.00元

行政改革蓝皮书
中国行政体制改革报告（2014~2015）
著(编)者:魏礼群　2015年3月出版 / 估价:89.00元

华侨华人蓝皮书
华侨华人研究报告（2015）
著(编)者:贾益民　2015年12月出版 / 估价:118.00元

环境绿皮书
中国环境发展报告（2015）
著(编)者:刘鉴强　2015年5月出版 / 估价:79.00元

基金会蓝皮书
中国基金会发展报告（2015）
著(编)者:刘忠祥　2015年6月出版 / 估价:69.00元

基金会绿皮书
中国基金会发展独立研究报告（2015）
著(编)者:基金会中心网　2015年8月出版 / 估价:88.00元

基金会透明度蓝皮书
中国基金会透明度发展研究报告（2015）
著(编)者:基金会中心网　清华大学廉政与治理研究中心
2015年9月出版 / 估价:78.00元

教师蓝皮书
中国中小学教师发展报告（2015）
著(编)者:曾晓东　2015年7月出版 / 估价:59.00元

教育蓝皮书
中国教育发展报告（2015）
著(编)者:杨东平　2015年5月出版 / 估价:79.00元

科普蓝皮书
中国科普基础设施发展报告（2015）
著(编)者:任福君　2015年6月出版 / 估价:59.00元

劳动保障蓝皮书
中国劳动保障发展报告（2015）
著(编)者:刘燕斌　2015年6月出版 / 估价:89.00元

老龄蓝皮书
中国老年宜居环境发展报告(2015)
著(编)者:吴玉韶　2015年9月出版 / 估价:79.00元

连片特困区蓝皮书
中国连片特困区发展报告（2015）
著(编)者:冷志明　游俊　2015年3月出版 / 估价:79.00元

民间组织蓝皮书
中国民间组织报告(2015)
著(编)者:潘晨光　黄晓勇　2015年8月出版 / 估价:69.00元

民调蓝皮书
中国民生调查报告（2015）
著(编)者:谢耘耕　2015年5月出版 / 估价:128.00元

民族发展蓝皮书
中国民族区域自治发展报告（2015）
著(编)者:王希恩 郝时远　2015年6月出版 / 估价:98.00元

女性生活蓝皮书
中国女性生活状况报告No.9（2015）
著(编)者:《中国妇女》杂志社 华坤女性生活调查中心
华坤女性消费指导中心
2015年4月出版 / 估价:79.00元

企业国际化蓝皮书
中国企业国际化报告(2015)
著(编)者:王辉耀　2015年10月出版 / 估价:79.00元

汽车社会蓝皮书
中国汽车社会发展报告（2015）
著(编)者:王俊秀　2015年1月出版 / 估价:59.00元

青年蓝皮书
中国青年发展报告No.3
著(编)者:廉思　2015年4月出版 / 估价:59.00元

区域人才蓝皮书
中国区域人才竞争力报告（2015）
著(编)者:桂昭明 王辉耀　2015年6月出版 / 估价:69.00元

群众体育蓝皮书
中国群众体育发展报告（2015）
著(编)者:刘国永 杨桦　2015年8月出版 / 估价:69.00元

人才蓝皮书
中国人才发展报告（2015）
著(编)者:潘晨光　2015年8月出版 / 估价:85.00元

人权蓝皮书
中国人权事业发展报告（2015）
著(编)者:中国人权研究会　2015年8月出版 / 估价:99.00元

森林碳汇绿皮书
中国森林碳汇评估发展报告（2015）
著(编)者:闫文德 胡文臻　2015年9月出版 / 估价:79.00元

社会保障绿皮书
中国社会保障发展报告（2015）
著(编)者:王延中　2015年6月出版 / 估价:79.00元

社会工作蓝皮书
中国社会工作发展报告（2015）
著(编)者:民政部社会工作研究中心
2015年8月出版 / 估价:79.00元

社会管理蓝皮书
中国社会管理创新报告（2015）
著(编)者:连玉明　2015年9月出版 / 估价:89.00元

社会蓝皮书
2015年中国社会形势分析与预测
著(编)者:李培林 陈光金 张翼
2014年12月出版 / 定价:69.00元

社会体制蓝皮书
中国社会体制改革报告（2015）
著(编)者:龚维斌　2015年5月出版 / 估价:79.00元

社会心态蓝皮书
中国社会心态研究报告（2015）
著(编)者:王俊秀 杨宜音　2015年10月出版 / 估价:69.00元

社会组织蓝皮书
中国社会组织评估发展报告（2015）
著(编)者:徐家良 廖鸿　2015年12月出版 / 估价:69.00元

生态城市绿皮书
中国生态城市建设发展报告（2015）
著(编)者:刘举科 孙伟平 胡文臻
2015年6月出版 / 估价:98.00元

生态文明绿皮书
中国省域生态文明建设评价报告（ECI 2015）
著(编)者:严耕　2015年9月出版 / 估价:85.00元

世界社会主义黄皮书
世界社会主义跟踪研究报告（2015）
著(编)者:李慎明　2015年3月出版 / 估价:198.00元

水与发展蓝皮书
中国水风险评估报告（2015）
著(编)者:王浩　2015年9月出版 / 估价:69.00元

土地整治蓝皮书
中国土地整治发展研究报告No.2
著(编)者:国土资源部土地整治中心　2015年5月出版 / 估价:89.00元

危机管理蓝皮书
中国危机管理报告（2015）
著(编)者:文学国　2015年8月出版 / 估价:89.00元

形象危机应对蓝皮书
形象危机应对研究报告（2015）
著(编)者:唐钧　2015年6月出版 / 估价:149.00元

医改蓝皮书
中国医药卫生体制改革报告（2015～2016）
著(编)者:文学国 房志武　2015年12月出版 / 估价:79.00元

医疗卫生绿皮书
中国医疗卫生发展报告（2015）
著(编)者:申宝忠 韩玉珍　2015年4月出版 / 估价:75.00元

应急管理蓝皮书
中国应急管理报告（2015）
著(编)者:宋英华　2015年10月出版 / 估价:69.00元

政治参与蓝皮书
中国政治参与报告（2015）
著(编)者:房宁　2015年7月出版 / 估价:105.00元

政治发展蓝皮书
中国政治发展报告（2015）
著(编)者:房宁 杨海蛟　2015年5月出版 / 估价:88.00元

中国农村妇女发展蓝皮书
流动女性城市融入发展报告（2015）
著(编)者:谢丽华　2015年11月出版 / 估价:69.00元

宗教蓝皮书
中国宗教报告（2015）
著(编)者:金泽 邱永辉　2015年9月出版 / 估价:59.00元

行业报告类

保险蓝皮书
中国保险业竞争力报告（2015）
著(编)者:王力　2015年12月出版 / 估价:98.00元

彩票蓝皮书
中国彩票发展报告（2015）
著(编)者:益彩基金　2015年10月出版 / 估价:69.00元

餐饮产业蓝皮书
中国餐饮产业发展报告（2015）
著(编)者:邢颖　2015年6月出版 / 估价:69.00元

测绘地理信息蓝皮书
智慧中国地理空间智能体系研究报告（2015）
著(编)者:徐德明　2015年1月出版 / 估价:98.00元

茶业蓝皮书
中国茶产业发展报告（2015）
著(编)者:杨江帆　李闽榕　2015年1月出版 / 估价:78.00元

产权市场蓝皮书
中国产权市场发展报告（2015）
著(编)者:曹和平　2015年12月出版 / 估价:79.00元

电子政务蓝皮书
中国电子政务发展报告（2014~2015）
著(编)者:洪毅　杜平　2015年2月出版 / 估价:79.00元

杜仲产业绿皮书
中国杜仲橡胶资源与产业发展报告（2015）
著(编)者:胡文臻　杜红岩　俞锐
2015年9月出版 / 估价:98.00元

房地产蓝皮书
中国房地产发展报告No.12（2015）
著(编)者:魏后凯　李景国　2015年5月出版 / 估价:79.00元

服务外包蓝皮书
中国服务外包产业发展报告（2015）
著(编)者:王晓红　刘德军　2015年6月出版 / 估价:89.00元

工业设计蓝皮书
中国工业设计发展报告（2015）
著(编)者:王晓红　于炜　张立群　2015年9月出版 / 估价:138.00元

互联网金融蓝皮书
中国互联网金融发展报告（2015）
著(编)者:芮晓武　刘烈宏　2015年8月出版 / 估价:79.00元

会展蓝皮书
中外会展业动态评估年度报告（2015）
著(编)者:张敏　2015年1月出版 / 估价:78.00元

金融监管蓝皮书
中国金融监管报告（2015）
著(编)者:胡滨　2015年5月出版 / 估价:69.00元

金融蓝皮书
中国商业银行竞争力报告（2015）
著(编)者:王松奇　2015年12月出版 / 估价:69.00元

客车蓝皮书
中国客车产业发展报告（2015）
著(编)者:姚蔚　2015年12月出版 / 估价:85.00元

老龄蓝皮书
中国老年宜居环境发展报告（2015）
著(编)者:吴玉韶　党俊武　2015年9月出版 / 估价:79.00元

流通蓝皮书
中国商业发展报告（2015）
著(编)者:荆林波　2015年5月出版 / 估价:89.00元

旅游安全蓝皮书
中国旅游安全报告（2015）
著(编)者:郑向敏　谢朝武　2015年5月出版 / 估价:98.00元

旅游景区蓝皮书
中国旅游景区发展报告（2015）
著(编)者:黄安民　2015年7月出版 / 估价:79.00元

旅游绿皮书
2015年中国旅游发展分析与预测
著(编)者:宋瑞　2015年1月出版 / 估价:79.00元

煤炭蓝皮书
中国煤炭工业发展报告（2015）
著(编)者:岳福斌　2015年12月出版 / 估价:79.00元

民营医院蓝皮书
中国民营医院发展报告（2015）
著(编)者:庄一强　2015年10月出版 / 估价:75.00元

闽商蓝皮书
闽商发展报告（2015）
著(编)者:王日根　李闽榕　2015年12月出版 / 估价:69.00元

能源蓝皮书
中国能源发展报告（2015）
著(编)者:崔民选　王军生　2015年8月出版 / 估价:79.00元

农产品流通蓝皮书
中国农产品流通产业发展报告（2015）
著(编)者:贾敬敦　张东科　张玉玺　孔令羽　张鹏毅
2015年9月出版 / 估价:89.00元

企业蓝皮书
中国企业竞争力报告（2015）
著(编)者:金碚　2015年11月出版 / 估价:89.00元

企业社会责任蓝皮书
中国企业社会责任研究报告（2015）
著(编)者:黄群慧　彭华岗　钟宏武　张蒽
2015年11月出版 / 估价:69.00元

汽车安全蓝皮书
中国汽车安全发展报告（2015）
著(编)者:中国汽车技术研究中心　2015年4月出版 / 估价:79.00元

汽车蓝皮书
中国汽车产业发展报告（2015）
著(编)者:国务院发展研究中心产业经济研究部
　　　中国汽车工程学会 大众汽车集团（中国）
2015年7月出版 / 估价:128.00元

清洁能源蓝皮书
国际清洁能源发展报告（2015）
著(编)者:国际清洁能源论坛（澳门）
2015年9月出版 / 估价:89.00元

人力资源蓝皮书
中国人力资源发展报告（2015）
著(编)者:余兴安　2015年9月出版 / 估价:79.00元

软件和信息服务业蓝皮书
中国软件和信息服务业发展报告（2015）
著(编)者:陈新河　洪京一　2015年12月出版 / 估价:198.00元

上市公司蓝皮书
上市公司质量评价报告（2015）
著(编)者:张跃文 王力　2015年10月出版 / 估价:118.00元

食品药品蓝皮书
食品药品安全与监管政策研究报告（2015）
著(编)者:唐民皓　2015年7月出版 / 估价:69.00元

世界能源蓝皮书
世界能源发展报告（2015）
著(编)者:黄晓勇　2015年6月出版 / 估价:99.00元

碳市场蓝皮书
中国碳市场报告（2015）
著(编)者:低碳发展国际合作联盟
2015年11月出版 / 估价:69.00元

体育蓝皮书
中国体育产业发展报告（2015）
著(编)者:阮伟 钟秉枢　2015年4月出版 / 估价:69.00元

投资蓝皮书
中国投资发展报告（2015）
著(编)者:杨庆蔚　2015年4月出版 / 估价:128.00元

物联网蓝皮书
中国物联网发展报告（2015）
著(编)者:黄桂田　2015年1月出版 / 估价:59.00元

西部工业蓝皮书
中国西部工业发展报告（2015）
著(编)者:方行明 甘犁 刘方健 姜凌 等
2015年9月出版 / 估价:79.00元

西部金融蓝皮书
中国西部金融发展报告（2015）
著(编)者:李忠民　2015年8月出版 / 估价:75.00元

新能源汽车蓝皮书
中国新能源汽车产业发展报告（2015）
著(编)者:中国汽车技术研究中心
　　　日产（中国）投资有限公司 东风汽车有限公司
2015年8月出版 / 估价:69.00元

信托市场蓝皮书
中国信托业市场报告（2015）
著(编)者:李旸　2015年1月出版 / 估价:198.00元

信息产业蓝皮书
世界软件和信息技术产业发展报告（2015）
著(编)者:洪京一　2015年8月出版 / 估价:79.00元

信息化蓝皮书
中国信息化形势分析与预测（2015）
著(编)者:周宏仁　2015年8月出版 / 估价:98.00元

信用蓝皮书
中国信用发展报告（2015）
著(编)者:田侃　2015年4月出版 / 估价:69.00元

休闲绿皮书
2015年中国休闲发展报告
著(编)者:刘德谦　2015年6月出版 / 估价:59.00元

医药蓝皮书
中国中医药产业园战略发展报告（2015）
著(编)者:裴长洪 房书亭 吴篠心　2015年3月出版 / 估价:89.00元

邮轮绿皮书
中国邮轮产业发展报告（2015）
著(编)者:汪泓　2015年9月出版 / 估价:79.00元

支付清算蓝皮书
中国支付清算发展报告（2015）
著(编)者:杨涛　2015年5月出版 / 估价:45.00元

中国上市公司蓝皮书
中国上市公司发展报告（2015）
著(编)者:许雄斌 张平 2015年9月出版 / 估价:98.00元

中国总部经济蓝皮书
中国总部经济发展报告（2015）
著(编)者:赵弘　2015年5月出版 / 估价:79.00元

住房绿皮书
中国住房发展报告（2014~2015）
著(编)者:倪鹏飞　2014年12月出版 / 估价:79.00元

资本市场蓝皮书
中国场外交易市场发展报告（2015）
著(编)者:高峦　2015年8月出版 / 估价:79.00元

资产管理蓝皮书
中国资产管理行业发展报告（2015）
著(编)者:智信资产管理研究院　2015年7月出版 / 估价:79.00元

文化传媒类

传媒竞争力蓝皮书
中国传媒国际竞争力研究报告（2015）
著(编)者:李本乾　2015年9月出版 / 估价:88.00元

传媒蓝皮书
中国传媒产业发展报告（2015）
著(编)者:崔保国　2015年4月出版 / 估价:98.00元

传媒投资蓝皮书
中国传媒投资发展报告（2015）
著(编)者:张向东　2015年7月出版 / 估价:89.00元

动漫蓝皮书
中国动漫产业发展报告（2015）
著(编)者:卢斌 郑玉明 牛兴侦　2015年7月出版 / 估价:79.00元

非物质文化遗产蓝皮书
中国非物质文化遗产发展报告（2015）
著(编)者:陈平　2015年3月出版 / 估价:79.00元

非物质文化遗产蓝皮书
中国少数民族非物质文化遗产发展报告（2015）
著(编)者:肖远平 柴立　2015年4月出版 / 估价:79.00元

广电蓝皮书
中国广播电影电视发展报告（2015）
著(编)者:杨明品　2015年7月出版 / 估价:98.00元

广告主蓝皮书
中国广告主营销传播趋势报告（2015）
著(编)者:黄升民　2015年5月出版 / 估价:148.00元

国际传播蓝皮书
中国国际传播发展报告（2015）
著(编)者:胡正荣 李继东 姬德强
2015年7月出版 / 估价:89.00元

国家形象蓝皮书
2015年国家形象研究报告
著(编)者:张昆　2015年3月出版 / 估价:79.00元

纪录片蓝皮书
中国纪录片发展报告（2015）
著(编)者:何苏六　2015年9月出版 / 估价:79.00元

科学传播蓝皮书
中国科学传播报告（2015）
著(编)者:詹正茂　2015年4月出版 / 估价:69.00元

两岸文化蓝皮书
两岸文化产业合作发展报告（2015）
著(编)者:胡惠林 李保宗　2015年7月出版 / 估价:79.00元

媒介与女性蓝皮书
中国媒介与女性发展报告（2015）
著(编)者:刘利群　2015年8月出版 / 估价:69.00元

全球传媒蓝皮书
全球传媒发展报告（2015）
著(编)者:胡正荣　2015年12月出版 / 估价:79.00元

世界文化发展蓝皮书
世界文化发展报告（2015）
著(编)者:张庆宗 高乐田 郭熙煌
2015年5月出版 / 估价:89.00元

视听新媒体蓝皮书
中国视听新媒体发展报告（2015）
著(编)者:庞井君　2015年6月出版 / 估价:148.00元

文化创新蓝皮书
中国文化创新报告（2015）
著(编)者:于平 傅才武　2015年4月出版 / 估价:79.00元

文化建设蓝皮书
中国文化发展报告（2015）
著(编)者:江畅 孙伟平 戴茂堂
2015年4月出版 / 估价:138.00元

文化科技蓝皮书
文化科技创新发展报告（2015）
著(编)者:于平 李凤亮　2015年1月出版 / 估价:89.00元

文化蓝皮书
中国文化产业供需协调增长测评报告（2015）
著(编)者:王亚南 郝朴宁 张晓明 祁述裕
2015年2月出版 / 估价:79.00元

文化蓝皮书
中国文化消费需求景气评价报告（2015）
著(编)者:王亚南 张晓明 祁述裕 郝朴宁
2015年2月出版 / 估价:79.00元

文化蓝皮书
中国文化产业发展报告（2015）
著(编)者:张晓明 王家新 章建刚
2015年4月出版 / 估价:79.00元

文化蓝皮书
中国公共文化投入增长测评报告(2015)
著(编)者:王亚南　2015年5月出版 / 估价:79.00元

文化蓝皮书
中国文化政策发展报告（2015）
著(编)者:傅才武 宋文玉 燕东升　2015年9月出版 / 估价:9

文化品牌蓝皮书
中国文化品牌发展报告（2015）
著(编)者:欧阳友权　2015年4月出版 / 估价:79.00元

文化遗产蓝皮书
中国文化遗产事业发展报告（2015）
著(编)者:苏杨 刘世锦　2015年12月出版 / 估价:89.00元

文学蓝皮书
中国文情报告（2015）
著(编)者:白烨　2015年5月出版 / 估价:49.00元

新媒体蓝皮书
中国新媒体发展报告（2015）
著(编)者:唐绪军　2015年6月出版 / 估价:79.00元

新媒体社会责任蓝皮书
中国新媒体社会责任研究报告（2015）
著(编)者:钟瑛   2015年10月出版 / 估价:79.00元

移动互联网蓝皮书
中国移动互联网发展报告（2015）
著(编)者:官建文   2015年6月出版 / 估价:79.00元

舆情蓝皮书
中国社会舆情与危机管理报告（2015）
著(编)者:谢耘耕   2015年8月出版 / 估价:98.00元

地方发展类

安徽经济蓝皮书
芜湖创新型城市发展报告（2015）
著(编)者:杨少华 王开玉   2015年4月出版 / 估价:69.00元

安徽蓝皮书
安徽社会发展报告（2015）
著(编)者:程桦   2015年4月出版 / 估价:79.00元

安徽社会建设蓝皮书
安徽社会建设分析报告（2015）
著(编)者:黄家海 王开玉 蔡宪   2015年4月出版 / 估价:69.00元

澳门蓝皮书
澳门经济社会发展报告（2015）
著(编)者:吴志良 郝雨凡   2015年4月出版 / 估价:79.00元

北京蓝皮书
北京公共服务发展报告（2014~2015）
著(编)者:施昌奎   2015年2月出版 / 估价:69.00元

北京蓝皮书
北京经济发展报告（2015）
著(编)者:杨松   2015年4月出版 / 估价:79.00元

北京蓝皮书
北京社会治理发展报告（2015）
著(编)者:殷星辰   2015年4月出版 / 估价:79.00元

北京蓝皮书
北京文化发展报告（2015）
著(编)者:李建盛   2015年4月出版 / 估价:79.00元

北京蓝皮书
北京社会发展报告（2015）
著(编)者:缪青   2015年5月出版 / 估价:79.00元

北京旅游绿皮书
北京旅游发展报告（2015）
著(编)者:北京旅游学会   2015年7月出版 / 估价:88.00元

北京律师蓝皮书
北京律师发展报告（2015）
著(编)者:王隽   2015年12月出版 / 估价:75.00元

北京人才蓝皮书
北京人才发展报告（2015）
著(编)者:于淼   2015年1月出版 / 估价:89.00元

北京社会心态蓝皮书
北京社会心态分析报告（2015）
著(编)者:北京社会心理研究所   2015年1月出版 / 估价:69.00元

北京社会组织蓝皮书
北京社会组织发展研究报告(2015)
著(编)者:李东松 唐军   2015年2月出版 / 估价:79.00元

北京社会组织蓝皮书
北京社会组织发展报告（2015）
著(编)者:温庆云   2015年9月出版 / 估价:69.00元

滨海金融蓝皮书
滨海新区金融发展报告（2015）
著(编)者:王爱俭 张锐钢   2015年9月出版 / 估价:79.00元

城乡一体化蓝皮书
中国城乡一体化发展报告（北京卷）（2015）
著(编)者:张宝秀 黄序   2015年4月出版 / 估价:69.00元

创意城市蓝皮书
北京文化创意产业发展报告（2015）
著(编)者:张京成   2015年11月出版 / 估价:65.00元

创意城市蓝皮书
无锡文化创意产业发展报告（2015）
著(编)者:谭军 张鸣年   2015年10月出版 / 估价:75.00元

创意城市蓝皮书
武汉市文化创意产业发展报告（2015）
著(编)者:袁堃 黄永林   2015年11月出版 / 估价:85.00元

创意城市蓝皮书
重庆创意产业发展报告（2015）
著(编)者:程宇宁   2015年4月出版 / 估价:89.00元

创意城市蓝皮书
青岛文化创意产业发展报告（2015）
著(编)者:马达 张丹妮   2015年6月出版 / 估价:79.00元

福建妇女发展蓝皮书
福建省妇女发展报告（2015）
著(编)者:刘群英   2015年10月出版 / 估价:58.00元

甘肃蓝皮书
甘肃舆情分析与预测（2015）
著(编)者:郝树声 陈双梅   2015年1月出版 / 估价:69.00元

甘肃蓝皮书
甘肃文化发展分析与预测（2015）
著(编)者:周小华 王福生　2015年1月出版 / 估价:69.00元

甘肃蓝皮书
甘肃社会发展分析与预测（2015）
著(编)者:安文华　2015年1月出版 / 估价:69.00元

甘肃蓝皮书
甘肃经济发展分析与预测（2015）
著(编)者:朱智文 罗哲　2015年1月出版 / 估价:69.00元

甘肃蓝皮书
甘肃县域经济综合竞争力评价（2015）
著(编)者:刘进军　2015年1月出版 / 估价:69.00元

广东蓝皮书
广东省电子商务发展报告（2015）
著(编)者:程晓　2015年12月出版 / 估价:69.00元

广东蓝皮书
广东社会工作发展报告（2015）
著(编)者:罗观翠　2015年6月出版 / 估价:89.00元

广东社会建设蓝皮书
广东省社会建设发展报告（2015）
著(编)者:广东省社会工作委员会　2015年10月出版 / 估价:89.00元

广东外经贸蓝皮书
广东对外经济贸易发展研究报告（2015）
著(编)者:陈万灵　2015年5月出版 / 估价:79.00元

广西北部湾经济区蓝皮书
广西北部湾经济区开放开发报告（2015）
著(编)者:广西北部湾经济区规划建设管理委员会办公室
　　　　广西社会科学院广西北部湾发展研究院
2015年8月出版 / 估价:79.00元

广州蓝皮书
广州社会保障发展报告（2015）
著(编)者:蔡国萱　2015年1月出版 / 估价:65.00元

广州蓝皮书
2015年中国广州社会形势分析与预测
著(编)者:张强 陈怡霓 杨秦　2015年5月出版 / 估价:69.00元

广州蓝皮书
广州经济发展报告（2015）
著(编)者:李江涛 朱名宏　2015年5月出版 / 估价:69.00元

广州蓝皮书
广州商贸业发展报告（2015）
著(编)者:李江涛 王旭东 荀振英　2015年6月出版 / 估价:69.00元

广州蓝皮书
2015年中国广州经济形势分析与预测
著(编)者:庾建设 沈奎 郭志勇　2015年6月出版 / 估价:79.00元

广州蓝皮书
中国广州文化发展报告（2015）
著(编)者:徐俊忠 陆志强 顾涧清　2015年6月出版 / 估价:69.00元

广州蓝皮书
广州农村发展报告（2015）
著(编)者:李江涛 汤锦华　2015年8月出版 / 估价:69.00元

广州蓝皮书
中国广州城市建设与管理发展报告（2015）
著(编)者:董皞 冼伟雄　2015年7月出版 / 估价:69.00元

广州蓝皮书
中国广州科技和信息化发展报告（2015）
著(编)者:邹采荣 马正勇 冯元　2015年7月出版 / 估价:79.

广州蓝皮书
广州创新型城市发展报告（2015）
著(编)者:李江涛　2015年7月出版 / 估价:69.00元

广州蓝皮书
广州文化创意产业发展报告（2015）
著(编)者:甘新　2015年8月出版 / 估价:79.00元

广州蓝皮书
广州志愿服务发展报告（2015）
著(编)者:魏国华 张强　2015年9月出版 / 估价:69.00元

广州蓝皮书
广州城市国际化发展报告（2015）
著(编)者:朱名宏　2015年9月出版 / 估价:59.00元

广州蓝皮书
广州汽车产业发展报告（2015）
著(编)者:李江涛 杨再高　2015年9月出版 / 估价:69.00元

贵州房地产蓝皮书
贵州房地产发展报告（2015）
著(编)者:武廷方　2015年1月出版 / 估价:89.00元

贵州蓝皮书
贵州人才发展报告（2015）
著(编)者:于杰 吴大华　2015年3月出版 / 估价:69.00元

贵州蓝皮书
贵州社会发展报告（2015）
著(编)者:王兴骥　2015年3月出版 / 估价:69.00元

贵州蓝皮书
贵州法治发展报告（2015）
著(编)者:吴大华　2015年3月出版 / 估价:69.00元

贵州蓝皮书
贵州国有企业社会责任发展报告（2015）
著(编)者:郭丽　2015年10月出版 / 估价:79.00元

海淀蓝皮书
海淀区文化和科技融合发展报告（2015）
著(编)者:孟景伟 陈名杰　2015年5月出版 / 估价:75.00元

海峡西岸蓝皮书
海峡西岸经济区发展报告（2015）
著(编)者:黄端　2015年9月出版 / 估价:65.00元

杭州都市圈蓝皮书
杭州都市圈发展报告（2015）
著(编)者:董祖德 沈翔　2015年5月出版 / 估价:89.00元

杭州蓝皮书
杭州妇女发展报告（2015）
著(编)者:魏颖　2015年6月出版 / 估价:75.00元

河北经济蓝皮书
河北省经济发展报告（2015）
著(编)者:马树强 金浩 张贵　2015年4月出版 / 估价:79.00元

河北蓝皮书
河北经济社会发展报告（2015）
著(编)者:周文夫　2015年1月出版 / 估价:69.00元

河南经济蓝皮书
2015年河南经济形势分析与预测
著(编)者:胡五岳　2015年3月出版 / 估价:69.00元

河南蓝皮书
河南城市发展报告（2015）
著(编)者:王建国 谷建全　2015年1月出版 / 估价:59.00元

河南蓝皮书
2015年河南社会形势分析与预测
著(编)者:刘道兴 牛苏林　2015年1月出版 / 估价:69.00元

河南蓝皮书
河南工业发展报告（2015）
著(编)者:龚绍东　2015年1月出版 / 估价:69.00元

河南蓝皮书
河南文化发展报告（2015）
著(编)者:卫绍生　2015年1月出版 / 估价:69.00元

河南蓝皮书
河南经济发展报告（2015）
著(编)者:完世伟 喻新安　2015年12月出版 / 估价:69.00元

河南蓝皮书
河南法治发展报告（2015）
著(编)者:丁同民 闫德民　2015年3月出版 / 估价:69.00元

河南蓝皮书
河南金融发展报告（2015）
著(编)者:喻新安 谷建全　2015年4月出版 / 估价:69.00元

河南商务蓝皮书
河南商务发展报告（2015）
著(编)者:焦锦淼 穆荣国　2015年5月出版 / 估价:88.00元

黑龙江产业蓝皮书
黑龙江产业发展报告（2015）
著(编)者:于渤　2015年9月出版 / 估价:79.00元

黑龙江蓝皮书
黑龙江经济发展报告（2015）
著(编)者:张新颖　2015年1月出版 / 估价:69.00元

黑龙江蓝皮书
黑龙江社会发展报告（2015）
著(编)者:王爱丽 艾书琴　2015年1月出版 / 估价:69.00元

湖北文化蓝皮书
湖北文化发展报告（2015）
著(编)者:江畅 吴成国　2015年5月出版 / 估价:89.00元

湖南城市蓝皮书
区域城市群整合
著(编)者:罗海藩　2014年12月出版 / 估价:59.00元

湖南蓝皮书
2015年湖南电子政务发展报告
著(编)者:梁志峰　2015年4月出版 / 估价:128.00元

湖南蓝皮书
2015年湖南社会发展报告
著(编)者:梁志峰　2015年4月出版 / 估价:128.00元

湖南蓝皮书
2015年湖南产业发展报告
著(编)者:梁志峰　2015年4月出版 / 估价:128.00元

湖南蓝皮书
2015年湖南经济展望
著(编)者:梁志峰　2015年4月出版 / 估价:128.00元

湖南蓝皮书
2015年湖南县域经济社会发展报告
著(编)者:梁志峰　2015年4月出版 / 估价:128.00元

湖南蓝皮书
2015年湖南两型社会发展报告
著(编)者:梁志峰　2015年4月出版 / 估价:128.00元

湖南县域绿皮书
湖南县域发展报告No.2
著(编)者:朱有志　2015年4月出版 / 估价:69.00元

沪港蓝皮书
沪港发展报告（2015）
著(编)者:尤安山　2015年9月出版 / 估价:89.00元

吉林蓝皮书
2015年吉林经济社会形势分析与预测
著(编)者:马克　2015年1月出版 / 估价:79.00元

济源蓝皮书
济源经济社会发展报告（2015）
著(编)者:喻新安　2015年4月出版 / 估价:69.00元

健康城市蓝皮书
北京健康城市建设研究报告（2015）
著(编)者:王鸿春　2015年3月出版 / 估价:79.00元

江苏法治蓝皮书
江苏法治发展报告（2015）
著(编)者:李力 龚廷泰　2015年9月出版 / 估价:98.00元

京津冀蓝皮书
京津冀发展报告（2015）
著(编)者:文魁 祝尔娟　2015年3月出版 / 估价:79.00元

经济特区蓝皮书
中国经济特区发展报告（2015）
著(编)者:陶一桃　2015年4月出版 / 估价:89.00元

辽宁蓝皮书
2015年辽宁经济社会形势分析与预测
著(编)者:曹晓峰　2015年1月出版 / 估价:79.00元

南京蓝皮书
南京文化发展报告（2015）
著(编)者:南京文化产业研究中心
2015年10月出版 / 估价:79.00元

内蒙古蓝皮书
内蒙古反腐倡廉建设报告（2015）
著(编)者:张志华 无极　2015年12月出版 / 估价:69.00元

浦东新区蓝皮书
上海浦东经济发展报告（2015）
著(编)者:沈开艳 陆沪根　2015年1月出版 / 估价:59.00元

青海蓝皮书
2015年青海经济社会形势分析与预测
著(编)者:赵宗福　2015年1月出版 / 估价:69.00元

人口与健康蓝皮书
深圳人口与健康发展报告（2015）
著(编)者:曾序春　2015年12月出版 / 估价:89.00元

山东蓝皮书
山东社会形势分析与预测（2015）
著(编)者:张华 唐洲雁　2015年6月出版 / 估价:89.00元

山东蓝皮书
山东经济形势分析与预测（2015）
著(编)者:张华 唐洲雁　2015年6月出版 / 估价:89.00元

山东蓝皮书
山东文化发展报告（2015）
著(编)者:张华 唐洲雁　2015年6月出版 / 估价:98.00元

山西蓝皮书
山西资源型经济转型发展报告（2015）
著(编)者:李志强　2015年5月出版 / 估价:98.00元

陕西蓝皮书
陕西经济发展报告（2015）
著(编)者:任宗哲 石英 裴成荣　2015年2月出版 / 估价:69.00元

陕西蓝皮书
陕西社会发展报告（2015）
著(编)者:任宗哲 石英 牛昉　2015年2月出版 / 估价:65.00元

陕西蓝皮书
陕西文化发展报告（2015）
著(编)者:任宗哲 石英 王长寿　2015年3月出版 / 估价:59.00元

陕西蓝皮书
丝绸之路经济带发展报告（2015）
著(编)者:任宗哲 石英 白宽犁
2015年8月出版 / 估价:79.00元

上海蓝皮书
上海文学发展报告（2015）
著(编)者:陈圣来　2015年1月出版 / 估价:69.00元

上海蓝皮书
上海文化发展报告（2015）
著(编)者:蒯大申 郑崇选　2015年1月出版 / 估价:69.00元

上海蓝皮书
上海资源环境发展报告（2015）
著(编)者:周冯琦 汤庆合 任文伟
2015年1月出版 / 估价:69.00元

上海蓝皮书
上海社会发展报告（2015）
著(编)者:周海旺 卢汉龙　2015年1月出版 / 估价:69.00元

上海蓝皮书
上海经济发展报告（2015）
著(编)者:沈开艳　2015年1月出版 / 估价:69.00元

上海蓝皮书
上海传媒发展报告（2015）
著(编)者:强荧 焦雨虹　2015年1月出版 / 估价:79.00元

上海蓝皮书
上海法治发展报告（2015）
著(编)者:叶青　2015年4月出版 / 估价:69.00元

上饶蓝皮书
上饶发展报告（2015）
著(编)者:朱寅健　2015年3月出版 / 估价:128.00元

社会建设蓝皮书
2015年北京社会建设分析报告
著(编)者:宋贵伦 冯虹　2015年7月出版 / 估价:79.00元

深圳蓝皮书
深圳劳动关系发展报告（2015）
著(编)者:汤庭芬　2015年6月出版 / 估价:75.00元

深圳蓝皮书
深圳经济发展报告（2015）
著(编)者:张骁儒　2015年7月出版 / 估价:79.00元

深圳蓝皮书
深圳社会发展报告（2015）
著(编)者:叶民辉 张骁儒　2015年7月出版 / 估价:89.00元

深圳蓝皮书
深圳法治发展报告（2015）
著(编)者:张骁儒　2015年4月出版 / 估价:79.00元

四川蓝皮书
四川文化产业发展报告（2015）
著(编)者:侯水平　2015年2月出版 / 估价:69.00元

四川蓝皮书
四川企业社会责任研究报告（2015）
著(编)者:侯水平 盛毅　2015年4月出版 / 估价:79.00元

四川蓝皮书
四川法治发展报告（2015）
著(编)者:郑泰安　2015年2月出版 / 估价:69.00元

四川蓝皮书
2015年四川生态建设报告
著(编)者:四川省社会科学院
2015年2月出版 / 估价:69.00元

四川蓝皮书
四川省城镇化发展报告（2015）
著/编者：四川省城镇发展研究中心
2015年2月出版 / 估价：69.00元

四川蓝皮书
2015年四川社会发展形势分析与预测
著/编者：郭晓鸣 李羚 2015年2月出版 / 估价：69.00元

四川蓝皮书
2015年四川经济发展报告
著/编者：杨钢 2015年2月出版 / 估价：69.00元

天津金融蓝皮书
天津金融发展报告（2015）
著/编者：王爱俭 杜强 2015年9月出版 / 估价：89.00元

图们江区域合作蓝皮书
中国图们江区域合作开发发展报告（2015）
著/编者：李铁 朱显平 吴成章 2015年4月出版 / 估价：79.00元

温州蓝皮书
2015年温州经济社会形势分析与预测
著/编者：潘忠强 王春光 金浩 2015年4月出版 / 估价：69.00元

扬州蓝皮书
扬州经济社会发展报告（2015）
著/编者：丁纯 2015年12月出版 / 估价：89.00元

云南蓝皮书
中国面向西南开放重要桥头堡建设发展报告（2015）
著/编者：刘绍怀 2015年12月出版 / 估价：69.00元

长株潭城市群蓝皮书
长株潭城市群发展报告（2015）
著/编者：张萍 2015年1月出版 / 估价：69.00元

郑州蓝皮书
2015年郑州文化发展报告
著/编者：王哲 2015年9月出版 / 估价：65.00元

中医文化蓝皮书
北京中医文化发展报告（2015）
著/编者：毛嘉陵 2015年4月出版 / 估价：69.00元

珠三角流通蓝皮书
珠三角商圈发展研究报告（2015）
著/编者：林至颖 王先庆 2015年7月出版 / 估价：98.00元

国别与地区类

阿拉伯黄皮书
阿拉伯发展报告（2015）
著/编者：马晓霖 2015年4月出版 / 估价：79.00元

北部湾蓝皮书
泛北部湾合作发展报告（2015）
著/编者：吕余生 2015年8月出版 / 估价：69.00元

大湄公河次区域蓝皮书
大湄公河次区域合作发展报告（2015）
著/编者：刘稚 2015年9月出版 / 估价：79.00元

大洋洲蓝皮书
大洋洲发展报告（2015）
著/编者：喻常森 2015年8月出版 / 估价：89.00元

德国蓝皮书
德国发展报告（2015）
著/编者：郑春荣 伍慧萍 2015年6月出版 / 估价：69.00元

东北亚黄皮书
东北亚地区政治与安全（2015）
著/编者：黄凤志 刘清才 张慧智
2015年3月出版 / 估价：69.00元

东盟黄皮书
东盟发展报告（2015）
著/编者：崔晓麟 2015年5月出版 / 估价：75.00元

东南亚蓝皮书
东南亚地区发展报告（2015）
著/编者：王勤 2015年4月出版 / 估价：79.00元

俄罗斯黄皮书
俄罗斯发展报告（2015）
著/编者：李永全 2015年7月出版 / 估价：79.00元

非洲黄皮书
非洲发展报告（2015）
著/编者：张宏明 2015年7月出版 / 估价：79.00元

国际形势黄皮书
全球政治与安全报告（2015）
著/编者：李慎明 张宇燕 2014年12月出版 / 估价：69.00元

韩国蓝皮书
韩国发展报告（2015）
著/编者：刘宝全 牛林杰 2015年8月出版 / 估价：79.00元

加拿大蓝皮书
加拿大发展报告（2015）
著/编者：仲伟合 2015年4月出版 / 估价：89.00元

拉美黄皮书
拉丁美洲和加勒比发展报告（2014~2015）
著/编者：吴白乙 2015年4月出版 / 估价：89.00元

美国蓝皮书
美国研究报告（2015）
著/编者：黄平 郑秉文 2015年7月出版 / 估价：89.00元

缅甸蓝皮书
缅甸国情报告（2015）
著/编者：李晨阳 2015年8月出版 / 估价：79.00元

欧洲蓝皮书
欧洲发展报告（2015）
著(编)者:周弘　2015年6月出版 / 估价:89.00元

葡语国家蓝皮书
葡语国家发展报告（2015）
著(编)者:对外经济贸易大学区域国别研究所　葡语国家研究中心
2015年3月出版 / 估价:89.00元

葡语国家蓝皮书
中国与葡语国家关系发展报告·巴西（2014）
著(编)者:澳门科技大学　2015年1月出版 / 估价:89.00元

日本经济蓝皮书
日本经济与中日经贸关系研究报告（2015）
著(编)者:王洛林　张季风　2015年5月出版 / 估价:79.00元

日本蓝皮书
日本研究报告（2015）
著(编)者:李薇　2015年3月出版 / 估价:69.00元

上海合作组织黄皮书
上海合作组织发展报告（2015）
著(编)者:李进峰　吴宏伟　李伟
2015年9月出版 / 估价:89.00元

世界创新竞争力黄皮书
世界创新竞争力发展报告（2015）
著(编)者:李闽榕　李建平　赵新力
2015年1月出版 / 估价:148.00元

土耳其蓝皮书
土耳其发展报告（2015）
著(编)者:郭长刚　刘义　2015年7月出版 / 估价:89.00元

亚太蓝皮书
亚太地区发展报告（2015）
著(编)者:李向阳　2015年1月出版 / 估价:59.00元

印度蓝皮书
印度国情报告（2015）
著(编)者:吕昭义　2015年5月出版 / 估价:89.00元

印度洋地区蓝皮书
印度洋地区发展报告（2015）
著(编)者:汪戎　2015年3月出版 / 估价:79.00元

中东黄皮书
中东发展报告（2015）
著(编)者:杨光　2015年11月出版 / 估价:89.00元

中欧关系蓝皮书
中欧关系研究报告（2015）
著(编)者:周弘　2015年12月出版 / 估价:98.00元

中亚黄皮书
中亚国家发展报告（2015）
著(编)者:孙力　吴宏伟　2015年9月出版 / 估价:89.00元

中国皮书网

www.pishu.cn

发布皮书研创资讯，传播皮书精彩内容
引领皮书出版潮流，打造皮书服务平台

栏目设置：

□ 资讯：皮书动态、皮书观点、皮书数据、
　　　　皮书报道、皮书发布、电子期刊
□ 标准：皮书评价、皮书研究、皮书规范
□ 服务：最新皮书、皮书书目、重点推荐、在线购书
□ 链接：皮书数据库、皮书博客、皮书微博、在线书城
□ 搜索：资讯、图书、研究动态、皮书专家、研创团队

　　中国皮书网依托皮书系列"权威、前沿、原创"的优质内容资源，通过文字、图片、音频、视频等多种元素，在皮书研创者、使用者之间搭建了一个成果展示、资源共享的互动平台。

　　自 2005 年 12 月正式上线以来，中国皮书网的 IP 访问量、PV 浏览量与日俱增，受到海内外研究者、公务人员、商务人士以及专业读者的广泛关注。

　　2008 年、2011 年，中国皮书网均在全国新闻出版业网站荣誉评选中获得"最具商业价值网站"称号；2012 年，获得"出版业网站百强"称号。

　　2014 年，中国皮书网与皮书数据库实现资源共享，端口合一，将提供更丰富的内容，更全面的服务。

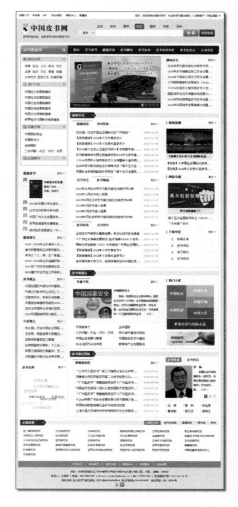

权威报告　热点资讯　海量资源

当代中国与世界发展的高端智库平台

皮书数据库 www.pishu.com.cn

　　皮书数据库是专业的人文社会科学综合学术资源总库，以大型连续性图书——皮书系列为基础，整合国内外相关资讯构建而成。包含七大子库，涵盖两百多个主题，囊括了近十几年间中国与世界经济社会发展报告，覆盖经济、社会、政治、文化、教育、国际问题等多个领域。

　　皮书数据库以篇章为基本单位，方便用户对皮书内容的阅读需求。用户可进行全文检索，也可对文献题目、内容提要、作者名称、作者单位、关键字等基本信息进行检索，还可对检索到的篇章再ſ二次筛选，进行在线阅读或下载阅读。智能多维度导航，可使用户根据自己熟知的分类标准进行分类导航筛选，使查找和检索更高效、便捷。

　　权威的研究报告，独特的调研数据，前沿的热点资讯，皮书数据库已发展成为国内最具影响力的关于中国与世界现实问题研究的成果库和资讯库。

皮书俱乐部会员服务指南

1. 谁能成为皮书俱乐部成员？
- 皮书作者自动成为俱乐部会员
- 购买了皮书产品（纸质书/电子书）的个人用户

2. 会员可以享受的增值服务
- 免费获赠皮书数据库100元充值卡
- 加入皮书俱乐部，免费获赠该纸质图书的电子书
- 免费定期获赠皮书电子期刊
- 优先参与各类皮书学术活动
- 优先享受皮书产品的最新优惠

3. 如何享受增值服务？

（1）免费获赠100元皮书数据库体验卡

第1步 刮开皮书附赠充值的涂层（右下）；

第2步 登录皮书数据库网站
（www.pishu.com.cn），注册账号；

第3步 登录并进入"会员中心"—"在线充值"—"充值卡充值"，充值成功后即可使用。

（2）加入皮书俱乐部，凭数据库体验卡获赠该书的电子书

第1步 登录社会科学文献出版社官网
（www.ssap.com.cn），注册账号；

第2步 登录并进入"会员中心"—"皮书俱乐部"，提交加入皮书俱乐部申请；

第3步 审核通过后，再次进入皮书俱乐部，填写页面所需图书、体验卡信息即可自动兑换相应电子书。

4. 声明

解释权归社会科学文献出版社所有

皮 书 大 事 记

☆ 2014年8月，第十五次全国皮书年会（2014）在贵阳召开，第五届优秀皮书奖颁发，本届开始皮书及报告将同时评选。

☆ 2013年6月，依据《中国社会科学院皮书资助规定（试行）》公布2013年拟资助的40种皮书名单。

☆ 2012年12月，《中国社会科学院皮书资助规定（试行）》由中国社会科学院科研局正式颁布实施。

☆ 2011年，部分重点皮书纳入院创新工程。

☆ 2011年8月，2011年皮书年会在安徽合肥举行，这是皮书年会首次由中国社会科学院主办。

☆ 2011年2月，"2011年全国皮书研讨会"在北京京西宾馆举行。王伟光院长（时任常务副院长）出席并讲话。本次会议标志着皮书及皮书研创出版从一个具体出版单位的出版产品和出版活动上升为由中国社会科学院牵头的国家哲学社会科学智库产品和创新活动。

☆ 2010年9月，"2010年中国经济社会形势报告会暨第十一次全国皮书工作研讨会"在福建福州举行，高全立副院长参加会议并做学术报告。

☆ 2010年9月，皮书学术委员会成立，由我院李扬副院长领衔，并由在各个学科领域有一定的学术影响力、了解皮书编创出版并持续关注皮书品牌的专家学者组成。皮书学术委员会的成立为进一步提高皮书这一品牌的学术质量、为学术界构建一个更大的学术出版与学术推广平台提供了专家支持。

☆ 2009年8月，"2009年中国经济社会形势分析与预测暨第十次皮书工作研讨会"在辽宁丹东举行。李扬副院长参加本次会议，本次会议颁发了首届优秀皮书奖，我院多部皮书获奖。

皮书数据库
www.pishu.com.cn

皮书数据库三期

- 皮书数据库（SSDB）是社会科学文献出版社整合现有皮书资源开发的在线数字产品，全面收录"皮书系列"的内容资源，并以此为基础整合大量相关资讯构建而成。

- 皮书数据库现有中国经济发展数据库、中国社会发展数据库、世界经济与国际政治数据库等子库，覆盖经济、社会、文化等多个行业、领域，现有报告3000多篇，总字数超过5亿字，并以每年400多篇的速度不断更新累积。

- 新版皮书数据库主要围绕存量+增量资源整合、资源编辑标引体系建设、产品架构设置优化、技术平台功能研发等方面开展工作，并将中国皮书网与皮书数据库合二为一联体建设，旨在以"皮书研创出版、信息发布与知识服务平台"为基本功能定位，打造一个全新的皮书品牌综合门户平台，为您提供更优质更到位的服务。

更多信息请登录

中国皮书网
http://www.pishu.cn

皮书微博
http://weibo.com/pishu

中国皮书网的BLOG [编辑]
http://blog.sina.com.cn/pishu

皮书博客
http://blog.sina.com.cn/pishu

皮书微信
皮书说

请到各地书店皮书专架 / 专柜购买，也可办理邮购

咨询 / 邮购电话：010-59367028　59367070　　　邮　　箱：duzhe@ssap.cn

邮购地址：北京市西城区北三环中路甲29号院3号楼华龙大厦13层读者服务中心

邮　　编：100029

银行户名：社会科学文献出版社

开户银行：中国工商银行北京北太平庄支行

账　　号：0200010019200365434

网上书店：010-59367070　qq：1265056568

网　　址：www.ssap.com.cn　　www.pishu.cn

盘点年度资讯 预测时代前程

社会科学文献出版社

2013年
皮书系列

权威·前沿·原创

社会科学文献出版社
SOCIAL SCIENCES ACADEMIC PRESS (CHINA)

我们是图书出版者，更是人文社会科学内容资源供应商；

我们背靠中国社会科学院，面向中国与世界人文社会科学界，坚持为人文社会科学的繁荣与发展服务；

我们精心打造权威信息资源整合平台，坚持为中国经济与社会的繁荣与发展提供决策咨询服务；

我们以读者定位自身，立志让爱书人读到好书，让求知者获得知识；

我们精心编辑、设计每一本好书以形成品牌张力，以优秀的品牌形象服务读者，开拓市场；

我们始终坚持"创社科经典，出传世文献"的经营理念，坚持"权威、前沿、原创"的产品特色；

我们"以人为本"，提倡阳光下创业，员工与企业共享发展之成果；

我们立足于现实，认真对待我们的优势、劣势，我们更着眼于未来，以不断的学习与创新适应不断变化的世界，以不断的努力提升自己的实力；

我们愿与社会各界友好合作，共享人文社会科学发展之成果，共同推动中国学术出版乃至内容产业的繁荣与发展。

社会科学文献出版社社长

中国社会学会秘书长

2013 年 1 月

"皮书"起源于十七、十八世纪的英国，主要指官方或社会组织正式发表的重要文件或报告，多以"白皮书"命名。在中国，"皮书"这一概念被社会广泛接受，并被成功运作、发展成为一种全新的出版形态，则源于中国社会科学院社会科学文献出版社。

皮书是对中国与世界发展状况和热点问题进行年度监测，以专家和学术的视角，针对某一领域或区域现状与发展态势展开分析和预测，具备权威性、前沿性、原创性、实证性、时效性等特点的连续性公开出版物，由一系列权威研究报告组成。皮书系列是社会科学文献出版社编辑出版的蓝皮书、绿皮书、黄皮书等的统称。

皮书系列的作者以中国社会科学院、著名高校、地方社会科学院的研究人员为主，多为国内一流研究机构的权威专家学者，他们的看法和观点代表了学界对中国与世界的现实和未来最高水平的解读与分析。

自 20 世纪 90 年代末推出以经济蓝皮书为开端的皮书系列以来，至今已出版皮书近800 部，内容涵盖经济、社会、政法、文化传媒、行业、地方发展、国际形势等领域。皮书系列已成为社会科学文献出版社的著名图书品牌和中国社会科学院的知名学术品牌。

皮书系列在数字出版和国际出版方面成就斐然。皮书数据库被评为"2008~2009 年度数字出版知名品牌"；经济蓝皮书、社会蓝皮书等十几种皮书每年还由国外知名学术出版机构出版英文版、俄文版、韩文版和日文版，面向全球发行。

2011 年，皮书系列正式列入"十二五"国家重点出版规划项目，一年一度的皮书年会升格由中国社会科学院主办；2012 年，部分重点皮书列入中国社会科学院承担的国家哲学社会科学创新工程项目。

经 济 类

经济类皮书涵盖宏观经济、城市经济、大区域经济，
提供权威、前沿的分析与预测

经济蓝皮书

2013 年中国经济形势分析与预测（赠阅读卡）

陈佳贵　李 扬 / 主编　　2012 年 12 月出版　　估价 :59.00 元

◆　本书课题为"总理基金项目"，由著名经济学家陈佳贵、
李扬领衔，联合数十家科研机构、国家部委和高等院校的专
家共同撰写，其内容涉及宏观决策、财政金融、证券投资、
工业调整、就业分配、对外贸易等一系列热点问题。本报告
权威把脉中国经济 2012 年运行特征及 2013 年发展趋势。

世界经济黄皮书

2013 年世界经济形势分析与预测（赠阅读卡）

王洛林　张宇燕 / 主编　　2013 年 1 月出版　　估价 :59.00 元

◆　2012 年全球经济复苏步伐明显放缓，发达国家复苏动力
不足，主权债务危机的升级以及长期的低利率也大大压缩了
财政与货币政策调控的空间。本书围绕因此而来的国际金融
市场震荡频发、国际贸易与投资增长乏力等经济问题对世界
经济进行了分析展望。

国家竞争力蓝皮书

中国国家竞争力报告 No.2（赠阅读卡）

倪鹏飞 / 主编　　2013 年 4 月出版　　估价 :69.00 元

◆　本书运用有关竞争力的最新经济学理论，选取全球 100 个
主要国家，在理论研究和计量分析的基础上，对全球国家竞争
力进行了比较分析，并以这 100 个国家为参照系，指明了中国
的位置和竞争环境，为研究中国的国家竞争力地位、制定全球
竞争战略提供参考。

城市竞争力蓝皮书

中国城市竞争力报告 No.11（赠阅读卡）

倪鹏飞 / 主编　　2013 年 5 月出版　　估价 :69.00 元

◆　本书由中国社会科学院城市与竞争力中心主任倪鹏飞主持编写，汇集了众多研究城市经济问题的专家学者关于城市竞争力研究的最新成果。本报告构建了一套科学的城市竞争力评价指标体系，采用第一手数据材料，对国内重点城市年度竞争力格局变化进行客观分析和综合比较、排名，对研究城市经济及城市竞争力极具参考价值。

城市蓝皮书

中国城市发展报告 No.6（赠阅读卡）

潘家华　魏后凯 / 主编　　2013 年 8 月出版　　估价 :59.00 元

◆　本书由中国社会科学院城市发展与环境研究所主编，以聚焦新时期中国城市发展中的民生问题为主题，紧密联系现阶段中国城镇化发展的客观要求，回顾总结中国城镇化进程中城市民生改善的主要成效，并对城市发展中的各种民生问题进行全面剖析，在此基础上提出了民生优先的城市发展思路，以及改善城市民生的对策建议。

农村绿皮书

中国农村经济形势分析与预测 (2012~2013)（赠阅读卡）

中国社会科学院农村发展研究所　国家统计局农村社会经济调查司 / 著

2013 年 4 月出版　　估价 : 59.00 元

◆　本书对 2012 年中国农业和农村经济运行情况进行了系统的分析和评价，对 2013 年中国农业和农村经济发展趋势进行了预测，并提出相应的政策建议，专题部分将围绕某个重大的理论和现实问题进行多维、深入、细致的分析和探讨。

西部蓝皮书

中国西部经济发展报告 (2013)（赠阅读卡）

姚慧琴　徐璋勇 / 主编　　2013 年 7 月出版　　估价 :69.00 元

◆　本书由西北大学中国西部经济发展研究中心主编，汇集了源自西部本土以及国内研究西部问题的权威专家的第一手资料，对国家实施西部大开发战略进行年度动态跟踪，并对 2013 年西部经济、社会发展态势进行预测和展望。

宏观经济蓝皮书

中国经济增长报告 (2012~2013)（赠阅读卡）

张　平　刘霞辉/主编　　2013 年 7 月出版　　估价：69.00 元

◆　本书由中国社会科学院经济研究所组织编写，独创了中国各省（区、市）发展前景评价体系，通过产出效率、经济结构、经济稳定、产出消耗、增长潜力等近 60 个指标对中国各省（区、市）发展前景进行客观评价，并就"十二五"时期中国经济面临的主要问题进行全面分析。

经济蓝皮书春季号

中国经济前景分析——2013 年春季报告（赠阅读卡）

陈佳贵　李　扬/主编　　2013 年 5 月出版　　估价：59.00 元

◆　本书是经济蓝皮书的姊妹篇，是中国社会科学院"中国经济形势分析与预测"课题组推出的又一重磅作品，在模型模拟与实证分析的基础上，从我国面临的国内外环境入手，对 2013 年春季及全年经济全局及工业、农业、财政、金融、外贸、就业等热点问题进行多角度考察与研究，并提出政策建议，具有较强的实用性、科学性和前瞻性。

就业蓝皮书

2013 年中国大学生就业报告（赠阅读卡）

麦可思研究院/主编　王伯庆/主审　　2013 年 6 月出版　估价:98.00 元

◆　大学生就业是社会关注的热点和难点，本书是在麦可思研究院"中国 2010 届大学毕业生求职与工作能力调查"数据的基础上，由麦可思公司与西南财经大学共同完成的 2013 年度大学毕业生就业及重点产业人才分析报告。

国际城市蓝皮书

国际城市发展报告 (2013)（赠阅读卡）

屠启宇/主编　　2013 年 1 月出版　　估价：69.00 元

◆　国际城市蓝皮书是由上海社会科学院城市与区域研究中心主办、世界经济研究所国际政治经济学研究室协办的关于国际城市发展动态的年度报告，力求为中国城市发展的决策者、操作者、研究者和关注者把握与借鉴国际城市发展动态、规律和实践，提供及时、全面、权威的解读。

社 会 政 法 类

社会政法类皮书聚焦社会发展领域的热点、难点问题，
提供权威、原创的资讯与视点

社会蓝皮书

2013年中国社会形势分析与预测（赠阅读卡）

汝 信 陆学艺 李培林／主编 2012年12月出版 估价：59.00元

◆ 本书为中国社会科学院核心学术品牌之一，荟萃中国社会科学院等众多学术单位的原创成果。本年度报告结合中共"十八大"会议精神，深入探讨中国迈向更加公平、公正的全面小康社会的路径。

法治蓝皮书

中国法治发展报告 No.11(2013)（赠阅读卡）

李 林／主编   2013年3月出版   估价：85.00元

◆ 本书是中国社会科学院法学研究所精心打造的年度报告。在多篇法治国情调研报告中，着力分析中国在立法、依法行政、预防与惩治腐败等方面的进展，并提出原创性箴言。

教育蓝皮书

中国教育发展报告 (2013)（赠阅读卡）

杨东平／主编   2013年3月出版   估价：59.00元

◆ 本书由著名教育学家杨东平担任主编，直面当前教育改革中出现的教育公平、高校教育结构调整、义务教育均衡发展、学校布局调整与校车系统建设等热点、难点问题，提供极具价值的学者建言。

社会建设蓝皮书

2013 年北京社会建设分析报告（赠阅读卡）

陆学艺　唐　军　张　荆/主编　2013 年 5 月出版　估价 :69.00 元

◆　本书由著名社会学家陆学艺领衔主编，依据社会学理论框架和分析方法，对北京市的人口、就业、分配、社会阶层以及城乡关系等社会学基本问题进行了广泛调研与分析，对广受社会关注的住房、教育、医疗、养老、交通等社会热点问题做了深刻了解与剖析，对日益显现的征地搬迁、外籍人口管理、群体性心理障碍等进行了有益探讨。

政治参与蓝皮书

中国政治参与报告 (2013)（赠阅读卡）

房　宁/主编　2013 年 7 月出版　估价 : 58.00 元

◆　本书是国内第一本运用社会科学数据对"中国公民政策参考"进行持续研究的年度报告，依据全国性问卷调查数据，对中国公民的政策参与客观状况和政策参与主观状况作了总体说明，并对不同性别、不同年龄、不同学历、不同政治面貌、不同职业、不同区域、不同收入的公民群体的政策参与客观状况和主观状况作了具体说明。

社会心态蓝皮书

中国社会心态研究报告 (2012~2013)（赠阅读卡）

王俊秀　杨宜音/主编　　2012 年 12 月出版　　估价 :59.00 元

◆　本书由中国社会科学院社会学研究所社会心理研究中心编撰，从社会感受、价值观念、行为倾向等方面对于生活压力感、社会支持感、经济变动感受、微博使用行为、心理危机干预等问题，用社会心理学、社会学、经济学、传播学等多种学科的方法角度进行了调查和研究，深入揭示了我国社会心态状况。

城乡统筹蓝皮书

中国城乡统筹发展报告 (2013)（赠阅读卡）

程志强　潘晨光/主编　　2013 年 3 月出版　　估价 :59.00 元

◆　全书客观地总结了各地城乡统筹发展进程中的经验，详细论述了统筹城乡经济社会发展的理论基础，从多个角度对新时期加快我国城乡统筹发展进程进行了深入的研究与探讨。

环境绿皮书

中国环境发展报告 (2013)（赠阅读卡）

杨东平 / 主编　　2013 年 4 月出版　　估价 :69.00 元

◆　本书由民间环保组织"自然之友"组织编写,由特别关注、生态保护、宜居城市、可持续消费以及政策与治理等版块构成,以公共利益的视角记录、审视和思考中国环境状况,呈现2013 年中国环境与可持续发展领域的全局态势,用深刻的思考、科学的数据分析 2012 年的环境热点事件。

环境竞争力绿皮书

中国省域环境竞争力发展报告(2010 ~ 2012)（赠阅读卡）

李建平　李闽榕　王金南 / 主编　　2013 年 3 月出版　　估价 :148.00 元

◆　本报告融马克思主义经济学、环境科学、生态学、统计学、计量经济学和人文地理学等理论和方法为一体,充分运用数理分析、空间分析以及规范分析与实证分析相结合的方法,构建了比较科学完善、符合中国国情的环境竞争力指标评价体系,对中国内地 31 个省级区域的环境竞争力进行全面、深入的比较分析和评价。

反腐倡廉蓝皮书

中国反腐倡廉建设报告 No.3（赠阅读卡）

李秋芳 / 主编　　2013 年 8 月出版　　估价 : 59.00 元

◆　本书从"惩治与专项治理、多主体综合监督、公共权力规制、公共资金资源资产监管、公职人员诚信管理、社会廉洁文化建设"六个方面对全国反腐倡廉建设进程与效果进行了综述,结合实地调研和问卷调查,反映了社会公众关注的难点焦点问题,并从理念和举措上提出建议。

行业报告类

行业报告类皮书立足重点行业、新兴行业领域，
提供及时、前瞻的数据与信息

金融蓝皮书

中国金融发展报告 (2013)（赠阅读卡）

李 扬　王国刚／主编　2012 年 12 月出版　　估价：59.00 元

◆ 本书由中国社会科学院金融研究所主编，对 2012 年中国金融业总体发展状况进行回顾和分析，聚焦国际及国内金融形势的新变化，解析中国货币政策、银行业、保险业和证券期货业的发展状况，预测中国金融发展的最新动态，包括投资基金、保险业发展和金融监管等。

房地产蓝皮书

中国房地产发展报告 No.10（赠阅读卡）

潘家华　李景国／主编　2013 年 5 月出版　　估价:69.00 元

◆ 本书由中国社会科学院城市发展与环境研究所组织编写，秉承客观公正、科学中立的原则，深度解析 2012 年中国房地产发展的形势和存在的主要矛盾，并预测 2013 年中国房价走势及房地产市场发展大势。观点精辟，数据翔实，对关注房地产市场的各阶层人士极具参考价值。

住房绿皮书

中国住房发展报告 (2012~2013)（赠阅读卡）

倪鹏飞／主编　2012 年 12 月出版　　估价:69.00 元

◆ 本书从宏观背景、市场体系和公共政策等方面，对中国住房市场作全面系统的分析、预测与评价。在评述 2012 年住房市场走势的基础上，预测 2013 年中国住房市场的发展变化；通过构建中国住房指数体系，量化评估住房市场各关键领域的发展状况；剖析中国住房市场发展所面临的主要问题与挑战，并给出政策建议。

旅游绿皮书

2013 年中国旅游发展分析与预测（赠阅读卡）

张广瑞　刘德谦　宋　瑞／主编　2013 年 5 月出版　估价 :69.00 元

◆　本书由中国社会科学院旅游研究中心组织编写，从 2012 年国内外发展环境入手，深度剖析 20112 年我国旅游业的跌宕起伏以及背后错综复杂的影响因素，聚焦旅游相关行业的运行特征以及相关政策实施，对旅游发展的热点问题给出颇具见地的分析，并提出促进我国旅游业发展的对策建议。

产业蓝皮书

中国产业竞争力报告 (2013) No.3（赠阅读卡）

张其仔／主编　2013 年 12 月出版　估价 :79.00 元

◆　本书对中国产业竞争力的最新变化进行了系统分析，对 2012 年中国产业竞争力的走势进行了展望，对各省、56 个地区和 44 个园区的产业国际竞争力进行了评估，是了解中国产业竞争力、各地产业竞争力最新变化的支撑平台。

能源蓝皮书

中国能源发展报告 (2013)（赠阅读卡）

崔民选／主编　2013 年 7 月出版　估价 :79.00 元

◆　本书结合中国经济面临转型的新形势，着眼于构建安全稳定、经济清洁的现代能源产业体系，盘点 2012 年中国能源行业的运行和发展走势，对 2012 年我国能源产业和各行业的运行特征、热点问题进行了深度剖析，并提出了未来趋势预测和对策建议。

文化传媒类

文化传媒类皮书透视文化领域、文化产业，
探索文化大繁荣、大发展的路径

文化蓝皮书

中国文化产业发展报告 (2012~2013)（赠阅读卡）

张晓明　胡惠林　章建刚/主编　2013 年 1 月出版　估价 :59.00 元

◆　本书是由中国社会科学院文化研究中心和文化部、上海交通大学共同编写的第 10 本中国文化产业年度报告。内容涵盖了我国文化产业分析及政策分析，既有对 2012 年文化产业发展形势的评估，又有对 2013 年发展趋势的预测；既有对全国文化产业宏观形势的评估，又有对文化产业内各行业的权威年度报告。

传媒蓝皮书

2013 年 : 中国传媒产业发展报告（赠阅读卡）

崔保国/主编　　2013 年 4 月出版　　估价 :69.00 元

◆　本书云集了清华大学、人民大学等众多权威机构的知名学者，对 2012 年中国传媒产业发展进行全面分析。剖析传统媒体转型过程中，中国传媒界的思索与实践；立足全球传媒产业发展现状，探索我国传媒产业向支柱产业发展面临的路径；并为提升国际传播能力提供前瞻性研究与观点。

新媒体蓝皮书

中国新媒体发展报告 No.4(2013)（赠阅读卡）

尹韵公/主编　　2013 年 5 月出版　　估价 :69.00 元

◆　本书由中国社会科学院新闻与传播研究所和上海大学合作编写，在构建新媒体发展研究基本框架的基础上，全面梳理 2012 年中国新媒体发展现状，发表最前沿的网络媒体深度调查数据和研究成果，并对新媒体发展的未来趋势做出预测。

国别与地区类

国别与地区类皮书关注全球重点国家与地区，
提供全面、独特的解读与研究

国际形势黄皮书

全球政治与安全报告 (2013)（赠阅读卡）

李慎明　张宇燕 / 主编　　2012 年 12 月出版　　估价 : 59.00 元

◆　本书是由中国社会科学院世界经济与政治研究所精心打造的又一品牌皮书，关注时下国际关系发展动向里隐藏的中长期趋势，剖析全球政治与安全格局下的国际形势最新动向以及国际关系发展的热点问题，并对 2013 年国际社会重大动态作出前瞻性的分析与预测。

美国蓝皮书

美国问题研究报告 (2013)（赠阅读卡）

黄　平　倪　峰 / 主编　　2013 年 6 月出版　　估价 : 69.00 元

◆　本书由中华美国学会和中国社会科学院美国研究所组织编写，从美国内政、外交、中美关系等角度系统论述 2013 年美国政治经济发展情况，既有对美国当今实力、地位的宏观分析，也有对美国近年来内政、外交政策的微观考察，对观察和研究美国及中美关系具有较强的参考作用。

欧洲蓝皮书

欧洲发展报告 (2012~2013)（赠阅读卡）

周　弘 / 主编　　2013 年 3 月出版　　估价 : 79.00 元

◆　欧洲长期积累的财政和债务问题，终于在世界金融危机的冲击下转变成主权债务危机。在采取紧急应对危机举措的同时，欧盟还提出一系列经济治理方案。正当欧盟内部为保卫欧元而苦苦奋战之时，欧盟却在对外战线上成功地完成对利比亚的一场战争。关注欧洲蓝皮书，关注欧盟局势。

地方发展类

地方发展类皮书关注大陆各省份、经济区域，
提供科学、多元的预判与咨政信息

北京蓝皮书

北京经济发展报告 (2012~2013)（赠阅读卡）

赵　弘 / 主编　　2013 年 5 月出版　　估价：59.00 元

◆　本书是北京蓝皮书系列之一种，研创团队北京市社会科学院紧紧围绕北京市年度经济社会发展的目标，突出对北京市经济社会发展中全局性、战略性、倾向性的重点、热点、难点问题进行分析和预测的综合研究成果。

北京蓝皮书

北京社会发展报告 (2012~2013)（赠阅读卡）

戴建中 / 主编　　2013 年 6 月出版　　估价：59.00 元

◆　本书是北京蓝皮书系列之一种，研创团队以北京市社会科学院研究人员为主，同时邀请北京市党政机关和大学的专家学者参加。本书为北京市政策制定和执行提供了依据和思路，为了解中国首都的社会现状贡献了丰富的资料和解读，具有一定的影响力，因持续追踪社会热点问题而引起广泛的关注。

上海蓝皮书

上海经济发展报告 (2013)（赠阅读卡）

沈开艳 / 主编　　2013 年 1 月出版　　估价：59.00 元

◆　本书是上海蓝皮书系列之一种，围绕上海如何实现经济转型问题展开，通过对复苏缓慢的国际经济大环境、趋于紧缩的国内宏观经济背景的深入分析，认为上海迫切需要解决而又密切相关的现实问题是"增长动力转型"与"产业发展转型"两大核心。

上海蓝皮书

上海社会发展报告 (2013)（赠阅读卡）

卢汉龙　周海旺／主编　2013年1月出版　估价：59.00元

◆　本书是上海蓝皮书系列之一种，围绕机制创新、社会政策、社会组织等方面，对上海近年来的社会热点问题进行了调研，在总结现有状况及成因的基础上，提出了一些建议与对策，关注了上海的主要社会问题，可为决策层制订相关政策提供借鉴。

河南蓝皮书

河南经济发展报告 (2013)（赠阅读卡）

喻新安／主编　2013年1月出版　估价：59.00元

◆　本书是河南蓝皮书系列之一种，由河南省社会科学院主持编撰，以中原经济区"三化"协调科学发展为主题，深入全面地分析了当前河南经济发展的主要特点以及2012年的走势，全方位、多角度研究和探讨了河南探索"三化"协调发展的举措及成效，并对河南积极构建中原经济区建设提出了对策建议。

甘肃蓝皮书

甘肃省经济发展分析与预测 (2013)（赠阅读卡）

朱智文　罗　哲／主编　2012年12月出版　估价：69.00元

◆　本书是甘肃蓝皮书系列之一种，近年来甘肃经济社会发展的年度综合性研究成果之一，是对不同时期甘肃省实现区域创新和改革开放的年度总结。全书以特有的方式将经济运行情况、预测分析、政策建议三者结合起来，在科学分析经济发展形势的基础上为甘肃未来经济发展做出了科学预测及提出政策建议。

经济类

城市竞争力蓝皮书
中国城市竞争力报告No.11
著(编)者:倪鹏飞　2013年5月出版 / 估价:69.00元

城市蓝皮书
中国城市发展报告NO.6
著(编)者:潘家华　魏后凯　2013年8月出版 / 估价:59.00元

城乡一体化蓝皮书
中国城乡一体化发展报告(2013)
著(编)者:汝　信　付崇兰　2013年8月出版 / 估价:59.00元

低碳发展蓝皮书
中国低碳发展报告(2012~2013)
著(编)者:齐　晔　2013年7月出版 / 估价:69.00元

低碳经济蓝皮书
中国低碳经济发展报告(2013)
著(编)者:薛进军　赵忠秀　2013年7月出版 / 估价:98.00元

东北蓝皮书
中国东北地区发展报告(2013)
著(编)者:张新颖　2013年8月出版 / 估价:79.00元

发展和改革蓝皮书
中国经济发展和体制改革报告No.6
著(编)者:邹东涛　2013年7月出版 / 估价:75.00元

国际城市蓝皮书
国际城市发展报告(2013)
著(编)者:屠启宇　2013年1月出版 / 估价:69.00元

国家竞争力蓝皮书
中国国家竞争力报告No.2
著(编)者:倪鹏飞　2013年4月出版 / 估价:69.00元

宏观经济蓝皮书
中国经济增长报告(2012~2013)
著(编)者:张　平　刘霞辉　2013年7月出版 / 估价:69.00元

减贫蓝皮书
中国减贫与社会发展报告
著(编)者:黄承伟　2013年7月出版 / 估价:59.00元

金融蓝皮书
中国金融发展报告(2013)
著(编)者:李　扬　王国刚　2012年12月出版 / 估价:59.00元

经济蓝皮书
2013年中国经济形势分析与预测
著(编)者:陈佳贵　李　扬　2012年12月出版 / 估价:59.00元

经济蓝皮书春季号
中国经济前景分析——2013年春季报告
著(编)者:陈佳贵　李　扬　2013年5月出版 / 估价:59.00元

经济信息绿皮书
中国与世界经济发展报告(2013)
著(编)者:王长胜　2012年12月出版 / 估价:69.00元

就业蓝皮书
2013年中国大学生就业报告
著(编)者:麦可思研究院　王伯庆　2013年6月出版 / 估价:98.00元

民营经济蓝皮书
中国民营经济发展报告No.10（2012～2013）
著(编)者:黄孟复　2013年9月出版 / 估价:69.00元

农村绿皮书
中国农村经济形势分析与预测(2012~2013)
著(编)者:中国社会科学院农村发展研究所
　　　　国家统计局农村社会经济调查司
2013年4月出版 / 估价:59.00元

企业公民蓝皮书
中国企业公民报告NO.3
著(编)者:邹东涛　2013年7月出版 / 估价:59.00元

企业社会责任蓝皮书
中国企业社会责任研究报告(2013)
著(编)者:陈佳贵　黄群慧　彭华岗　钟宏武
2012年11月出版 / 估价:59.00元

区域蓝皮书
中国区域经济发展报告(2012~2013)
著(编)者:戚本超　景体华　2013年4月出版 / 估价:69.00元

人口与劳动绿皮书
中国人口与劳动问题报告No.14
著(编)者:蔡　昉　2013年6月出版 / 估价:69.00元

生态城市绿皮书
中国生态城市建设发展报告(2013)
著(编)者:李景源　孙伟平　刘举科　2013年3月出版 / 估价:128.00元

西北蓝皮书
中国西北发展报告(2013)
著(编)者:杨尚勤　石　英　王建康　2013年3月出版 / 估价:65.00元

西部蓝皮书
中国西部发展报告(2013)
著(编)者:姚慧琴　徐璋勇　2013年7月出版 / 估价:69.00元

长三角蓝皮书
全球格局变化中的长三角
著(编)者:王　战　2013年6月出版 / 估价:69.00元

中部竞争力蓝皮书
中国中部经济社会竞争力报告(2013)
著(编)者:教育部人文社会科学重点研究基地
　　　　南昌大学中国中部经济社会发展研究中心
2013年10月出版 / 估价:59.00元

中部蓝皮书
中国中部地区发展报告（2013~2014）
著(编)者:喻新安　2013年10月出版 / 估价:59.00元

中国省域竞争力蓝皮书
中国省域经济综合竞争力发展报告(2012~2013)
著(编)者:李建平　李闽榕　高燕京
2013年3月出版 / 估价:198.00元

中小城市绿皮书
中国中小城市发展报告(2013)
著(编)者:中国城市经济学会中小城市经济发展委员会
《中国中小城市发展报告》编纂委员会
2013年8月出版 / 估价:98.00元

珠三角流通蓝皮书
珠三角流通业发展报告(2013)
著(编)者:王先庆 林至颖 2013年8月出版 / 估价:69.00元

社会政法类

殡葬绿皮书
中国殡葬事业发展报告(2013)
著(编)者:朱 勇 李伯森 2013年3月出版 / 估价: 59.00元

城市生活质量蓝皮书
中国城市生活质量指数报告(2013)
著(编)者:张 平 2013年7月出版 / 估价:59.00元

城乡统筹蓝皮书
中国城乡统筹发展报告(2013)
著(编)者:程志强、潘晨光 2013年3月出版 / 估价:59.00元

创新蓝皮书
创新型国家建设报告(2012~2013)
著(编)者:詹正茂 2013年7月出版 / 估价: 69.00元

慈善蓝皮书
中国慈善发展报告(2013)
著(编)者:杨 团 2013年7月出版 / 估价:69.00元

法治蓝皮书
中国法治发展报告No.11(2013)
著(编)者:李 林 2013年3月出版 / 估价:85.00元

反腐倡廉蓝皮书
中国反腐倡廉建设报告No.3
著(编)者:李秋芳 2013年8月出版 / 估价:59.00元

非传统安全蓝皮书
中国非传统安全研究报告(2012~2013)
著(编)者:余潇枫 2013年7月出版 / 估价:69.00元

妇女发展蓝皮书
福建省妇女发展报告(2013)
著(编)者:刘群英 2013年10月出版 / 估价:58.00元

妇女发展蓝皮书
中国妇女发展报告No.5
著(编)者:王金玲 高小贤 2013年5月出版 / 估价:65.00元

妇女教育蓝皮书
中国妇女教育发展报告No.3
著(编)者:张李玺 2013年10月出版 / 估价:69.00元

公共服务蓝皮书
中国城市基本公共服务力评价(2012~2013)
著(编)者:侯惠勤 辛向阳 易定宏 出版 / 估价:55.00元

公益蓝皮书
中国公益发展报告(2013)
著(编)者:朱健刚 2013年5月出版 / 估价:78.00元

国际人才蓝皮书
中国海归创业发展报告(2013)No.2
著(编)者:王辉耀 路江涌 2013年6月出版 / 估价:69.00元

国际人才蓝皮书
中国留学发展报告(2013) No.2
著(编)者:王辉耀 2013年8月出版 / 估价:59.00元

行政改革蓝皮书
中国行政体制改革报告(2013)No.3
著(编)者:魏礼群 2013年3月出版 / 估价:69.00元

华侨华人蓝皮书
华侨华人研究报告(2013)
著(编)者:丘 进 2013年5月出版 / 估价:128.00元

环境竞争力绿皮书
中国省域环境竞争力发展报告(2010~2012)
著(编)者:李建平 李闽榕 王金南
2013年3月出版 / 估价:148.00元

环境绿皮书
中国环境发展报告(2013)
著(编)者:杨东平 2013年4月出版 / 估价:69.00元

教师蓝皮书
中国中小学教师发展报告(2013)
著(编)者:曾晓东 2013年3月出版 / 估价:59.00元

教育蓝皮书
中国教育发展报告(2013)
著(编)者:杨东平 2013年2月出版 / 估价:59.00元

金融监管蓝皮书
中国金融监管报告2013
著(编)者:胡 滨 2013年5月出版 / 估价:59.00元

科普蓝皮书
中国科普基础设施发展报告(2013)
著(编)者:任福君 2013年4月出版 / 估价:79.00元

口腔健康蓝皮书
中国口腔健康发展报告(2013)
著(编)者:胡德渝 2013年12月出版 / 估价:59.00元

老龄蓝皮书
中国老龄事业发展报告(2013)
著(编)者:吴玉韶　2013年4月出版 / 估价:59.00元

民间组织蓝皮书
中国民间组织报告(2012~2013)
著(编)者:黄晓勇　2013年4月出版 / 估价:69.00元

民族蓝皮书
中国民族区域自治发展报告(2013)
著(编)者:郝时远　2013年7月出版 / 估价:98.00元

女性生活蓝皮书
中国女性生活状况报告No.7(2013)
著(编)者:韩湘景　2013年10月出版 / 估价:78.00元

气候变化绿皮书
应对气候变化报告(2013)
著(编)者:王伟光　郑国光　2013年11月出版 / 估价:59.00元

汽车社会蓝皮书
中国汽车社会发展报告(2013)
著(编)者:王俊秀　2013年6月出版 / 估价:59.00元

青少年蓝皮书
中国未成年人新媒体运用报告(2012~2013)
著(编)者:李文革　沈　杰　季为民
2013年7月出版 / 估价:69.00元

人才竞争力蓝皮书
中国区域人才竞争力报告(2013)
著(编)者:桂昭明　王辉耀　2013年2月出版 / 估价:69.00元

人才蓝皮书
中国人才发展报告(2013)
著(编)者:潘晨光　2013年8月出版 / 估价:79.00元

人权蓝皮书
中国人权事业发展报告No.3(2013)
著(编)者:李君如　2013年11月出版 / 估价:98.00元

社会保障绿皮书
中国社会保障发展报告(2013)No.6
著(编)者:王延中　2013年4月出版 / 估价:69.00元

社会工作蓝皮书
中国社会工作发展报告(2012~2013)
著(编)者:蒋昆生　戚学森　2013年7月出版 / 估价:59.00元

社会管理蓝皮书
中国社会管理创新报告No.2
著(编)者:连玉明　2013年9月出版 / 估价:79.00元

社会建设蓝皮书
2013年北京社会建设分析报告
著(编)者:陆学艺　唐　军　张　荆
2013年5月出版 / 估价:69.00元

社会科学蓝皮书
中国社会科学学术前沿(2012~2013)
著(编)者:高　翔　2013年9月出版 / 估价:69.00元

社会蓝皮书
2013年中国社会形势分析与预测
著(编)者:汝　信　陆学艺　李培林
2012年12月出版 / 估价:59.00元

社会心态蓝皮书
中国社会心态研究报告(2012~2013)
著(编)者:王俊秀　杨宜音　2012年12出版 / 估价:59.00元

生态文明绿皮书
中国省域生态文明建设评价报告(2013)
著(编)者:严　耕　2013年10月出版 / 估价:98.00元

食品药品蓝皮书
食品药品安全与监管政策研究报告(2013)
著(编)者:唐民皓　2013年6月出版 / 估价:69.00元

世界创新竞争力黄皮书
世界创新竞争力发展报告(2012~2013)
著(编)者:李建平　李闽榕　赵新力
2013年11月出版 / 估价:79.00元

世界社会主义黄皮书
世界社会主义跟踪研究报告(2012~2013)
著(编)者:李慎明　2013年3月出版 / 估价:99.00元

危机管理蓝皮书
中国危机管理报告(2013)
著(编)者:文学国　范正青　2013年12月出版 / 估价:79.00元

小康蓝皮书
中国全面建设小康社会监测报告(2013)
著(编)者:潘　璠　2013年11月出版 / 估价:59.00元

形象危机应对蓝皮书
形象危机应对研究报告(2013)
著(编)者:唐　钧　2013年9月出版 / 估价:118.00元

舆情蓝皮书
中国社会舆情与危机管理报告(2013)
著(编)者:谢耘耕　2013年8月出版 / 估价:78.00元

政治参与蓝皮书
中国政治参与报告(2013)
著(编)者:房　宁　2013年7月出版 / 估价:58.00元

宗教蓝皮书
中国宗教报告(2013)
著(编)者:金　泽　邱永辉　2013年7月出版 / 估价:59.00元

行业报告类

保健蓝皮书
中国保健服务产业发展报告No.2
著(编)者:中国保健协会　中共中央党校
2013年7月出版 / 估价:198.00元

保健蓝皮书
中国保健食品产业发展报告No.2
著(编)者:中国保健协会
　　　　中国社会科学院食品药品产业发展与监管研究中心
2013年3月出版 / 估价:198.00元

保健蓝皮书
中国保健用品产业发展报告No.2
著(编)者:中国保健协会　2013年3月出版 / 估价:198.00元

保险蓝皮书
中国保险业竞争力报告(2013)
著(编)者:罗忠敏　2013年7月出版 / 估价:89.00元

餐饮产业蓝皮书
中国餐饮产业发展报告(2013)
著(编)者:中国烹饪协会　中国社会科学院财经战略研究院
2013年5月出版 / 估价:60.00元

测绘地理信息蓝皮书
中国地理信息产业发展报告(2013)
著(编)者:徐德明　2013年12月出版 / 估价:98.00元

茶业蓝皮书
中国茶产业发展报告 (2013)
著(编)者:李闽榕　杨江帆　2013年11月出版 / 估价:79.00元

产权市场蓝皮书
中国产权市场发展报告(2012~2013)
著(编)者:曹和平　2013年12月出版 / 估价:69.00元

产业安全蓝皮书
中国保险产业安全报告(2013)
著(编)者:李孟刚　2013年10月出版 / 估价:59.00元

产业安全蓝皮书
中国产业外资控制报告(2012~2013)
著(编)者:李孟刚　2013年10月出版 / 估价:69.00元

产业安全蓝皮书
中国金融产业安全报告(2013)
著(编)者:李孟刚　2013年10月出版 / 估价:69.00元

产业安全蓝皮书
中国轻工业发展与安全报告(2013)
著(编)者:李孟刚　2013年10月出版 / 估价:69.00元

产业安全蓝皮书
中国私募股权产业安全与发展报告(2013)
著(编)者:李孟刚　2013年10月出版 / 估价:59.00元

产业安全蓝皮书
中国新能源产业发展与安全报告(2013)
著(编)者:北京交通大学中国产业安全研究中心
2013年3月出版 / 估价:69.00元

产业安全蓝皮书
中国能源产业安全报告(2013)
著(编)者:北京交通大学中国产业安全研究中心
2013年3月出版 / 估价:69.00元

产业安全蓝皮书
中国海洋产业安全报告(2012~2013)
著(编)者:北京交通大学中国产业安全研究中心
2013年3月出版 / 估价:59.00元

产业蓝皮书
中国产业竞争力报告(2013) NO.3
著(编)者:张其仔　2013年12月出版 / 估价:79.00元

电子商务蓝皮书
中国城市电子商务影响力报告(2013)
著(编)者:荆林波　2013年5月出版 / 估价:69.00元

电子政务蓝皮书
中国电子政务发展报告(2013)
著(编)者:洪毅　王长胜　2013年9月出版 / 估价:59.00元

杜仲产业绿皮书
中国杜仲种植与产业发展报告(2013)
著(编)者:胡文臻　杜红岩　2013年8月出版 / 估价:78.00元

房地产蓝皮书
中国房地产发展报告No.10
著(编)者:魏后凯　李景国　2013年5月出版 / 估价:69.00元

服务外包蓝皮书
中国服务外包发展报告(2012~2013)
著(编)者:王力　刘春生　黄育华
2013年9月出版 / 估价:89.00元

工业设计蓝皮书
中国工业设计发展报告(2013)
著(编)者:王晓红　2013年7月出版 / 估价:69.00元

会展经济蓝皮书
中国会展经济发展报告(2013)
著(编)者:过聚荣　2013年4月出版 / 估价:65.00元

会展蓝皮书
中外会展业动态评估年度报告(2013)
著(编)者:张　敏　2013年8月出版 / 估价:68.00元

基金会蓝皮书
中国基金会发展报告(2013)
著(编)者:刘忠祥　2013年7月出版 / 估价:79.00元

基金会绿皮书
中国基金会发展独立研究报告(2013)
著(编)者:基金会中心网　2013年11月出版 / 估价:49.00元

交通运输蓝皮书
中国交通运输业发展报告(2013)
著(编)者:崔民选　王军生　2013年6月出版 / 估价:69.00元

金融蓝皮书
中国金融发展报告(2013)
著(编)者:李　扬　王国刚　2012年12月出版 / 估价:59.00元

金融蓝皮书
中国金融中心发展报告(2012~2013)
著(编)者:王　力　黄育华　2013年10月出版 / 估价:59.00元

金融蓝皮书
中国商业银行竞争力报告(2013)
著(编)者:王松奇　2013年10月出版 / 估价:79.00元

金融监管蓝皮书
中国金融监管发展报告(2013)
著(编)者:胡　滨　2013年5月出版 / 估价:59.00元

科学传播蓝皮书
中国科学传播报告(2013)
著(编)者:詹正茂　2013年6月出版 / 估价:69.00元

口岸生态绿皮书
中国口岸地区生态文化发展报告No.1(2013)
著(编)者:胡文臻　刘　静　2013年8月出版 / 估价:78.00元

"老字号"蓝皮书
中国"老字号"企业发展报告No.3(2013)
著(编)者:张继焦　丁惠敏　黄忠彩
2013年10月出版 / 估价:69.00元

"两化"融合蓝皮书
中国"两化"融合发展报告(2013)
著(编)者:曹淑敏　工业和信息化部电信研究院
2013年8月出版 / 估价:98.00元

流通蓝皮书
湖南省商贸流通产业发展报告No.2
著(编)者:柳思维　2013年10月出版 / 估价:75.00元

流通蓝皮书
中国商业发展报告(2012~2013)
著(编)者:荆林波　2013年4月出版 / 估价:89.00元

旅游安全蓝皮书
中国旅游安全报告(2013)
著(编)者:郑向敏　谢朝武　2013年5月出版 / 估价:78.00元

旅游绿皮书
2013年中国旅游发展分析与预测
著(编)者:张广瑞　刘德谦　宋　瑞
2013年5月出版 / 估价:69.00元

贸易蓝皮书
中国贸易发展报告(2013)
著(编)者:荆林波　2013年5月出版 / 估价:49.00元

煤炭蓝皮书
中国煤炭工业发展报告No.5(2013)
著(编)者:岳福斌　2012年12月出版 / 估价:69.00元

煤炭市场蓝皮书
中国煤炭市场发展报告(2013)
著(编)者:曲剑午　2013年8月出版 / 估价:79.00元

民营医院蓝皮书
中国民营医院发展报告(2013)
著(编)者:陈绍福　王培舟　2013年9月出版 / 估价:89.00元

闽商蓝皮书
闽商发展报告(2013)
著(编)者:李闽榕　王日根　林　琛
2013年3月出版 / 估价:69.00元

能源蓝皮书
中国能源发展报告(2013)
著(编)者:崔民选　2013年7月出版 / 估价:79.00元

农产品流通蓝皮书
中国农产品流通产业发展报告(2013)
著(编)者:贾敬敦　王炳南　张玉玺　张鹏毅　陈丽华
2013年7月出版 / 估价:98.00元

期货蓝皮书
中国期货市场发展报告(2013)
著(编)者:荆林波　2013年7月出版 / 估价:69.00元

企业蓝皮书
中国企业竞争力报告(2013)
著(编)者:金　碚　2013年11月出版 / 估价:79.00元

汽车蓝皮书
中国汽车产业发展报告(2013)
著(编)者:国务院发展研究中心产业经济研究部
　　　　　中国汽车工程学会　大众汽车集团(中国)
2013年7月出版 / 估价:79.00元

人力资源蓝皮书
中国人力资源发展报告(2012~2013)
著(编)者:吴　江　田小宝　2013年6月出版 / 估价:69.00元

软件和信息服务业蓝皮书
中国软件和信息服务业发展报告(2013)
著(编)者:洪京一 工业和信息化部电子科学技术情报研究所
2013年6月出版 / 估价:98.00元

商会蓝皮书
中国商会发展报告 No.5 (2013)
著(编)者:黄孟复 2013年8月出版 / 估价:59.00元

商品市场蓝皮书
中国商品市场发展报告(2013)
著(编)者:荆林波 2013年7月出版 / 估价:59.00元

私募市场蓝皮书
中国私募股权市场发展报告(2013)
著(编)者:曹和平 2013年10月出版 / 估价:69.00元

体育蓝皮书
中国体育产业发展报告(2012~2013)
著(编)者:江和平 张海潮 2013年5月出版 / 估价:69.00元

投资蓝皮书
中国投资发展报告(2013)
著(编)者:杨庆蔚 2013年3月出版 / 估价:79.00元

物联网蓝皮书
中国物联网发展报告(2013)
著(编)者:黄桂田 张全升 2013年10月出版 / 估价:80.00元

西部工业蓝皮书
中国西部工业发展报告(2013)
著(编)者:方行明 刘方健 姜 凌 等
2013年7月出版 / 估价:69.00元

西部金融蓝皮书
中国西部金融发展报告(2013)
著(编)者:李忠民 2013年10月出版 / 估价:69.00元

信息化蓝皮书
中国信息化形势分析与预测(2013)
著(编)者:周宏仁 2013年7月出版 / 估价:98.00元

休闲绿皮书
2013年中国休闲发展报告
著(编)者:刘德谦 唐兵 宋瑞
2013年5月出版 / 估价:59.00元

中国林业竞争力蓝皮书
中国省域林业竞争力发展报告No.3(2012~2013)（上下册）
著(编)者:郑传芳 李闽榕 张春霞 张会儒
2013年8月出版 / 估价:139.00元

中国农业竞争力蓝皮书
中国省域农业竞争力发展报告No.2 (2010~2012)（上下
著(编)者:郑传芳 宋洪远 李闽榕 张春霞
2013年7月出版 / 估价:128.00元

中国总部经济蓝皮书
中国总部经济发展报告(2013~2014)
著(编)者:赵 弘 2013年9月出版 / 估价:69.00元

住房绿皮书
中国住房发展报告(2012~2013)
著(编)者:倪鹏飞 2012年12月出版 / 估价:69.00元

资本市场蓝皮书
中国场外交易市场发展报告(2012~2013)
著(编)者:高 峦 2013年2月出版 / 估价:79.00元

文化传媒类

传媒蓝皮书
2013年：中国传媒产业发展报告
著(编)者:崔保国 2013年4月出版 / 估价:69.00元

创意城市蓝皮书
北京文化创意产业发展报告(2013)
著(编)者:张京成 王国华 2013年3月出版 / 估价:69.00元

创意城市蓝皮书
青岛文化创意产业发展报告(2013)
著(编)者:马 达 2013年5月出版 / 估价:69.00元

动漫蓝皮书
中国动漫产业发展报告(2013)
著(编)者:卢 斌 郑玉明 牛兴侦
2013年4月出版 / 估价:69.00元

广电蓝皮书
中国广播电影电视发展报告(2013)
著(编)者:庞井君 2013年6月出版 / 估价:88.00元

广告主蓝皮书
中国广告主营销传播趋势报告N0.8
著(编)者:中国传媒大学广告主研究所
中国广告主营销传播创新研究课题组
黄升民 杜国清 邵华冬
2013年11月出版 / 估价:98.00元

纪录片蓝皮书
中国纪录片发展报告(2013)
著(编)者:何苏六 2013年10月出版 / 估价:78.00元

两岸文化蓝皮书
两岸文化产业合作发展报告(2013)
著(编)者:胡惠林 肖夏勇 2013年7月出版 / 估价:59.00元

全球传媒蓝皮书
全球传媒产业发展报告(2013)
著(编)者:胡正荣 2013年1月出版 / 估价:79.00元

视听新媒体蓝皮书
中国视听新媒体发展报告(2013)
著(编)者:庞井君 2013年6月出版 / 估价:69.00元

文化创新蓝皮书
中国文化创新报告(2013)No.4
著(编)者:于 平 傅才武
2013年7月出版 / 估价:79.00元

文化蓝皮书
中国文化产业发展报告(2012~2013)
著(编)者:张晓明 胡惠林 章建刚
2013年1月出版 / 估价:59.00元

文化蓝皮书
中国城镇文化消费需求景气评价报告(2013)
著(编)者:王亚南 2013年5月出版 / 估价:79.00元

文化蓝皮书
中国公共文化服务发展报告(2013)
著(编)者:于 群 李国新 2013年10月出版 / 估价:98.00元

文化蓝皮书
中国文化消费需求景气评价报告(2013)
著(编)者:王亚南 2013年6月出版 / 估价:79.00元

文化蓝皮书
中国乡村文化消费需求景气评价报告(2013)
著(编)者:王亚南 2013年6月出版 / 估价:79.00元

文化蓝皮书
中国中心城市文化消费需求景气评价报告(2013)
著(编)者:王亚南 2013年5月出版 / 估价:79.00元

文化品牌蓝皮书
中国文化品牌发展报告(2013)
著(编)者:欧阳友权 2013年6月出版 / 估价:75.00元

文化软实力蓝皮书
中国文化软实力研究报告(2013)
著(编)者:张国祚 2013年7月出版 / 估价:79.00元

文化遗产蓝皮书
中国文化遗产事业发展报告(2013)
著(编)者:刘世锦 2013年9月出版 / 估价:79.00元

文学蓝皮书
中国文情报告(2012~2013)
著(编)者:白 烨 2013年1月出版 / 估价:59.00元

新媒体蓝皮书
中国新媒体发展报告No.4(2013)
著(编)者:尹韵公 2013年5月出版 / 估价:69.00元

移动互联网蓝皮书
中国移动互联网发展报告(2013)
著(编)者:官建文 2013年4月出版 / 估价:79.00元

国别与地区类

G20国家创新竞争力黄皮书
二十国集团(G20)国家创新竞争力发展报告(2013)
著(编)者:李建平 李闽榕 赵新力
2013年12月出版 / 估价:118.00元

澳门蓝皮书
澳门经济社会发展报告(2012~2013)
著(编)者:郝雨凡 吴志良 2013年4月出版 / 估价:69.00元

德国蓝皮书
德国发展报告(2013)
著(编)者:李乐曾 郑春荣 2013年5月出版 / 估价:69.00元

东南亚蓝皮书
东南亚地区发展报告(2013)
著(编)者:王 勤 2013年11月出版 / 估价:59.00元

东盟蓝皮书
东盟发展报告(2013)
著(编)者:黄兴球 庄国土 2013年11月出版 / 估价:59.00元

俄罗斯黄皮书
俄罗斯发展报告(2013)
著(编)者:李永全 2013年9月出版 / 估价:69.00元

非洲黄皮书
非洲发展报告No.15(2012~2013)
著(编)者:张宏明 2013年7月出版 / 估价:79.00元

港澳珠三角蓝皮书
粤港澳区域合作与发展报告(2012~2013)
著(编)者:梁庆寅 陈广汉 2013年8月出版 / 估价:59.00元

国际形势黄皮书
全球政治与安全报告(2013)
著(编)者:李慎明 张宇燕 2012年12月出版 / 估价:59.00元

韩国蓝皮书
韩国发展报告(2013)
著(编)者:牛林杰 刘宝全 2013年6月出版 / 估价:69.00元

拉美黄皮书
拉丁美洲和加勒比发展报告(2012~2013)
著(编)者:吴白乙 2013年5月出版 / 估价:79.00元

美国蓝皮书
美国问题研究报告(2013)
著(编)者:黄 平 倪 峰 2013年6月出版 / 估价:69.00元

欧亚大陆桥发展蓝皮书
欧亚大陆桥发展报告(2012~2013)
著(编)者:李忠民 2013年10月出版 / 估价:59.00元

欧洲蓝皮书
欧洲发展报告(2012~2013)
著(编)者:周 弘 2013年3月出版 / 估价:79.00元

日本经济蓝皮书
日本经济与中日经贸关系发展报告(2013)
著(编)者:王洛林 张季风 2013年5月出版 / 估价:79.00元

日本蓝皮书
日本发展报告(2013)
著(编)者:李 薇 2013年5月出版 / 估价:59.00元

上海合作组织黄皮书
上海合作组织发展报告(2013)
著(编)者:李进峰 吴宏伟 2013年7月出版 / 估价:79.00元

世界经济黄皮书
2013年世界经济形势分析与预测
著(编)者:王洛林 张宇燕 2013年1月出版 / 估价:59.00元

香港蓝皮书
香港发展报告(2013)
著(编)者:薛凤旋 2013年6月出版 / 估价:49.00元

新兴经济体蓝皮书
金砖国家发展报告(2013)——合作与崛起
著(编)者:林跃勤 周 文 2013年3月出版 / 估价:69.00元

亚太蓝皮书
亚太地区发展报告(2013)
著(编)者:李向阳 2013年1月出版 / 估价:59.00元

印度蓝皮书
印度国情报告(2012~2013)
著(编)者:吕昭义 2013年9月出版 / 估价:59.00元

越南蓝皮书
越南国情报告(2013)
著(编)者:吕余生 2013年7月出版 / 估价:65.00元

中亚黄皮书
中亚国家发展报告(2013)
著(编)者:孙 力 2013年6月出版 / 估价:79.00元

地方发展类

北部湾蓝皮书
泛北部湾合作发展报告(2013)
著(编)者:吕余生 2013年7月出版 / 估价:79.00元

北京蓝皮书
北京公共服务发展报告(2012~2013)
著(编)者:张耘 2013年3月出版 / 估价:65.00元

北京蓝皮书
北京经济发展报告(2012~2013)
著(编)者:赵弘 2013年5月出版 / 估价:59.00元

北京蓝皮书
北京社会发展报告(2012~2013)
著(编)者:戴建中 2013年6月出版 / 估价:59.00元

北京蓝皮书
北京文化发展报告(2012~2013)
著(编)者:李建盛 2013年4月出版 / 估价:69.00元

北京蓝皮书
中国社区发展报告(2013)
著(编)者:于燕燕 2013年6月出版 / 估价:59.00元

北京旅游绿皮书
北京旅游发展报告(2013)
著(编)者:鲁 勇 2013年10月出版 / 估价:98.00元

北京律师蓝皮书
北京律师发展报告NO.3(2013)
著(编)者:王隽 周塞军 2013年9月出版 / 估价:70.00元

北京人才蓝皮书
北京人才发展报告(2012~2013)
著(编)者:张志伟 2013年5月出版 / 估价:69.00元

城乡一体化蓝皮书
中国城乡一体化发展报告·北京卷(2012~2013)
著(编)者:张宝秀 黄序 2012年7月出版 / 估价:59.00元

大湄公河次区域蓝皮书
大湄公河次区域合作发展报告(2012~2013)
著(编)者:刘 稚 2013年4月出版 / 估价:69.00元

甘肃蓝皮书
甘肃省经济发展分析与预测(2013)
著(编)者:朱智文 罗 哲 2012年12月出版 / 估价:69.00元

甘肃蓝皮书
甘肃省社会发展分析与预测(2013)
著(编)者:安文华　包晓霞　2012年12月出版 / 估价:69.00元

甘肃蓝皮书
甘肃省舆情发展分析与预测(2013)
著(编)者:陈双梅　郝树声　2012年12月出版 / 估价:69.00元

甘肃蓝皮书
甘肃省县域社会发展分析与预测(2013)
著(编)者:魏胜文　柳民　曲玮
2012年12月出版　估价:69.00元

甘肃蓝皮书
甘肃省文化发展分析与预测(2013)
著(编)者:刘进军　周晓华　2012年12月出版 / 估价:69.00元

关中天水经济区蓝皮书
中国关中—天水经济区发展报告(2013)
著(编)者:李忠民　2013年7月出版 / 估价:59.00元

广东外经贸蓝皮书
广东对外经济贸易发展研究报告(2012~2013)
著(编)者:陈万灵　2013年3月出版 / 估价:65.00元

广西北部湾经济区蓝皮书
广西北部湾经济区开放开发报告(2013)
著(编)者:广西北部湾经济区规划建设管理委员会办公室
　　　广西社会科学院 广西北部湾发展研究院
2013年7月出版　估价:69.00元

广州蓝皮书
2013年中国广州经济形势分析与预测
著(编)者:庾建设　郭志勇　沈奎
2013年6月出版 / 估价:69.00元

广州蓝皮书
2013年中国广州社会形势分析与预测
著(编)者:易佐永　杨秦　顾涧清
2013年7月出版 / 估价:69.00元

广州蓝皮书
广州城市国际化发展报告(2013)
著(编)者:朱名宏　2013年4月出版 / 估价:59.00元

广州蓝皮书
广州创新型城市发展报告(2013)
著(编)者:李江涛　2013年4月出版 / 估价:59.00元

广州蓝皮书
广州经济发展报告(2013)
著(编)者:李江涛　刘江华　2013年4月出版 / 估价:69.00元

广州蓝皮书
广州农村发展报告(2013)
著(编)者:李江涛　汤锦华　2013年4月出版 / 估价:59.00元

广州蓝皮书
广州汽车产业发展报告(2013)
著(编)者:李江涛　杨再高　2013年4月出版 / 估价:59.00元

广州蓝皮书
广州商贸业发展报告(2013)
著(编)者:陈家成　王旭东　荀振英
2013年4月出版 / 估价:69.00元

广州蓝皮书
广州文化创意产业发展报告(2013)
著(编)者:甘新　2013年3月出版 / 估价:59.00元

广州蓝皮书
中国广州城市建设发展报告(2013)
著(编)者:董皞　冼伟雄　李俊夫
2013年8月出版 / 估价:69.00元

广州蓝皮书
中国广州科技与信息化发展报告(2013)
著(编)者:庾建设　谢学宁　2013年8月出版 / 估价:59.00元

广州蓝皮书
中国广州文化创意产业发展报告(2013)
著(编)者:王晓玲　2013年8月出版 / 估价:59.00元

广州蓝皮书
中国广州文化发展报告(2013)
著(编)者:徐俊忠　汤应武　陆志强
2013年8月出版 / 估价:69.00元

贵州蓝皮书
贵州法治发展报告(2013)
著(编)者:吴大华　2013年4月出版 / 估价:69.00元

贵州蓝皮书
贵州社会发展报告(2013)
著(编)者:王兴骥　2013年4月出版 / 估价:59.00元

海峡经济区蓝皮书
海峡经济区发展报告(2013)
著(编)者:李闽榕　王秉安　谢明辉(台湾)
2013年10月出版　估价:78.00元

海峡西岸蓝皮书
海峡西岸经济区发展报告(2013)
著(编)者:福建省人民政府发展研究中心
2013年7月出版　估价:85.00元

杭州都市圈蓝皮书
杭州都市圈经济社会发展报告(2013)
著(编)者:辛薇　2013年7月出版 / 估价:59.00元

河南经济蓝皮书
2013年河南经济形势分析与预测
著(编)者:刘永奇　2013年2月出版 / 估价:65.00元

河南蓝皮书
2013年河南社会形势分析与预测
著(编)者:刘道兴　牛苏林　2013年1月出版 / 估价:59.00元

河南蓝皮书
河南城市发展报告(2013)
著(编)者:谷建全　王建国　2013年1月出版 / 估价:69.00元

河南蓝皮书
河南经济发展报告(2013)
著(编)者:喻新安 2013年1月出版 / 估价:59.00元

河南蓝皮书
河南文化发展报告(2013)
著(编)者:谷建全 卫绍生 2013年3月出版 / 估价:69.00元

黑龙江产业蓝皮书
黑龙江产业发展报告(2013)
著(编)者:于 渤 2013年5月出版 / 估价:69.00元

黑龙江蓝皮书
黑龙江经济发展报告(2013)
著(编)者:曲 伟 2013年5月出版 / 估价:69.00元

黑龙江蓝皮书
黑龙江社会发展报告(2013)
著(编)者:艾书琴 2013年1月出版 / 估价:65.00元

湖南城市蓝皮书
城市社会管理
著(编)者:罗海藩 2013年5月出版 / 估价:59.00元

湖南蓝皮书
2013年湖南产业发展报告
著(编)者:梁志峰 2013年5月出版 / 估价:89.00元

湖南蓝皮书
2013年湖南法治发展报告
著(编)者:梁志峰 2013年5月出版 / 估价:79.00元

湖南蓝皮书
2013年湖南经济展望
著(编)者:梁志峰 2013年5月出版 / 估价:79.00元

湖南蓝皮书
2013年湖南两型社会发展报告
著(编)者:梁志峰 2013年5月出版 / 估价:79.00元

湖南县域绿皮书
湖南县域发展报告No.2
著(编)者:朱有志 袁 准 周小毛
2013年7月出版 / 估价:69.00元

江苏法治蓝皮书
江苏法治发展报告No.2(2013)
著(编)者:李 力 龚廷泰 严海良
2013年7月出版 / 估价:88.00元

京津冀蓝皮书
京津冀区域一体化发展报告(2013)
著(编)者:文 魁 祝尔娟 2013年3月出版 / 估价:89.00元

经济特区蓝皮书
中国经济特区发展报告(2013)
著(编)者:陶一桃 钟 坚 2013年3月出版 / 估价:89.00元

辽宁蓝皮书
2013年辽宁经济社会形势分析与预测
著(编)者:曹晓峰 张 晶 张卓民
2013年1月出版 / 估价:69.00元

内蒙古蓝皮书
内蒙古经济发展蓝皮书(2012~2013)
著(编)者:黄育华 2013年7月出版 / 估价:69.00元

浦东新区蓝皮书
上海浦东经济发展报告(2013)
著(编)者:左学金 陆沪根 2012年12月出版 / 估价:59.00元

青海蓝皮书
2013年青海经济社会形势分析与预测
著(编)者:赵宗福 2013年3月出版 / 估价:69.00元

人口与健康蓝皮书
深圳人口与健康发展报告(2013)
著(编)者:陆杰华 江捍平 2013年10月出版 / 估价:98.00元

山西蓝皮书
山西资源型经济转型发展报告(2013)
著(编)者:李志强 容和平 2013年3月出版 / 估价:79.00元

陕西蓝皮书
陕西经济发展报告(2013)
著(编)者:杨尚勤 石 英 裴成荣
2013年3月出版 / 估价:65.00元

陕西蓝皮书
陕西社会发展报告(2013)
著(编)者:杨尚勤 石 英 江 波
2013年3月出版 / 估价:65.00元

陕西蓝皮书
陕西文化发展报告(2013)
著(编)者:杨尚勤 石 英 王长寿
2013年3月出版 / 估价:59.00元

上海蓝皮书
上海传媒发展报告(2013)
著(编)者:强 荧 焦雨虹 2013年1月出版 / 估价:59.00元

上海蓝皮书
上海法治发展报告(2013)
著(编)者:潘世伟 叶 青 2012年12月出版 / 定价:69.00元

上海蓝皮书
上海经济发展报告(2013)
著(编)者:沈开艳 2013年1月出版 / 估价:59.00元

上海蓝皮书
上海社会发展报告(2013)
著(编)者:卢汉龙 周海旺 2013年1月出版 / 估价:59.00元

上海蓝皮书
上海文化发展报告(2013)
著(编)者:蒯大申 2013年1月出版 / 估价:59.00元

地方发展类　　

上海蓝皮书
上海文学发展报告(2013)
著(编)者:陈圣来　2013年1月出版 / 估价:59.00元

上海蓝皮书
上海资源环境发展报告(2013)
著(编)者:张仲礼　周冯琦　2013年1月出版 / 估价:59.00元

上海社会保障绿皮书
上海社会保障改革与发展报告(2012~2013)
著(编)者:汪　泓　2013年1月出版 / 估价:65.00元

深圳蓝皮书
深圳经济发展报告(2013)
著(编)者:吴　忠　2013年5月出版 / 估价:69.00元

深圳蓝皮书
深圳劳动关系发展报告(2013)
著(编)者:汤庭芬　2013年5月出版 / 估价:69.00元

深圳蓝皮书
深圳社会发展报告(2013)
著(编)者:吴　忠　余智晟　2013年11月出版 / 估价:69.00元

温州蓝皮书
2013年温州经济社会形势分析与预测
著(编)者:胡瑞怀　王春光　2013年1月出版 / 估价:69.00元

武汉城市圈蓝皮书
武汉城市圈经济社会发展报告(2012~2013)
著(编)者:肖安民　2013年5月出版 / 估价:59.00元

武汉蓝皮书
武汉经济社会发展报告(2013)
著(编)者:刘志辉　2013年5月出版 / 估价:59.00元

扬州蓝皮书
扬州经济社会发展报告(2013)
著(编)者:张爱军　2013年1月出版 / 估价:78.00元

长株潭城市群蓝皮书
长株潭城市群发展报告(2013)
著(编)者:张　萍　2013年6月出版 / 估价:69.00元

浙江蓝皮书
浙江金融业发展报告(2013)
著(编)者:刘仁伍　2013年4月出版 / 估价:69.00元

浙江蓝皮书
浙江民营经济发展报告(2013)
著(编)者:刘仁伍　2013年4月出版 / 估价:59.00元

浙江蓝皮书
浙江区域金融中心发展报告(2013)
著(编)者:刘仁伍　2013年4月出版 / 估价:79.00元

浙江蓝皮书
浙江市场经济发展报告(2013)
著(编)者:刘仁伍　2013年4月出版 / 估价:79.00元

郑州蓝皮书
2012~2013年郑州文化发展报告
著(编)者:王　哲　2013年5月出版 / 估价:69.00元

中国省会经济圈蓝皮书
合肥经济圈经济社会发展报告No.4(2012~2013)
著(编)者:王开玉　等　2013年7月出版 / 估价:79.00元

中原蓝皮书
中原经济区发展报告(2013)
著(编)者:刘怀廉　2013年3月出版 / 估价:68.00元

皮书系列
2013全品种

25

社会科学文献出版社
SOCIAL SCIENCES ACADEMIC PRESS (CHINA)

社会科学文献出版社成立于 1985 年，是直属于中国社会科学院的人文社会科学专业学术出版机构。

成立以来，特别是 1998 年实施第二次创业以来，依托于中国社会科学院丰厚的学术出版和专家学者两大资源，坚持"创社科经典，出传世文献"的出版理念和"权威、前沿、原创"的产品定位，走学术产品的系列化、规模化、数字化、国际化、市场化经营道路，社会科学文献出版社先后策划出版了著名的图书品牌和学术品牌"皮书"系列、《列国志》、"社科文献精品译库"、"全球化译丛"、"气候变化与人类发展译丛"、"近世中国"等一大批既有学术影响又有市场价值的图书。

在国内原创著作、国外名家经典著作大量出版的同时，社会科学文献出版社长期致力于中国学术出版走出去，先后与荷兰博睿出版社合作面向海外推出了《经济蓝皮书》、《社会蓝皮书》等十余种皮书的英文版；此外，《从苦行者社会到消费者社会》、《二十世纪中国史纲》、《中华人民共和国法制史》等 11 种著作入选新闻出版总署"经典中国国际出版工程"。

面对数字化浪潮的冲击，社会科学文献出版社力图从内容资源和数字平台两个方面实现传统出版的再造，并先后推出了皮书数据库、列国志数据库、中国田野调查数据库等一系列数字产品。

在新的发展时期，社会科学文献出版社结合社会的需求、自身的条件以及行业的发展，提出了新的创业目标：精心打造人文社会科学成果推广平台，发展成为一家集图书、期刊、声像电子和数字出版物为一体，面向海内外高端读者和客户，具备独特竞争力的人文社会科学内容资源经营商和海内外知名的专业学术出版机构。

中国皮书网

发布皮书研创资讯，传播皮书精彩内容
引领皮书出版潮流，打造皮书服务平台

栏目设置：

☐ 资讯：皮书动态、皮书观点、皮书数据、 皮书报道、皮书新书发布会、电子期刊
☐ 标准：皮书评价、皮书研究、皮书规范、皮书专家、编撰团队
☐ 服务：最新皮书、皮书书目、重点推荐、在线购书
☐ 链接：皮书数据库、皮书博客、皮书微博、出版社首页、在线书城
☐ 搜索：资讯、图书、研究动态
☐ 互动：皮书论坛

www.pishu.cn

中国皮书网依托皮书系列"权威、前沿、原创"的优质内容资源，通过文字、图片、音频、视频等多种元素，在皮书研创者、使用者之间搭建了一个成果展示、资源共享的互动平台。

自2005年12月正式上线以来，中国皮书网的IP访问量、PV浏览量与日俱增，受到海内外研究者、公务人员、商务人士以及专业读者的广泛关注。

2008年10月，中国皮书网获得"最具商业价值网站"称号。

2011年全国新闻出版网站年会上，中国皮书网被授予"2011最具商业价值网站"荣誉称号。

权威报告　热点资讯　海量资源

当代中国与世界发展的高端智库平台

皮书数据库 www.pishu.com.cn

皮书数据库是专业的人文社会科学综合学术资源总库，以大型连续性图书——皮书系列为基础整合国内外相关资讯构建而成。包含七大子库，涵盖两百多个主题，囊括了近十几年间中国与世界济社会发展报告，覆盖经济、社会、政治、文化、教育、国际问题等多个领域。

皮书数据库以篇章为基本单位，方便用户对皮书内容的阅读需求。用户可进行全文检索，也可文献题目、内容提要、作者名称、作者单位、关键字等基本信息进行检索，还可对检索到的篇章再二次筛选，进行在线阅读或下载阅读。智能多维度导航，可使用户根据自己熟知的分类标准进行分导航筛选，使查找和检索更高效、便捷。

权威的研究报告，独特的调研数据，前沿的热点资讯，皮书数据库已发展成为国内最具影响力关于中国与世界现实问题研究的成果库和资讯库。

皮书俱乐部会员服务指南

1. 谁能成为皮书俱乐部会员？

- 皮书作者自动成为皮书俱乐部会员；
- 购买皮书产品（纸质图书、电子书、皮书数据库充值卡）的个人用户。

2. 会员可享受的增值服务：

- 免费获赠该纸质图书的电子书；
- 免费获赠皮书数据库100元充值卡；
- 免费定期获赠皮书电子期刊；
- 优先参与各类皮书学术活动；
- 优先享受皮书产品的最新优惠。

阅 读 卡

3. 如何享受皮书俱乐部会员服务？

（1）如何免费获得整本电子书？

购买纸质图书后，将购书信息特别书后附赠的卡号和密码通过邮件形式发送pishu@188.com，我们将验证您的信息，通过证并成功注册后即可获得该本皮书的电子书。

（2）如何获赠皮书数据库100元充值卡？

第1步：刮开附赠卡的密码涂层（左下）

第2步：登录皮书数据库网站（www.pishcom.cn），注册成为皮书数据库用户，注册请提供您的真实信息，以便您获得皮书俱乐会员服务；

第3步：注册成功后登录，点击进入"会中心"；

第4步：点击"在线充值"，输入正确的号和密码即可使用。

皮书数据库
www.pishu.com.cn

皮书数据库二期全新上线

• 皮书数据库（SSDB）是社会科学文献出版社整合现有皮书资源开发的在线数字产品，全面收录"皮书系列"的内容资源，并以此为基础整合大量相关资讯构建而成。

• 皮书数据库现有中国经济发展数据库、中国社会发展数据库、世界经济与国际政治数据库等子库，覆盖经济、社会、文化等多个行业、领域，现有报告30000多篇，总字数超过5亿字，并以每年4000多篇的速度不断更新累积。2009年7月，皮书数据库荣获"2008～2009年中国数字出版知名品牌"。

• 2011年3月，皮书数据库二期正式上线，开发了更加灵活便捷的检索系统，可以实现精确查找和模糊匹配，并与纸书发行基本同步，可为读者提供更加广泛的资讯服务。

更多信息请登录

中国皮书网
http://www.pishu.cn

皮书∨
北京

中国皮书网的BLOG [编辑]
http://blog.sina.com.cn/pishu

中国皮书网
http://www.pishu.cn

皮书微博
http://weibo.com/pishu

皮书博客
http://blog.sina.com.cn/pishu

请到各地书店皮书专架 / 专柜购买，也可办理邮购

咨询 / 邮购电话：010-59367028　59367070　　邮　　箱：duzhe@ssap.cn
邮购地址：北京市西城区北三环中路甲29号院3号楼华龙大厦13层读者服务中心
邮　编：100029
银行户名：社会科学文献出版社发行部
开户银行：中国工商银行北京北太平庄支行
账　号：0200010009200367306
网上书店：010-59367070　　qq：1265056568
网　址：www.ssap.com.cn　　www.pishu.cn